"十三五"江苏省高等学校重点教材
（编号：2020-2-153）

应用拓扑学基础

徐罗山　毛徐新　何青玉　编著

科学出版社
北京

内 容 简 介

本书讲述点集拓扑和代数拓扑的核心内容，同时介绍在理论计算机科学的一个重要研究领域——Domain 理论中有广泛应用的序结构和内蕴拓扑.

全书共 8 章. 第 1 章是集合论基础; 第 2 章是拓扑空间与连续映射; 第 3 章为构造新拓扑空间的方法; 第 4 章是拓扑性质和相应的特殊类型拓扑空间; 第 5 章介绍网和滤子的收敛，刻画诸如闭包、连续映射、紧致性等概念; 第 6 章为序结构与内蕴拓扑; 第 7 章为同伦与基本群; 第 8 章是可剖分空间及其单纯同调群. 书中给出了许多具体实例帮助理解相关概念和定理，各章节均配备了适量的习题以便读者阅读和练习. 正文带*号的内容是可不讲的内容，习题带*号的是难度较大的习题.

本书既可选作综合性大学和师范院校数学、理论计算机及相关专业的高年级本科生的拓扑学教材，也可选作各相关专业的研究生、教师与研究人员的参考书和入门书.

图书在版编目(CIP)数据

应用拓扑学基础/徐罗山，毛徐新，何青玉编著. —北京：科学出版社，2021.9
ISBN 978-7-03-069573-4

Ⅰ.①应… Ⅱ.①徐… ②毛… ③何… Ⅲ.①拓扑—基本知识 Ⅳ.①O18 ②O189

中国版本图书馆 CIP 数据核字(2021)第 161599 号

责任编辑：李静科 李 萍 / 责任校对：彭珍珍
责任印制：吴兆东 / 封面设计：无极书装

科 学 出 版 社 出版
北京东黄城根北街 16 号
邮政编码：100717
http://www.sciencep.com
固安县铭成印刷有限公司印刷
科学出版社发行 各地新华书店经销
*
2021 年 9 月第 一 版 开本：720 × 1000 1/16
2024 年 5 月第三次印刷 印张：12 1/4
字数：243 000

定价：78.00 元

(如有印装质量问题，我社负责调换)

前　言

一些具体实例为拓扑学的诞生提供了本源思想和启发. 其中最直观有趣的有下面两个实例.

哥尼斯堡七桥问题

流经哥尼斯堡的普瑞格尔河正好从市中心流过, 河中心有两座小岛, 岛和两岸之间建筑有七座古桥 (图 0.1). 欧拉 (Euler) 发现当地居民有一项消遣活动, 就是试图每座桥恰好走过一遍并回到原出发点, 但从来没人成功过. 欧拉证明了这种走法是不可能的. 他首先丢弃大小、曲直这样的无关紧要的度量信息并将问题进行抽象, 把两岸和岛分别用不同的点来代替, 若岸和岛有桥或道路连接就在它们之间画一条线, 这样哥尼斯堡七桥问题就抽象成了一个线图的一笔画问题 (图 0.2). 经过一个结点的边的条数是奇数条就称该结点为奇结点, 偶数条就称偶结点. 那么很容易得知一个线图能够一笔画当且仅当它的奇结点数为 0 (起点和终点相同) 或 2 (起点和终点不同), 中间的结点必然是有进有出而成为偶结点. 由于哥尼斯堡七桥问题的线图有四个奇结点, 所以, 它不能一笔画!

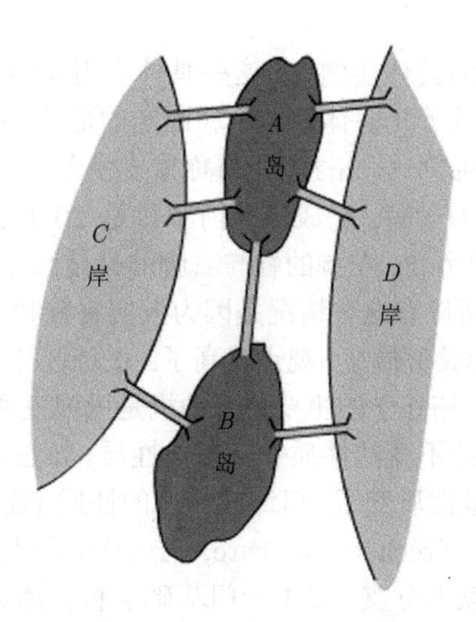

图 0.1　哥尼斯堡七桥问题

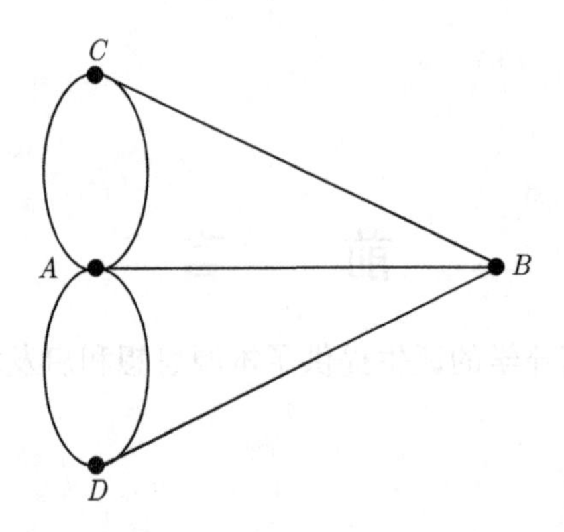

图 0.2　哥尼斯堡七桥问题的线图

这归结到原先的问题就是无解的了.

球面三角剖分——Euler 示性数

将球面剖分成若干个三角块, 计算顶点数 (v)、棱数 (l) 和面数 (f) 的代数和, 则得到一个常数 2——球面 Euler 示性数:

$$v - l + f = 2.$$

这一常数取决于球面的性质, 与具体的三角剖分无关, 也与球面的大小无关.

进一步, 利用这一等式可以证明正多面体有且只有 5 种, 即正 4, 6, 8, 12, 20 面体.

还可举出一些应用的具体实例, 从这些具体应用实例人们逐渐认识到, 许多几何问题的解决并不依赖于几何体的大小和固定的形状, 从而萌芽出一种新的有别于通常欧氏几何的几何学——拓扑学, 俗称橡皮膜上的几何学.

拓扑学是一门年轻的学科, 它成为一门学科是 20 世纪初的事情, 距今不过 100 多年. 在拓扑学的世界里, 左脚的鞋与右脚的鞋是没有区别的, 身上的衣服可以不解纽扣脱下来. 之所以有这种情况是因为人们将鞋和衣服想象为有足够弹力的材料制成的, 人们的思路开阔了, 观点就高了. 正是这种新的观点引导人们从现实世界走进了拓扑世界. 拓扑学的主要思想动机是甩掉直观性强的“度量”, 寻求连续形变之下几何图形的不变的性质——拓扑性质, 如正方形可以经压缩或拉伸变为圆周, 其大小等度量性质变了, 但连成一片的性质 (连通性) 没变. 经过许多大数学家, 如 Hausdorff, Fréchet, Poincaré, Urysohn 等人的努力, 拓扑学今天已成长为参天大树, 具有众多分支, 成了一门基础学科并渗透到数学各领域及数学以外的其他学科之中, 应用也极其广泛.

拓扑学作为基本的数学工具在数学学科中广泛运用自不必说, 而在其他学科,如理论物理、生物学、空间科学、理论计算机科学和信息科学等学科中也有比较广泛的应用. 拓扑学在不断地向各个学科渗透中得到应用.

本书是从应用角度考虑的拓扑学教材. 因拓扑学的抽象性是众所周知的, 从应用角度考虑拓扑学是希望增加拓扑学的直观性, 激发人们对拓扑学的兴趣. 于是我们把本书定名为《应用拓扑学基础》.

有别于大多数传统的拓扑学教材, 本书内容的选择上增加了序结构决定的内蕴拓扑. 这样做至少有两个方面的好处：一是为现今计算机理论的应用提供基本的概念和结果; 二是增加拓扑的直观性并助力对拓扑问题的思考. 有了序结构这种直观性, 许多关于拓扑的抽象的例子可在适当的具象的序结构中找到. 比如 (T_0) Alexandrov 拓扑就可表示为预 (偏) 序集的全体上集, 紧集的交和闭包不必是紧集的例子可用内蕴拓扑简单得到. 具体可由无穷开区间下方加两个极小元, 利用 Scott 拓扑或 Alexandrov 拓扑, 便得两个极小元的主滤子是两个紧集, 其交不是紧的例; 又单点集是紧的, 但其闭包是特殊化序下的主理想, 一般不是紧集. 有了序的直观和内蕴拓扑的方法, 这些例子是很自然被想到的, 有助于思考和论证.

第 1 章和第 3—5 章由南京航空航天大学毛徐新执笔; 第 2 章由扬州大学何青玉执笔; 第 6—8 章由扬州大学徐罗山执笔, 全书由徐罗山统稿协调. 书稿在 2019 年就已完成, 并进行了多次修改. 现已对扬州大学部分本科生讲授过两轮, 他们在给予好评的同时也提出了一些修改建议, 作者对他们表示由衷的感谢!

本书可选作本科生的 48 课时和 72 课时等课程的教材, 也可选作需要应用拓扑学知识的研究生的入门教材.

对 48 课时的课程, 可选择重点讲第 1—3 章, 然后选讲第 4 章的部分内容, 选择介绍第 5—8 章的部分内容.

对 72 课时的课程, 可选择重点讲第 1—4 章, 然后选讲第 5—6 章的部分内容, 选择介绍第 7—8 章的部分内容. 如果对代数拓扑感兴趣可选择介绍第 5—6 章的部分内容, 选讲第 7—8 章的内容.

本书在使用上弹性是比较大的, 既有基础的内容, 也有扩展的内容, 为可能进行拓扑学的运用打下基础, 也为拓扑学的应用提供动机和模型.

书后的符号说明和名词索引方便读者查阅某些术语和相关结论及其联系.

在本书的撰写过程中, 作者得到了许多老师、同事、同行的关心和帮助, 研究生吴国俊提出了一些修改建议, 也提供了一些习题. 作者在此对他们表示诚挚的感谢!

同时, 也感谢科学出版社李静科、李萍两位编辑高效而细致的工作, 使得本书如期出版.

本书获批 2020 年“十三五”江苏省高等学校重点教材立项, 得到国家自然科

学基金项目 (11671008, 11701500)、江苏省自然科学基金项目 (BK20170483) 和扬州大学数学科学学院国家一流本科专业建设点及信息与计算品牌专业经费等的资助, 一并表示感谢!

本书是基于作者多年教学和研究工作而写成的, 也经过多次讨论修改. 尽管如此, 限于作者的水平, 书中的不妥之处在所难免, 希望各位专家、学者与读者提出宝贵意见.

扬州大学　徐罗山
南京航空航天大学　毛徐新
扬州大学　何青玉
2021 年 2 月

目　　录

第 1 章　集合论基础

本章介绍有关集合论的一些基本知识. 这里所介绍的集合论通常称为“朴素集合论”. 我们从“集合”和“元素”两个基本概念出发给出集合运算、关系、映射、偏序、集合的基数和选择公理等方面的知识.

1.1　集合及其基本运算

集合是由某些具有某种共同特点的个体构成的全体. 这些个体称为集合的**元素**或**元**. 我们通常用大写字母 $A, B, \cdots$ 表示集合, 小写字母 $a, b, \cdots$ 表示集合的元素. 如果 a 是 A 的元素, 记作 $a \in A$, 读为 a **属于** A. 如果 a 不是 A 的元素, 则记作 $a \notin A$, 读为 a **不属于** A.

我们常用写出集合全体元素都满足的共同性质的方法来表示集合. 例如, $A = \{x \mid x$ 是小于 4 的正整数$\}$, 在这里, 花括号表示“$\cdots$ 的集合”, 竖线表示“使得”这个词, 整个式子读为“A 是所有使得 x 为小于 4 的正整数 x 的集合”. 又如, $\{x \mid x^2 = 4$, 且 x 是正整数$\}$ 即由一个元素 2 构成的集合. 凡由一个元素构成的集合, 常称为**独点集**或**单点集**. 此外, 也常将一个有限集合的所有元素列举出来, 再加花括号以表示这个集合. 例如, $\{a, b, c\}$ 表示由元素 a, b, c 构成的集合. 习惯上, 用 $\mathbb{N}$ 表示全体自然数构成的集合, $\mathbb{Z}$ 表示全体整数构成的集合, $\mathbb{Q}$ 表示全体有理数构成的集合, $\mathbb{R}$ 表示全体实数构成的集合, $\mathbb{Z}_+$ 表示全体正整数构成的集合, $\mathbb{Q}_+$ 表示全体正有理数构成的集合, $\mathbb{C}$ 表示全体复数构成的集合.

集合也可以没有元素. 例如, 平方等于 2 的有理数的集合. 这种没有元素的集合称为**空集**, 记作 $\varnothing$.

如果集合 A 与 B 的元素完全相同, 就说 A 与 B **相等**, 记作 $A = B$, 否则就说 A 与 B **不相等**, 记作 $A \neq B$.

如果 A 的每一个元素都是 B 的元素, 就说 A 是 B 的**子集**, 记作 $A \subseteq B$或 $B \supseteq A$, 分别读为A **包含于** B 或 B **包含** A.

定理 1.1.1　设 A, B, C 是集合, 则

(1) $A \subseteq A$;

(2) 若 $A \subseteq B, B \subseteq A$, 则 $A = B$;

(3) 若 $A \subseteq B, B \subseteq C$, 则 $A \subseteq C$.

我们认为空集包含于任一集合, 从而可以得到结论: 空集是唯一的.

如果 $A \subseteq B$ 且 $A \neq B$, 即 A 的每一个元素都是 B 的元素, 但 B 中至少有一个元素不是 A 的元素, 就说 A 是 B 的**真子集**, 记作 $A \subset B$, $A \subsetneqq B$或 $B \supset A$, $B \supsetneqq A$, 分别读为A **真包含于** B 和 B **真包含** A.

属于一个集合的元素可以是各式各样的. 特别地, 属于某集合的元素, 其本身也可以是一个集合. 为了强调这个特点, 这类集合常称为**集族**, 并用花写字母 $\mathcal{A}$, $\mathcal{B}, \cdots$ 表示. 例如, 令 $\mathcal{A} = \{\{1\}, \varnothing\}$, 则它的元素分别是独点集 $\{1\}$ 和空集.

设 X 是一个集合, 我们常用 $\mathcal{P}(X)$, $\mathcal{P}X$ 或 2^X 表示 X 的所有子集构成的集合, 称为集合 X 的**幂集**. 例如, 集合 $\{a, b\}$ 的幂集 $\mathcal{P}(\{a, b\}) = \{\{a\}, \{b\}, \{a, b\}, \varnothing\}$.

给定两个集合 A, B, 由 A 中所有元素及 B 中所有元素可以组成一个集合, 称为集合 A 与 B 的**并**, 记作 $A \cup B$, 即 $A \cup B = \{x \mid x \in A$ 或 $x \in B\}$. 在此采用 "或" 字并没有两者不可兼的意思, 也就是说既属于 A 又属于 B 的元素也属于 $A \cup B$. 如果取 A 与 B 的公共部分, 这个集合称为集合 A 与 B 的**交**, 记作 $A \cap B$, 即 $A \cap B = \{x \mid x \in A$ 且 $x \in B\}$. 若集合 A 与 B 没有公共元素, 即 $A \cap B = \varnothing$, 则称 A 与 B **不相交**, 或相交为空集.

在讨论具体问题时, 所涉及的各个集合往往都是某特定的集合 U 的子集. 我们称这样的特定的集合 U 为**宇宙集**或**基础集**. 在基础集 U 明确的情况下, 设集 $A, B \subseteq U$, 则集合 $\{x \mid x \notin A\}$ 称为 A 的**余集**, 或**补集**, 记作 A^c. A 关于集合 B 的**差集**是 $B \cap A^c$, 或者记作 $B - A$, 即 $B - A = \{x \mid x \in B$ 且 $x \notin A\}$. 这样的集又称为 B 与 A 之**差**.

集合的并、交、差三种运算之间, 有以下的运算律.

定理 1.1.2 *设 A, B, C 是集合, 则以下等式成立:*

(1) (幂等律) $A \cup A = A$, $A \cap A = A$;

(2) (交换律) $A \cup B = B \cup A$, $A \cap B = B \cap A$;

(3) (结合律) $(A \cup B) \cup C = A \cup (B \cup C)$, $(A \cap B) \cap C = A \cap (B \cap C)$;

(4) (分配律) $(A \cap B) \cup C = (A \cup C) \cap (B \cup C)$, $(A \cup B) \cap C = (A \cap C) \cup (B \cap C)$;

(5) (De Morgan 律) $A - (B \cup C) = (A - B) \cap (A - C)$, $A - (B \cap C) = (A - B) \cup (A - C)$.

证明 这里我们仅给出 De Morgan 律的第一个等式的验证过程, 其余等式的验证读者可作为练习自证.

若 $x \in A - (B \cup C)$, 则 $x \in A$ 且 $x \notin B \cup C$. 故 $x \in A$ 且 $x \notin B$, $x \notin C$. 于是 $x \in A - B$ 且 $x \in A - C$, 从而 $x \in (A - B) \cap (A - C)$. 这说明 $A - (B \cup C) \subseteq (A - B) \cap (A - C)$.

反之, 用类似的方法可得 $(A - B) \cap (A - C) \subseteq A - (B \cup C)$. 由定理 1.1.1(2) 知 $A - (B \cup C) = (A - B) \cap (A - C)$. □

在解析几何中，平面上建立笛卡儿直角坐标系后，平面上的每一点对应着唯一的有序实数对. 可以把有序实数对概念推广到一般集合上. 给定集合 A, B, 集合 $\{(x,y) \mid x \in A, y \in B\}$ 称为 A 与 B 的**笛卡儿积**, 或称**乘积**, 记作 $A \times B$. 在**有序偶** (x,y) 中, x 称为第一个**坐标**, y 称为第二个坐标; A 称为 $A \times B$ 的第一个**坐标集**, B 称为 $A \times B$ 的第二个坐标集. 集合 A 与自身的笛卡儿积 $A \times A$ 常记作 A^2.

例 1.1.3 平面点集 $\mathbb{R}^2 = \mathbb{R} \times \mathbb{R}$是所有有序实数对 (x,y) 构成的集合.

两个集合的笛卡儿积定义可以推广到任意有限个集合的情形. 对于任意 n 个集合 A_1, A_2, $\cdots$, A_n, n 为正整数, 集合 $\{(x_1, x_2, \cdots, x_n) \mid x_1 \in A_1, x_2 \in A_2, \cdots, x_n \in A_n\}$ 称为 A_1, $A_2, \cdots$, A_n 的**笛卡儿积**, 记作 $A_1 \times A_2 \times \cdots \times A_n$, 其中 $(x_1, x_2, \cdots, x_n)$ 为有序 n **元组**, x_i $(1 \leqslant i \leqslant n)$ 称为 $(x_1, x_2, \cdots, x_n)$ 的第 i 个坐标, A_i $(1 \leqslant i \leqslant n)$ 称为 $A_1 \times A_2 \times \cdots \times A_n$ 的第 i 个坐标集. 常记 n 个集合 A 的笛卡儿积为 A^n. 例如, $\mathbb{R}^n$ 表示 n 个实数集 $\mathbb{R}$ 的笛卡儿积.

习题 1.1

1. 设 $A_1, A_2, \cdots, A_n$ 都是集合, 其中 $n \geqslant 1$. 证明: 若 $A_1 \subseteq A_2 \subseteq \cdots \subseteq A_{n-1} \subseteq A_n \subseteq A_1$, 则 $A_1 = A_2 = \cdots = A_n$.

2. 设 A 是集合. 试判断以下关系式的正确与错误:

$A = \{A\}$, $\quad A \subseteq \{A\}$, $\quad A \in \{A\}$, $\quad \varnothing \in \varnothing$, $\quad \varnothing \subseteq \varnothing$, $\quad \varnothing \subseteq \{\varnothing\}$.

3. 计算 $\mathcal{P}(\varnothing)$ 和 $\mathcal{P}(\mathcal{P}(\varnothing))$.

4. 设 A, B_1, B_2, $\cdots$, B_n 是集合, n 为正整数. 证明:

(1) $A \cap \left(\bigcup\limits_{i=1}^{n} B_i\right) = \bigcup\limits_{i=1}^{n} (A \cap B_i)$, $A \cup \left(\bigcap\limits_{i=1}^{n} B_i\right) = \bigcap\limits_{i=1}^{n} (A \cup B_i)$;

(2) $A - \left(\bigcup\limits_{i=1}^{n} B_i\right) = \bigcap\limits_{i=1}^{n} (A - B_i)$, $A - \left(\bigcap\limits_{i=1}^{n} B_i\right) = \bigcup\limits_{i=1}^{n} (A - B_i)$.

5. 设 X, Y 是集合且 A, $B \subseteq X$, C, $D \subseteq Y$. 证明:

(1) $(A \times C) \cap (B \times D) = (A \cap B) \times (C \cap D)$;

(2) $(A \cup B) \times (C \cup D) = (A \times C) \cup (A \times D) \cup (B \times C) \cup (B \times D)$.

6. 设集合 A 含 n 个元素, 问 $\mathcal{P}(A)$ 含多少个元素?

1.2 关系、映射与偏序

1.2.1 关系与映射

定义 1.2.1 若 R 是集合 A 与 B 的笛卡儿积 $A \times B$ 的一个子集, 即 $R \subseteq A \times B$, 则称 R 是从 A 到 B 的一个**关系**. 如果 $(x,y) \in R$, 则称 x 与 y 是**R-相关的**, 并记作 xRy. 若 $X \subseteq A$, 则称集合 $\{y \in B \mid$ 存在 $x \in X$, 使得 $xRy\}$ 为集合 X 对于关系 R 而言的**像集**, 并记作 $R(X)$.

定义 1.2.2 从集合 A 到 A 的关系称为集合 A 上的**关系**. 集合 A 上的关系 $\triangle(A)=\{(x,x)\mid x\in A\}$ 称为**恒同关系**或者**对角线关系**, 常简写 $\triangle(A)$ 为 $\triangle$.

定义 1.2.3 (1) 设 R 是从集合 A 到 B 的一个关系. 则集合 $\{(y,x)\in B\times A\mid xRy\}$ 是从 B 到 A 的一个关系, 称为关系 R 的**逆**, 记作 R^{-1}. 若 $Y\subseteq B$, 则 A 的子集 $R^{-1}(Y)$ 是集合 Y 的 R^{-1} 像集, 也称为集合 Y 对于关系 R 而言的**原像集**.

(2) 若 R 是集合 U 上的关系, 则 $R^c=\{(x,y)\in U\times U\mid (x,y)\notin R\}$ 也是 U 上的关系, 称为 R 的**补关系**.

定义 1.2.4 设 R 是从 A 到 B 的关系, S 是从 B 到 C 的关系. 则集合 $\{(x,z)\in A\times C\mid$ 存在 $y\in B$ 使 xRy 且 $ySz\}$ 是从 A 到 C 的一个关系, 称为关系 R 与 S 的**复合**, 记作 $S\circ R$.

容易验证关系的逆与复合运算之间有以下的运算律, 证明从略.

定理 1.2.5 设 R 是从集合 A 到 B 的一个关系, S 是从集合 B 到 C 的一个关系, T 是从集合 C 到 D 的一个关系. 则

(1) $(R^{-1})^{-1}=R$;

(2) $(S\circ R)^{-1}=R^{-1}\circ S^{-1}$;

(3) $T\circ(S\circ R)=(T\circ S)\circ R$.

数学分析中的函数、群论中的同态、线性代数中的线性变换等概念都有赖于下面所讨论的映射概念.

定义 1.2.6 设 R 是从集合 A 到 B 的一个关系. 如果对每一 $x\in A$, 存在唯一 $y\in B$ 使 xRy, 则称 R 为从集合 A 到 B 的**映射**, 并记作 $R:A\to B$. 此时 A 称为映射 R 的**定义域**, B 称为映射 R 的**陪域**. 对每一 $x\in A$ 使得 xRy 的那个唯一 $y\in B$ 称为 x 的**像**或**值**, 记作 $R(x)$. 称 $R(A)=\{R(a)\mid a\in A\}$ 为映射 R 的**值域**. 对于每一个 $y\in B$, 如果存在 $x\in A$ 使 xRy, 则称 x 是 y 的一个**原像**, y 的全体原像集记作 $R^{-1}(y)$.

注意 $y\in B$ 可以没有原像, 也可以有不止一个原像.

今后, 常用小写字母 $f,g,h,\cdots$ 表示映射.

例 1.2.7 设 X 是集合, $A\subseteq X$. 定义 $i_A:A\to X$ 使 $\forall a\in A, i_A(a)=a$. 则易证 i_A 是映射. 称映射 i_A 为从 A 到 X 的包含映射, 简称**包含映射**. 包含映射有时简记为 $i:A\to X$. 集合 X 到 X 的包含映射特别称为**恒同映射**或**恒等映射**, 记作 id_X 或 $\mathrm{Id}_X:X\to X$.

定理 1.2.8 设 $f:A\to B$ 是从集合 A 到 B 的映射. 若 $W,V\subseteq A$, $X,Y\subseteq B$, 则

(1) $f^{-1}(X\cup Y)=f^{-1}(X)\cup f^{-1}(Y)$;

(2) $f^{-1}(X\cap Y)=f^{-1}(X)\cap f^{-1}(Y)$;

(3) $f^{-1}(X-Y)=f^{-1}(X)-f^{-1}(Y)$;

(4) $f(W\cup V)=f(W)\cup f(V)$.

证明 (1) 若 $x\in f^{-1}(X\cup Y)$, 则 $f(x)\in X\cup Y$. 故 $f(x)\in X$ 或 $f(x)\in Y$. 于是 $x\in f^{-1}(X)$ 或 $x\in f^{-1}(Y)$, 从而 $x\in f^{-1}(X)\cup f^{-1}(Y)$. 这说明 $f^{-1}(X\cup Y)\subseteq f^{-1}(X)\cup f^{-1}(Y)$. 反之, 用类似的方法可以得到 $f^{-1}(X)\cup f^{-1}(Y)\subseteq f^{-1}(X\cup Y)$. 由定理 1.1.1(2) 知 $f^{-1}(X\cup Y)=f^{-1}(X)\cup f^{-1}(Y)$.

(2) 和 (3) 的证明与 (1) 类似, 读者可作为练习自证.

(4) 若 $b\in f(W\cup V)$, 则存在 $x\in W\cup V$ 使 $f(x)=b$, 于是 $b\in f(W)\cup f(V)$, 这说明 $f(W\cup V)\subseteq f(W)\cup f(V)$. 反过来, 若 $b\in f(W)\cup f(V)$, 则存在 $x\in W\cup V$ 使 $f(x)=b$, 从而 $b\in f(W\cup V)$, 这说明 $f(W)\cup f(V)\subseteq f(W\cup V)$. 由定理 1.1.1(2) 知 (4) 中等式成立. □

定理 1.2.8 说明, 求映射的像集运算保并, 而求原像集运算保并、交、差.

定理 1.2.9 在证明涉及映射像集的包含式时很有用, 我们把它叫做映射像引理.

定理 1.2.9 (映射像引理) 设 $f:A\to B$ 是映射, $X\subseteq A$, $Y\subseteq B$. 则 $X\subseteq f^{-1}(Y)$ 当且仅当 $f(X)\subseteq Y$.

证明 设 $X\subseteq f^{-1}(Y)$. 下证 $f(X)\subseteq Y$. 对任意 $y\in f(X)$, 存在 $x\in X$ 使得 $y=f(x)$. 由 $X\subseteq f^{-1}(Y)$ 知 $y=f(x)\in Y$. 从而 $f(X)\subseteq Y$. 反过来, 设 $f(X)\subseteq Y$. 则对任意 $x\in X$, 由 $f(X)\subseteq Y$ 知 $f(x)\in Y$. 从而 $x\in f^{-1}(Y)$. 故 $X\subseteq f^{-1}(Y)$. □

定理 1.2.10 设 $f:A\to B$, $g:B\to C$ 均为映射. 则 f 与 g 的复合 $g\circ f$ 是从集合 A 到 C 的映射, 即 $g\circ f:A\to C$ 为映射.

证明 注意到映射是特殊的关系, 由定义 1.2.4 和定义 1.2.6 直接可得. □

定义 1.2.11 设 $f:A\to B$ 是映射. 若 B 中每个元关于映射 f 都有原像, 即 $f(A)=B$, 则称 f 是**满射**; 若 A 中不同的元关于映射 f 的像是 B 中不同的元, 即对任意 $x_1,x_2\in A$, 当 $x_1\neq x_2$ 时, 有 $f(x_1)\neq f(x_2)$, 则称 f 是**单射**; 若 f 既是单射也是满射, 则称 f 是**一一映射**或**一一对应**, 或**双射**.

根据下面的定理 (定理 1.2.12), 一一映射也称为**可逆映射**.

定理 1.2.12 设 $f:A\to B$ 是一一映射, 则 f^{-1} 是从集合 B 到 A 的一一映射 (可记作 $f^{-1}:B\to A$). 并有 $f^{-1}\circ f=\mathrm{id}_A$, $f\circ f^{-1}=\mathrm{id}_B$.

证明 因为 f 是既单且满的, 故对任意 $y\in B$ 存在唯一 $x\in A$ 使得 x 与 y 是 f 相关的, 即 y 与 x 是 f^{-1} 相关的. 由定义 1.2.6 知 f^{-1} 是从集合 B 到 A 的映射. 对任意 $x\in A$, 令 $y=f(x)\in B$. 则 $x=f^{-1}(y)$, 这说明 f^{-1} 是满射. 又对任意 $y_1,y_2\in B$, 若 $f^{-1}(y_1)=f^{-1}(y_2)=x\in A$, 则 $y_1=f(x)=y_2$, 这说明 f^{-1} 是单射, 从而 f^{-1} 是一一映射. 由 f^{-1} 的定义易见 $f^{-1}\circ f=\mathrm{id}_A$, $f\circ f^{-1}=\mathrm{id}_B$. □

定义 1.2.13 设 A,B 是集合, $X\subseteq A$. 若映射 $f:A\to B$ 和 $g:X\to B$ 满

足条件 $g \subseteq f$, 即 $\forall x \in X$, 有 $f(x) = g(x)$, 则称 g 是 f 的**限制**, 也称 f 是 g 的一个**扩张**, 记作 $g = f|_X$.

若 $f: A \to B$ 为映射, $f(A) \subseteq D \subseteq B$, 则 $f^\circ: A \to D$ 使任意 $a \in A$, $f^\circ(a) = f(a)$ 也是映射, 称为 f 的一个**余限制**.

定义 1.2.14 定义 n 个集合 $A_1, A_2, \cdots, A_n$ 的笛卡儿积 $A_1 \times A_2 \times \cdots \times A_n$ 到它的第 i 个坐标集 A_i 的**投影映射** $p_i: A_1 \times A_2 \times \cdots \times A_n \to A_i$ 使得对任意 $(x_1, x_2, \cdots, x_n) \in A_1 \times A_2 \times \cdots \times A_n$, $p_i(x_1, x_2, \cdots, x_n) = x_i$ $(1 \leqslant i \leqslant n)$. 投影映射简称为**投影**.

1.2.2 等价关系

定义 1.2.15 设 R 是集合 A 上的关系, $x, y, z \in A$.

(1) (自反性) 若由 $x \in A$ 可得 xRx, 即 $\triangle(A) \subseteq R$, 则称 R 是**自反关系**;

(2) (对称性) 若由 xRy 可得 yRx, 则称 R 是**对称关系**;

(3) (反对称性) 若由 xRy 和 yRx 可得 $x = y$, 则称 R 是**反对称关系**;

(4) (传递性) 若由 xRy 和 yRz 可得 xRz, 则称 R 是**传递关系**;

(5) 若 R 同时满足自反性、对称性和传递性, 则称 R 是**等价关系**.

例 1.2.16 恒同关系 $\triangle(A)$ 是集合 A 上的一个等价关系, $A \times A$ 也是 A 上的一个等价关系.

例 1.2.17 设 p 为素数. 在 $\mathbb{Z}$ 上定义关系 $\equiv_p = \{(x, y) \in \mathbb{Z} \times \mathbb{Z} \mid$ 存在 $n \in \mathbb{Z}$ 使 $x - y = np\}$. 容易验证关系 $\equiv_p$ 为 $\mathbb{Z}$ 上的等价关系, 称为**模 p 等价关系**.

定义1.2.18 设 R 为集合 A 上的等价关系, $x, y \in A$. 若 xRy, 则称 x, y 是 **R-等价**的. 集合 A 的子集 $\{z \in A \mid zRx\}$ 称为 x 的 **R-等价类**, 记作 $[x]_R$ 或简单地记作 $[x]$. 任何一个 $z \in [x]_R$ 都称为 R-等价类 $[x]_R$ 的**代表元**. 集族 $\{[x]_R \mid x \in A\}$ 称为集合 A 关于等价关系 R 的**商集**, 记作 A/R. 映射 $q: A \to A/R$ 定义为对任意 $x \in A$, $q(x) = [x]_R$, 称 q 为**自然投射**或**粘合映射**.

直观上, 可以把商集 A/R 看成是把集合 A 关于等价关系 R 的每个等价类 $[x]_R$ 粘合成一点而得到的集合, 因此映射 $q: A \to A/R$ 也称为粘合映射.

定理 1.2.19 说明, 给定一个等价关系等于给定一个分类原则, 把一个非空集合分割成一些非空的两两互不相交的等价类, 使得该集合的每一个元素都在某个等价类中.

定理 1.2.19 设 R 是非空集合 A 上的一个等价关系, 则

(1) 对任意 $x \in A$, 有 $x \in [x]_R$, 故 $[x]_R \neq \varnothing$;

(2) 对任意 $x, y \in A$, 有 $[x]_R = [y]_R$, 或者 $[x]_R \cap [y]_R = \varnothing$.

证明 (1) 对任意 $x \in A$, 由等价关系 R 是自反的知 xRx, 从而有 $x \in [x]_R$, 即 $[x]_R \neq \varnothing$.

(2) 对任意 $x, y \in A$, 若 $[x]_R \cap [y]_R \neq \varnothing$, 则存在 $z \in [x]_R \cap [y]_R$. 于是有 zRx 和 zRy. 由等价关系 R 是对称和传递的知 xRy. 由此推出 $[x]_R = [z]_R = [y]_R$. □

例 1.2.20 例 1.2.17 中的等价关系将 $\mathbb{Z}$ 分为互不相交的等价类, 每一等价类 $[x]_{\equiv_p}$ 称为整数 x 的**模** p **同余类**.

定义 1.2.21 集合 A 的一个两两不交的非空子集族如果其并为 A, 则称之为 A 的一个**划分**, 或称**分划**.

命题 1.2.22 设 R 是非空集合 A 上的一个等价关系. 则商集 A/R 是 A 的一个划分.

证明 由定理 1.2.19 直接可得. □

1.2.3 预序、偏序及全序

定义 1.2.23 (1) 集合 L 上的一个关系如果是自反的和传递的, 则称该关系是 L 上的一个**预序**, 记作 $\leqslant_L$, 简记为 $\leqslant$, 并称 $(L, \leqslant)$ 是**预序集**, 或简称 L 是预序集. 习惯上, 用 $x < y$ 表示 $x \leqslant y$ 且 $x \neq y$.

(2) 设 $\leqslant$ 是集合 L 上的一个预序. 若 $\leqslant$ 是反对称的, 则称 $\leqslant$ 是 L 上的一个**偏序**, 称 $(L, \leqslant)$ 是**偏序集**. 在不引起混淆的情况下, $(L, \leqslant)$ 可简记为 L.

(3) 设 $(L, \leqslant)$ 是偏序集. 若 $\forall x, y \in L$, 有 $x \leqslant y$ 或 $y \leqslant x$, 则称 $\leqslant$ 是 L 上的一个**全序**, 称 $(L, \leqslant)$ 是一个**全序集**或**线性序集**, 或**链**.

(4) 集合 L 上的偏序关系 $\leqslant$ 的逆关系仍然是 L 上的一个偏序关系, 称为 $\leqslant$ 的**对偶偏序**, 记作 $\leqslant^{op}$. 相应地, 赋予对偶偏序的集合 L 可记作 $(L, \leqslant^{op})$ 或简记为 L^{op}.

例 1.2.24 幂集 $\mathcal{P}(X)$ 上子集的包含关系是偏序关系, 实数集 $\mathbb{R}$ 上通常的小于等于关系是一个全序关系. 在任一集 X 上定义关系"$\leqslant$"使 $\forall x, y \in X, x \leqslant y$ 当且仅当 $x = y$. 则 $\leqslant$ 是 X 上的一个偏序, 称为 X 上的**离散序**.

定义 1.2.25 设 $(L, \leqslant)$ 是一个预序集, D 是 L 的非空子集.

(1) 若 $\forall a, b \in D$, 存在 $c \in D$, 使得 $a \leqslant c, b \leqslant c$, 则称 D 是 L 的**定向集**或**上定向集**.

(2) 若 $\forall a, b \in D$, 存在 $c \in D$, 使得 $c \leqslant a, c \leqslant b$, 则称 D 是 L 的**滤向集**或**下定向集**.

(3) 设 D 是 L 的定向集, $E \subseteq D$. 若 $\forall d \in D$, 存在 $e \in E$ 使 $e \geqslant d$, 则称 E 是 D 的**共尾子集**.

显然, 全序集都是定向集, 定向集的共尾子集仍为定向集, 正偶数集是正整数集的共尾子集. 注意定向集和滤向集一定是非空集.

定义 1.2.26 设 $(L, \leqslant)$ 是一个预序集, $X \subseteq L$, $a \in L$.

(1) 若 $\forall x \in X$, 有 $x \leqslant a$, 则称 a 是 X 的一个**上界**.

(2) 若 $\forall x \in X$, 有 $a \leqslant x$, 则称 a 是 X 的**一个下界**.

一般来说, X 的上界或下界未必存在. 即使存在也未必唯一, 并且未必属于 X.

定义 1.2.27 设 $(L, \leqslant)$ 是一个偏序集, $a \in L$.

(1) 若 $\forall x \in L$, 有 $x \leqslant a$, 则称 a 是 L 的**最大元**.

(2) 若 $\forall x \in L$, 有 $a \leqslant x$, 则称 a 是 L 的**最小元**.

(3) 若 $\forall x \in L, a \leqslant x \Longrightarrow a = x$, 则称 a 是 L 的**极大元**; 用 $\max(L)$ 表示 L 的全体**极大元之集**, 也称 $\max(L)$ 为 L 的**极大点集**.

(4) 若 $\forall x \in L, x \leqslant a \Longrightarrow a = x$, 则称 a 是 L 的**极小元** (或是 L 的**原子**); 用 $\min(L)$ 表示 L 的全体**极小元之集**, 也称**极小点集**.

对于全序集, 最大元与极大元、最小元与极小元分别是一致的, 但未必存在.

定义 1.2.28 设 $(L, \leqslant)$ 是一个偏序集, $X \subseteq L$.

(1) 若集合 X 的所有上界之集有最小元, 则称该元为 X 的**上确界**, 记作 $\bigvee X$ 或 $\sup X$.

(2) 若集合 X 的所有下界之集有最大元, 则称该元为 X 的**下确界**, 记作 $\bigwedge X$ 或 $\inf X$.

特别地, 若 $X = \{x, y\}$, 则记 $\bigvee X = x \vee y$, $\bigwedge X = x \wedge y$. 若 $X = \varnothing$, 则 L 的每一个元都是它的上界, 也都是它的下界. 于是 $\varnothing$ 有没有上确界与下确界, 分别取决于 L 有没有最小元与最大元. 若 L 有最大元 1 与最小元 0, 则 $\bigvee \varnothing = 0$, $\bigwedge \varnothing = 1$.

上确界又常称为并, 下确界又常称为交.

定义 1.2.29 设 $(L, \leqslant)$ 是一个偏序集, $X \subseteq L$, $a, b \in L$. 则记

(1) $\downarrow X = \{y \in L \mid \text{存在 } x \in X \text{ 使得 } y \leqslant x\}$;

(2) $\uparrow X = \{y \in L \mid \text{存在 } x \in X \text{ 使得 } x \leqslant y\}$;

(3) $\downarrow a = \downarrow \{a\} = \{y \in L \mid y \leqslant a\}$;

(4) $\uparrow b = \uparrow \{b\} = \{y \in L \mid b \leqslant y\}$.

我们称:

(5) X 是**下集**当且仅当 $X = \downarrow X$.

(6) X 是**上集**当且仅当 $X = \uparrow X$.

(7) X 是**理想**当且仅当 X 是定向的下集. L 中全体理想之集记为 $\mathrm{Idl}(L)$.

(8) X 是**滤子**当且仅当 X 是滤向的上集. L 中全体滤子之集记为 $\mathrm{Filt}(L)$.

(9) 形如 $\downarrow x$ 的集合称为**主理想**, 形如 $\uparrow x$ 的集合称为**主滤子**.

任意有限偏序集必有极大元与极小元, 但是未必有最大元与最小元. 对于一般偏序集, 若最大元与最小元存在, 则由于反对称性, 它们分别是唯一的极大元与极小元. 对于偏序集中的子集, 其上确界或下确界未必存在. 若某种确界存在, 则由反对称性可知必是唯一的.

定义 1.2.30 设 $(L,\leqslant)$ 是一个偏序集, $S\subseteq L$. 对任意 $x,y\in S$, 规定 $x\leqslant_S y$ 当且仅当 $x\leqslant y$. 易见 $\leqslant_S$ 是 S 上的一个偏序. 称 $(S,\leqslant_S)$ 是 $(L,\leqslant)$ 的一个**子偏序集**, 偏序 $\leqslant_S$ 是 S 上的**继承序**, 也可简记为 $\leqslant$.

定义 1.2.31 设 $(L_1,\leqslant_1),(L_2,\leqslant_2)$ 是偏序集. 在笛卡儿积 $L_1\times L_2$ 上规定

$$(x_1,y_1)\leqslant(x_2,y_2)\Longleftrightarrow x_1\leqslant_1 x_2 \text{ 且 } y_1\leqslant_2 y_2.$$

易见 $\leqslant$ 是 $L_1\times L_2$ 上的偏序. 称 $(L_1\times L_2,\leqslant)$ 是偏序集 L_1 和 L_2 的**乘积**, 笛卡儿积 $L_1\times L_2$ 上的偏序 $\leqslant$ 称为**乘积序**, 亦称**点式序**.

在本书中, 如无特别说明, 笛卡儿积 $L_1\times L_2$ 上的偏序均为乘积序.

例 1.2.32 设实数集 $\mathbb{R}$ 上赋予通常的小于等于关系. 则 $\mathbb{R}\times\mathbb{R}$ 上的乘积序为: $(x_1,x_2)\leqslant(y_1,y_2)$ 当且仅当 $x_1\leqslant y_1$ 和 $x_2\leqslant y_2$. 这个乘积序是一个偏序.

定义 1.2.33 设 L 为集合, $(P,\leqslant)$ 是偏序集. 在集合 $\{h\mid h:L\to P\text{为映射}\}$ 上规定偏序使得 $f,g\in\{h\mid h:L\to P\text{为映射}\}$,

$$f\leqslant g\Longleftrightarrow\forall x\in L, f(x)\leqslant g(x).$$

易见 $\leqslant$ 是 $\{h\mid h:L\to P\text{为映射}\}$ 上的一个偏序. 称该偏序为**点式序**, 也称为**逐点序**.

下面是构作全序关系的一种有趣的方式.

定义 1.2.34 设 $(A,\leqslant_A),(B,\leqslant_B)$ 是全序集. 笛卡儿积 $A\times B$ 上的**字典序关系** $\leqslant_{A\times B}$ 定义为: $(x_1,y_1)\leqslant_{A\times B}(x_2,y_2)\Longleftrightarrow x_1<_A x_2$ 或 $x_1=x_2,y_1\leqslant_B y_2$.

易证字典序关系是一个全序, 特别地, $\mathbb{R}\times\mathbb{R}$ 上的字典序是全序.

下面介绍有关偏序集之间一些映射的概念.

定义 1.2.35 设 $(L,\leqslant_L),(M,\leqslant_M)$ 是偏序集, $f\colon L\to M$ 是映射.

(1) 若 $\forall x,y\in L$, $x\leqslant_L y\Longrightarrow f(x)\leqslant_M f(y)$, 则称 f 为**保序映射**或**单调映射**.

(2) 若 $\forall X\subseteq L$, $f(\bigvee X)=\bigvee f(X)$, 则称 f 为**保并映射**; 若 $\forall D\subseteq L$ 为定向集, 均有 $f(\bigvee D)=\bigvee f(D)$, 则称 f 为**保定向并**.

(3) 若 $\forall X\subseteq L$, $f(\bigwedge X)=\bigwedge f(X)$, 则称 f 为**保交映射**; 若 $\forall A\subseteq L$ 为滤向集, 均有 $f(\bigwedge A)=\bigwedge f(A)$, 则称 f 为**保滤向交**.

(4) 若 f 是保序双射, 并且 f^{-1} 是保序映射, 则称 f 是**序同构**. 若存在序同构 $f\colon L\to M$, 则称偏序集 L 与 M **同构**, 记作 $L\cong M$.

注 1.2.36 (1) 定义 1.2.35(2), (3) 中对于 $X\subseteq L$, $f(\bigvee X)=\bigvee f(X)$ 或 $f(\bigwedge X)=\bigwedge f(X)$ 有双重含义: 首先它表示当 $\bigvee X$ 和 $\bigwedge X$ 在 L 中分别存在时, $\bigvee f(X)$ 和 $\bigwedge f(X)$ 分别在 M 中也存在, 其次表示等式两边的值相等.

(2) 容易验证若 f 是序同构, 则 f^{-1} 也是序同构.

(3) 不致混淆时, 不同的偏序集的偏序关系常用同一记号 $\leqslant$ 来表示.

例 1.2.37 集合 $L=\{\bot,\top,a,b\}$ 上赋予偏序: $\bot\leqslant a,b\leqslant\top$. 集合 $M=\{c_1,c_2,c_3,c_4\}$ 上赋予全序: $c_1\leqslant c_2\leqslant c_3\leqslant c_4$. 映射 $f:L\to M$ 定义为 $f(\bot)=c_1$, $f(a)=c_2$, $f(b)=c_3$, $f(\top)=c_4$. 则 f 是偏序集 L 和 M 之间的一个保序双射, 但不是序同构.

习题 1.2

1. 设R 是从集合 X 到 Y 的一个关系, S 是从集合 Y 到 Z 的一个关系, A, $B\subseteq X$. 证明:
(1) $R(A\cup B)=R(A)\cup R(B)$;
(2) $R(A\cap B)\subseteq R(A)\cap R(B)$;
(3) $(S\circ R)(A)=S(R(A))$.

2. 设 $f:A\to B$, $g:B\to C$ 均为映射. 证明:
(1) 若 f, g 都是满射, 则 $g\circ f:A\to C$ 也是满射;
(2) 若 f, g 都是单射, 则 $g\circ f:A\to C$ 也是单射;
(3) 若 f, g 都是一一映射, 则 $g\circ f:A\to C$ 也是一一映射.

3. 设 $f:A\to B$ 为映射. 证明:
(1) f 是满射当且仅当对任意 $Y\subseteq B$ 有 $f(f^{-1}(Y))=Y$;
(2) f 是单射当且仅当对任意 $X\subseteq A$ 有 $f^{-1}(f(X))=X$.

4. 设 $f:A\to B$, $g:B\to A$ 均为映射. 证明: 若 $g\circ f=\mathrm{id}_A$, 则 g 是满射, f 是单射.

5. 实数集 $\mathbb{R}$ 上的一个关系 R 定义如下: $R=\{(x,y)\in\mathbb{R}^2\mid x-y\in\mathbb{Z}\}$. 证明: R 是一个等价关系.

6. 写出将实数集 $\mathbb{R}$ 的子集 $\mathbb{Q}$ 粘合成一点对应的等价关系.

7. 设 $\mathcal{D}$ 是集合 A 的一个划分. 令 $R(\mathcal{D})=\{(x,y)\in A^2\mid$ 存在 $X\in\mathcal{D}$ 使 $x,y\in X\}$. 证明: $R(\mathcal{D})$ 是集合 A 上的一个等价关系且 $A/R(\mathcal{D})=\mathcal{D}$.

8. 设 $A=\{1,2,3,4,5\}$. 问: A 上共有多少个不同的二元关系? 又有多少个不同的等价关系?

9. 证明: 偏序集的若干上集的并还是上集; 若干下集的交还是下集.

10. 证明: 偏序集中一个定向集若是有限集, 则该定向集一定有最大元.

11. 证明: 保定向并的映射一定保序.

12. 设 $f:X\to Y$ 是一个满射, $\sim=\{(x,y)\in X\times X\mid f(x)=f(y)\}$. 证明: $\sim$ 是 X 上的等价关系, 并建立一个一一对应 $g:X/\sim\to Y$.

13. 设 X 为有限偏序集, $\min(X)$ 为 X 的极小元之集. 证明: 当 $x\in X-\min(X)$ 时, 存在 $y_0\in X$ 使 $y_0<x$.

1.3 集族及其运算

以前提到的集族 $\mathcal{A}$ 可以称为普通集族. 为了考虑集族运算时表达的方便, 我们要引入有标集族的概念.

定义 1.3.1 设 Γ 是一个集合, 若对任意 $\alpha\in\Gamma$, 指定一个集合 A_α, 则说给定了一个**有标集族** $\{A_\alpha\}_{\alpha\in\Gamma}$, 其中 Γ 称为集族 $\{A_\alpha\}_{\alpha\in\Gamma}$ 的**指标集**.

有标集族涉及的集合放在一起构成通常意义下的普通集族 $\{A_\alpha \mid \alpha \in \Gamma\}$, 这个普通集族 $\{A_\alpha \mid \alpha \in \Gamma\}$ 与有标集族 $\{A_\alpha\}_{\alpha\in\Gamma}$ 的不同在于, 普通集族仅与由哪些元素构成有关, 而与它的每一个元素由 Γ 的哪一个元素指定无关.

普通集族也可自然地看成是有标集族的特例. 设 $\mathcal{A}$ 为一个普通集族. 令 $\Gamma = \mathcal{A}$, 并对每一 $\alpha = A \in \Gamma$, 指定 $A_A = A$, 这样我们就得到一个以 $\Gamma = \mathcal{A}$ 为指标集的族 $\{A\}_{A\in\mathcal{A}}$. 按照这个做法, 我们常将 $\mathcal{A}$ 理解为用自己的元素来标号的有标集族 $\{A\}_{A\in\mathcal{A}}$, 并对两者不加区别. 因此, 下文对于有标集族定义的并与交运算对普通集族也当然有效.

指标集非空的有标集族简称为非空集族; 指标集是空集的有标集族为空族 (集).

定义 1.3.2 给定有标集族 $\{A_\alpha\}_{\alpha\in\Gamma}$. 称集合 $\{x \mid$ 存在 $\alpha \in \Gamma$ 使 $x \in A_\alpha\}$ 为集族 $\{A_\alpha\}_{\alpha\in\Gamma}$ 的**并集**, 或**并**, 记作 $\bigcup_{\alpha\in\Gamma} A_\alpha$, 或 $\bigcup A_\alpha$. 当 $\Gamma \neq \varnothing$ 时, 称集合 $\{x \mid$ 对于任意 $\alpha \in \Gamma$ 有 $x \in A_\alpha\}$ 为集族 $\{A_\alpha\}_{\alpha\in\Gamma}$ 的**交集**, 或**交**, 记作 $\bigcap_{\alpha\in\Gamma} A_\alpha$, 或 $\bigcap A_\alpha$. 若对于任意 $\alpha \in \Gamma$, 集合 A_α 都是集合 X 的子集, 则称集族 $\{A_\alpha\}_{\alpha\in\Gamma}$ 为基础集 X **的子集族**. 当基础集 X 明确且 $\Gamma = \varnothing$ 时, 规定 $\bigcap_{\alpha\in\Gamma} A_\alpha = X$.

集合 A_1 和 A_2 的笛卡儿积 $A_1 \times A_2$ 中的元素 (x_1, x_2) 为一个映射 $\mathbf{x} : \{1,2\} \to A_1 \cup A_2$ 满足: $\mathbf{x}(1) = x_1 \in A_1$, $\mathbf{x}(2) = x_2 \in A_2$. 利用这种观点, 可将有限个集合的笛卡儿积推广为任意一族集合的笛卡儿积.

定义 1.3.3 集族 $\{A_\alpha\}_{\alpha\in\Gamma}$ 的**笛卡儿积** $\prod_{\alpha\in\Gamma} A_\alpha$ 定义为集合 $\{\mathbf{x} : \Gamma \to \bigcup_{\alpha\in\Gamma} A_\alpha \mid$ 对于任意 $\alpha \in \Gamma$, $\mathbf{x}(\alpha) \in A_\alpha\}$. 对任意 $\mathbf{x} \in \prod_{\alpha\in\Gamma} A_\alpha$, 称 $\mathbf{x}(\alpha)$ 为 $\mathbf{x}$ 的**第 α 个坐标**, 常改记为 x_α. 同时也可将 $\mathbf{x}$ 改记为 $(x_\alpha)_{\alpha\in\Gamma}$. 集合 A_α $(\alpha \in \Gamma)$ 称为笛卡儿积 $\prod_{\alpha\in\Gamma} A_\alpha$ 的**第 α 个坐标集**.

若干个偏序集 $\{P_\alpha\}_{\alpha\in\Gamma}$ 的**乘积偏序集**定义为笛卡儿积 $\prod_{\alpha\in\Gamma} P_\alpha$ 上赋予偏序 $\leqslant$ 使得 $\forall x = (x_\alpha)_{\alpha\in\Gamma}, y = (y_\alpha)_{\alpha\in\Gamma} \in \prod_{\alpha\in\Gamma} P_\alpha$, $x \leqslant y$ 当且仅当 $\forall \alpha \in \Gamma, x_\alpha \leqslant y_\alpha$.

对于任意 $\alpha \in \Gamma$, 称映射 $p_\alpha : \prod_{\alpha\in\Gamma} A_\alpha \to A_\alpha$ 满足对于任意 $\mathbf{x} \in \prod_{\alpha\in\Gamma} A_\alpha$, $p_\alpha(\mathbf{x}) = \mathbf{x}(\alpha)$ 为笛卡儿积 $\prod_{\alpha\in\Gamma} A_\alpha$ 的**第 α 个投影映射**.

若给定的集族 $\{A_\alpha\}_{\alpha\in\Gamma}$ 只涉及一个集合 X, 即对任意 $\alpha \in \Gamma$, 有 $A_\alpha = X$, 则笛卡儿积 $\prod_{\alpha\in\Gamma} A_\alpha$ 恰好是从集合 Γ 到 X 的所有映射构成的集合, 可简记为 X^Γ.

习题 1.3

1. 设 $\{A_\alpha\}_{\alpha\in\Gamma}$ 是有标集族, A 是一个集合. 证明:

(1) $A \cap (\bigcup_{\alpha\in\Gamma} A_\alpha) = \bigcup_{\alpha\in\Gamma}(A \cap A_\alpha)$, $A \cup (\bigcap_{\alpha\in\Gamma} A_\alpha) = \bigcap_{\alpha\in\Gamma}(A \cup A_\alpha)$;

(2) (集族运算的 De Morgan 律)

$$A - \left(\bigcup_{\alpha\in\Gamma} A_\alpha\right) = \bigcap_{\alpha\in\Gamma}(A - A_\alpha),$$

$$A-\left(\bigcap_{\alpha\in\Gamma}A_\alpha\right)=\bigcup_{\alpha\in\Gamma}(A-A_\alpha).$$

2. 设 Γ 是非空的指标集, $\{A_\alpha\}_{\alpha\in\Gamma}$, $\{B_\alpha\}_{\alpha\in\Gamma}$ 是有标集族. 证明:

(1) $(\prod_{\alpha\in\Gamma}A_\alpha)\cap(\prod_{\alpha\in\Gamma}B_\alpha)=\prod_{\alpha\in\Gamma}(A_\alpha\cap B_\alpha)$;

(2) $(\prod_{\alpha\in\Gamma}A_\alpha)\cup(\prod_{\alpha\in\Gamma}B_\alpha)\subseteq\prod_{\alpha\in\Gamma}(A_\alpha\cup B_\alpha)$.

3. 设 R 是从集合 A 到 B 的一个关系. 证明: 对集合 A 的任意子集族 $\{X_\alpha\}_{\alpha\in\Gamma}$ 有

(1) $R(\bigcup_{\alpha\in\Gamma}X_\alpha)=\bigcup_{\alpha\in\Gamma}R(X_\alpha)$;

(2) $R(\bigcap_{\alpha\in\Gamma}X_\alpha)\subseteq\bigcap_{\alpha\in\Gamma}R(X_\alpha)$.

4. 设 $f:A\to B$ 为映射. 证明: 对集合 B 的任意子集族 $\{X_\alpha\}_{\alpha\in\Gamma}$ 有

(1) $f^{-1}(\bigcup_{\alpha\in\Gamma}X_\alpha)=\bigcup_{\alpha\in\Gamma}f^{-1}(X_\alpha)$;

(2) $f^{-1}(\bigcap_{\alpha\in\Gamma}X_\alpha)=\bigcap_{\alpha\in\Gamma}f^{-1}(X_\alpha)$.

5. 设 I, J 均是非空的指标集, $\{X_i\}_{i\in I}$, $\{Y_j\}_{j\in J}$ 是有标集族. 证明:

(1) $(\bigcup_{i\in I}X_i)\times(\bigcup_{j\in J}Y_j)=\bigcup\{X_i\times Y_j\mid i\in I,j\in J\}$;

(2) $(\bigcap_{i\in I}X_i)\times(\bigcap_{j\in J}Y_j)=\bigcap\{X_i\times Y_j\mid i\in I,j\in J\}$.

1.4 基数与序数

1.4.1 可数集

定义 1.4.1 若集合 A 是空集或存在正整数 $n\in\mathbb{Z}_+$ 使 A 和集合 $\{1,2,\cdots,n\}$ 之间有一个一一映射, 则称 A 是一个**有限集**. 不是有限集的集合称为**无限集**. 如果存在一个从集合 A 到正整数集 $\mathbb{Z}_+$ 的单射, 则称 A 是一个**可数集**. 不是可数集的集合称为**不可数集**.

例 1.4.2 有限集均是可数集, 但可数集可为无限集. 例如, 正整数集 $\mathbb{Z}_+$ 就是一个无限的可数集, 简称**可数无限集**. 可以证明一个无限集是可数无限集当且仅当它和正整数集 $\mathbb{Z}_+$ 之间有一个一一映射.

定理 1.4.3 可数集的子集都是可数集.

证明 设 X 是可数集, $Y\subseteq X$. 则存在单射 $f:X\to\mathbb{Z}_+$. 显然 f 在 Y 上的限制 $f|_Y:Y\to\mathbb{Z}_+$ 也是单射. 从而 Y 是可数集. □

定理 1.4.4 设 $f:A\to B$ 是映射且 A 是可数集, 则 $f(A)$ 是可数集.

证明 由 A 是可数集知存在单射 $g:A\to\mathbb{Z}_+$. 定义 $h:f(A)\to\mathbb{Z}_+$ 为对任意 $y\in f(A)$, $h(y)=\min\{g(f^{-1}(y))\}$. 下面验证 h 是单射. 设 y_1, $y_2\in f(A)$. 若 $h(y_1)=h(y_2)$, 即 $\min\{g(f^{-1}(y_1))\}=\min\{g(f^{-1}(y_2))\}$, 则由 g 是单射知 $f^{-1}(y_1)\cap f^{-1}(y_2)\neq\varnothing$. 取 $x\in f^{-1}(y_1)\cap f^{-1}(y_2)$. 则 $y_1=f(x)=y_2$. 从而 h 是单射. □

定理 1.4.5 非空集合 A 是可数集当且仅当存在从正整数集 $\mathbb{Z}_+$ 到 A 的一个满射.

证明 充分性: 若存在满射 $f:\mathbb{Z}_+\to A$, 由定理 1.4.4 知 $A=f(\mathbb{Z}_+)$ 是可数集.

必要性: 因 A 可数, 故存在单射 $g:A\to\mathbb{Z}_+$. 取 $x_0\in A$, 定义映射 $f:\mathbb{Z}_+\to A$ 为

$$f(n)=\begin{cases}\text{集合 } g^{-1}(n) \text{ 中的唯一元}, & n\in g(A),\\ x_0, & n\in\mathbb{Z}_+-g(A),\end{cases}$$

容易验证 f 是满射. □

定理 1.4.6 若集合 A 和 B 均是可数集, 则 $A\times B$ 也是可数集.

证明 由 A 和 B 是可数集知, 存在单射 $f:A\to\mathbb{Z}_+$ 和单射 $g:B\to\mathbb{Z}_+$. 定义映射 $h:A\times B\to\mathbb{Z}_+$ 为对任意 $(a,b)\in A\times B$, $h(a,b)=(2f(a)+1)2^{g(b)}$. 易证 h 是单射. 从而 $A\times B$ 是可数集. □

例 1.4.7 (1) 集合 $\mathbb{Z}_+\times\mathbb{Z}_+$ 是可数无限集;

(2) 正有理数集 $\mathbb{Q}_+$ 是可数无限集.

定理 1.4.8 正整数集 $\mathbb{Z}_+$ 的幂集 $\mathcal{P}(\mathbb{Z}_+)$ 是不可数集.

证明 用反证法. 假设 $\mathcal{P}(\mathbb{Z}_+)$ 是可数集. 由定理 1.4.5 知存在满射 $f:\mathbb{Z}_+\to\mathcal{P}(\mathbb{Z}_+)$. 则对任意 $n\in\mathbb{Z}_+$, $f(n)$ 是 $\mathbb{Z}_+$ 的一个子集. 令 $B=\{n\in\mathbb{Z}_+\mid n\in\mathbb{Z}_+-f(n)\}$. 则 B 是 $\mathbb{Z}_+$ 的子集, 即 $B\in\mathcal{P}(\mathbb{Z}_+)$, 但可以断言 B 不在 f 的像中. 否则就有 $n_0\in\mathbb{Z}_+$ 使 $B=f(n_0)$. 从而

$$n_0\in B\Longleftrightarrow n_0\in\mathbb{Z}_+-f(n_0)\Longleftrightarrow n_0\in\mathbb{Z}_+-B,$$

矛盾! 故 B 不在 f 的像中, 这又与 f 是满射矛盾! 从而 $\mathcal{P}(\mathbb{Z}_+)$ 是不可数集. □

1.4.2 基数

定义 1.4.9 设 A, B 是集合, 若存在一个从 A 到 B 的一一映射, 则称 A 与 B **对等**或**等势**, 并记作 $A=_c B$.

定理 1.4.10 设 A, B, C 是集合. 则

(1) $A=_c A$;

(2) 若 $A=_c B$, 则 $B=_c A$;

(3) 若 $A=_c B$, $B=_c C$, 则 $A=_c C$.

证明 证明是直接的, 读者可作为练习自证. □

根据对等这种关系可对集合进行分类, 凡是互相对等的集合就划入同一类. 这样, 每一个集合都被划入了某一类. 任意一个集合 A 所属的类就称为集合 A 的**基数**, 记作 $|A|$ 或 $\mathrm{card}\,A$. 这样, 当集合 A 与 B 同属一个类时, A 与 B 就有相同的基数, 即 $\mathrm{card}\,A=\mathrm{card}\,B$.

当 A 是非空有限集时, 与 A 对等的所有集合有一个共同的特征, 那就是它们含有的元素个数相等, 此时可以用集合 A 所含的元素个数来代表 A 所在的类. 于是有限集的基数也就是传统概念下的 "个数". 例如, 习惯上将空集 $\varnothing$ 的基数记为 0, 即 $\text{card}\,\varnothing = 0$. 对 $n \in \mathbb{Z}_+$, 将集合 $\{1, 2, \cdots, n\}$ 的基数记为 n, 即 $\text{card}\,\{1, 2, \cdots, n\} = n$.

对于无限集, 传统概念没有个数之分, 而现在按基数概念, 却有不同. 例如, 任一可数无限集与正整数集 $\mathbb{Z}_+$ 有相同的基数, 即所有可数无限集是等基数的, 而实数集与 $\mathbb{Z}_+$ 的基数就不相同. 所以集合的基数概念是传统个数概念的推广.

定义 1.4.11 设 A, B 是集合, 若存在一个从 A 到 B 的单射, 则称 A 的**基数小于或等于** B **的基数**, 并记作 $\text{card}\,A \leqslant \text{card}\,B$. 若 $\text{card}\,A \leqslant \text{card}\,B$, 且 $\text{card}\,A \neq \text{card}\,B$, 则称 A 的**基数小于** B **的基数**, 并记作 $\text{card}\,A < \text{card}\,B$.

习惯上, 将正整数集 $\mathbb{Z}_+$ 的基数记作 $\aleph_0$, 将实数集的基数称为**连续统基数**, 记作 $2^{\aleph_0}$ 或 c. 关于连续统基数, 集合论的创立人 Cantor 提出一个著名的命题:

连续统假设 不存在任何一个基数 α 使得 $\aleph_0 < \alpha < c$.

人们证明了连续统假设在公理集合论系统中既不能被证明也不能被否定.

1.4.3 序数

正整数集有一个有用的性质: 每个非空子集有最小元. 将其推广得良序集概念.

定义 1.4.12 若全序集 $(A, \leqslant)$ 的任意非空子集有最小元, 则称 $(A, \leqslant)$ 为**良序集**.

例 1.4.13 (1) 正整数集 $\mathbb{Z}_+$ 在通常序下是良序集;

(2) 集合 $\mathbb{Z}_+ \times \mathbb{Z}_+$ 在字典序下是良序集;

(3) 有理数集 $\mathbb{Q}$ 在通常序下是全序集, 但不是良序集.

有几种构造良序集的方法, 下面是其中的两种:

(1) 如果集合 A 是一个良序集, 则 A 的任意子集在继承序下是良序集;

(2) 如果集合 A, B 是良序集, 则集合 $A \times B$ 在字典序下是良序集.

设 $(A, \leqslant_A)$, $(B, \leqslant_B)$ 是全序集. 若存在一个从 A 到 B 的序同构, 则称 A 与 B **相似**. 根据相似这种关系可对全序集进行分类, 凡是相似的全序集就划入同一类. 任意一个全序集 A 所属的类就称为全序集 A 的**序型**, 因此两个相似的全序集具有相同的序型. 良序集 A 的序型称为**序数**, 记作 $\text{Ord}A$.

设 A 是良序集. A 中除最大元外每个元 a 都有**后继元** $b > a$. 元 $a \in A$ 的**紧接后元**是所有大于 a 的 A 中元的最小者, 记为 $a + 1$. 相应地, 元 a 称为 $a + 1$ 的**紧接前元**.

定义 1.4.14 设 A 为全序集, $a \in A$. 则子集 $S_a = \{x \in A \mid x < a\}$ 称为 A **在** a **处的截段**.

定理 1.4.15 是普通数学归纳法原理的推广.

定理 1.4.15 (超限归纳法原理) 设 A 是良序集, $I \subseteq A$ 满足 $\forall a \in A$, 当 $S_a \subseteq I$ 时便有 $a \in I$. 则 $I = A$.

证明 首先如果 $A = \varnothing$, 则命题成立. 于是只需考虑 $A \neq \varnothing$. 设 0 为 A 的最小元. 则由 $S_0 = \varnothing \subseteq I$ 得 $0 \in I$. 假设 $I \neq A$, 则由 A 是良序集可令 $b = \min(A - I)$. 这样 $S_b \subseteq I$, 由条件得 $b \in I$ 与 $b = \min(A - I)$ 矛盾! 故 $I = A$. □

定理 1.4.16 任何两个良序集或为相似或其中之一与另一个集合的某截段相似.

证明 假设良序集 A 不相似于 B, 也不相似于 B 的某截段. 下面证明 B 相似于 A 的某截段. 为此利用定理 1.4.15 构作映射 $f : B \to A$ 使得 f 是 B 与 A 的某截段的相似映射. 首先, 如果 $B = \varnothing$, 则没什么要证的. 于是只需考虑 $B \neq \varnothing$. 由 A 不相似于 B 的某截段知 $A \neq \varnothing$. 设 0 为 A 和 B 的最小元, 令 $f(0) = 0$. 此时如 $B = \{0\}$, 则 B 与 A 的截段 S_{0+1} 相似, f 的构作完成. 如 $B - \{0\} \neq \varnothing$, 则 $A - S_{0+1} \neq \varnothing$, 否则 A 与 B 的截段 S_{0+1} 相似, 矛盾于假设. 此时实际在 B 的截段 S_{0+1} 上定义了 f 的像且使得 $A - f(S_{0+1}) \neq \varnothing$ 为 A 中上集. 假定对某 $b \in B$, f 在截段 S_b 上已有定义且使得 $A - f(S_b) \neq \varnothing$ 为上集且 $f : S_b \to f(S_b)$ 为序同构. 则由 A 是良序集可定义 $f(b) = \min(A - f(S_b))$. 这时 $\forall k \in f(S_b), k < f(b)$ 且 $f(b)$ 是满足该条件的 A 中最小的元, 同时 $f : S_{b+1} \to f(S_{b+1})$ 是序同构. 由于 A 不相似于 B 的某截段, $A - f(S_{b+1}) \neq \varnothing$ 为 A 中上集. 以此逐步推进规定 f 的像. 设以该方式 f 能在子集 $I \subseteq B$ 上定义好了值且 $A - f(I) \neq \varnothing$ 为 A 中上集. 则 I 满足 $\forall b \in B$, 当 $S_b \subseteq I$ 时便有 $b \in I$. 由定理 1.4.15得 $I = B$. 这就是说我们构作好了 $f : B \to A$ 且 $A - f(B) \neq \varnothing$ 为 A 中上集. 令 $a = \min(A - f(B))$, 则由 f 的构作可知 $f : B \to S_a = f(B)$ 是序同构, 即 f 是 B 与 A 的截段 S_a 的相似映射. □

若良序集 A 相似于 B 的某截段, 则称 A **短于**B. 设 α, β 为两个序数, 取两个良序集 A, B 使 $A \in \alpha, B \in \beta$. 若 A 短于 B, 则说序数 α 小于 β, 或 β 大于 α, 记为 $\alpha < \beta$. 由定理 1.4.16 可知任意序数的集合按此序关系都构成全序集, 进而构成良序集.

通常记空集的序数 $\mathrm{Ord}\,\varnothing = 0$, 非空有限集 $\{1, 2, \cdots, n\}$ 的序数 $\mathrm{Ord}\,\{1, 2, \cdots, n\} = n\ (n \in \mathbb{Z}_+)$, 正整数集 $\mathbb{Z}_+$ 的序数 $\mathrm{Ord}\,\mathbb{Z}_+ = \omega$. 序数集中最小元 0 和有紧接前元的元称为**孤立序数**, 不是孤立序数的序数称为**极限序数**.

给定一个没有序关系的集合 A, 一个自然的问题是 A 上是否存在一个序关系, 使其成为良序集? 如果 A 是非空有限集, 则任意双射 $f : A \to \{1, 2, \cdots, n\}$

就能够定义 A 上的一个全序关系, 使 A 与良序集 $\{1,2,\cdots,n\}$ 的序型相同. 事实上, 非空有限集上的任意全序关系都可以用上述方法得到. 对于无限集的情况, 1904 年, Zermelo 证明了如下定理.

定理 1.4.17 (良序定理) *设 A 为任意集合. 则存在 A 上的一个全序关系, 使 A 为良序集.*

良序定理是公理集合论中的重要结果, 它的证明依赖于集合论公理系统, 与 1.5 节要介绍的选择公理是等价的. 由良序定理立即得到如下推论.

推论 1.4.18 *存在不可数良序集.*

定理 1.4.19 *存在一个不可数良序集, 其每一截段为可数集.*

证明 由推论 1.4.18 知, 存在不可数良序集 X. 从而存在一个不可数良序集 Y, 它的至少一个截段是不可数的. 例如, 在字典序下的集合 $\{1,2\}\times X$ 就满足要求. 令 $B=\{\alpha\in Y \mid S_\alpha\text{不可数}\}$. 则 B 作为良序集 Y 的非空子集就有最小元 Ω, Ω 为最小不可数序数. 易由 Ω 的最小性得 S_Ω 为不可数良序集, 其每一截段是可数集. □

定理 1.4.19 中的良序集 S_Ω 称为**最小不可数良序集**, 这一良序集在构造一些拓扑反例方面将起到重要作用.

习题 1.4

1. 证明: 集合 A 是可数集当且仅当 $A\times\mathbb{Z}_+$ 是可数集.
2. 证明: 可数集的可数并是可数集.
3. 证明: 整数集 $\mathbb{Z}$ 和有理数集 $\mathbb{Q}$ 是可数集, 但实数集 $\mathbb{R}$ 是不可数集.
4. 证明: 从正整数集 $\mathbb{Z}_+$ 到 $\{0,1\}$ 的全体映射的集合 $\{0,1\}^{\mathbb{Z}_+}$ 为不可数集.
5. 证明: S_Ω 中任一可数子集在 S_Ω 中有上界.
6. 设 X_0 为 S_Ω 的子集, 它由所有没有紧接前元的元素 x 组成. 证明: X_0 为不可数集.
7. 对任意集合 A, 令 $\{0,1\}^A$ 表示从 A 到 $\{0,1\}$ 的全体映射的集合. 证明: $|\{0,1\}^A|=|\mathcal{P}(A)|$.
8. 证明: $|\mathbb{R}|=|\mathcal{P}(\mathbb{Z}_+)|$.

1.5 选择公理与 Zorn 引理

在集合论中, 有一个著名论断, 称为选择公理. 历史上曾有一些数学家质疑选择公理的合理性. 但近代数理逻辑学家已经证明, 选择公理既不能从通常的集合论公理系统推导出来, 也不与通常的集合论公理系统矛盾. 因此, 在现代数学中, 选择公理得到公认而被广泛使用.

选择公理 设 Γ 是非空集, 且对任意 $\alpha\in\Gamma$, A_α 非空. 则存在映射 $c:\Gamma\to\bigcup_{\alpha\in\Gamma}A_\alpha$ 使对任意 $\alpha\in\Gamma$, 有 $c(\alpha)\in A_\alpha$, 即 $\prod_{\alpha\in\Gamma}A_\alpha\neq\varnothing$, 其中映射 c 称为**选择函数**.

选择公理告诉我们, 任意由非空集合构成的非空集族都有选择函数. 拓扑学中很多重要结果的证明依赖于选择公理. 并且选择公理有多种等价形式. 下面介绍选择公理的几种常见的等价形式, 它们的等价性证明留给读者作为练习, 也可参见文献 [2,12] 等.

良序定理 (定理 1.4.17) 设 X 为任意集合. 则存在 X 上的一个全序关系, 使 X 为良序集.

集族 $\mathcal{A}$ 称为具有**有限特征**的, 若集合 A 是 $\mathcal{A}$ 的元素当且仅当 A 的每一有限子集是 $\mathcal{A}$ 的元素.

Tukey 引理 每个具有有限特征的集族 $\mathcal{A}$ 赋予集合包含关系后有极大元, 即存在 $A_0 \in \mathcal{A}$ 使对任意 $A \in \mathcal{A}$, $A_0 \subseteq A$ 蕴涵 $A_0 = A$.

Zorn 引理 设 $(L, \leqslant)$ 是偏序集. 若 L 的任意全序子集在 L 中都有上界, 则 L 中必有极大元.

Hausdorff 极大原理 偏序集的每一全序子集均包含在某个极大全序子集之中.

我们承认选择公理, 因而也就承认了与之等价的上述各种论断. 今后我们将自由地使用选择公理而不每次都加以说明.

习题 1.5

1. 证明: 选择公理与 Zorn 引理等价.
2. 证明: Hausdorff 极大原理与 Zorn 引理等价.
3. 设 X 为有限偏序集, $\min(X)$ 为 X 的极小元之集. 证明: 对每一 $y \in X$ 有

$$\downarrow y \cap \min(X) \neq \varnothing.$$

4. 证明选择公理与下述命题等价:
若 $\mathscr{A}$ 是由互不相交非空集构成的集族, 则存在集 C 使 $\forall A \in \mathscr{A}$, 有 $|C \cap A| = 1$.

第 2 章　拓扑空间与连续映射

本章给出拓扑和拓扑空间的定义, 研究与之有关的诸如开集、闭集、连续映射等基本概念. 它们都是作为欧氏空间和度量空间的相应概念的自然推广而引入的.

2.1　度量与度量空间

本节先介绍特殊的拓扑空间——度量空间, 引入一些基本概念, 然后再把最本质的带有一般性的东西抽象出来推广得到拓扑和拓扑空间.

定义 2.1.1　设 X 是集合, $d: X \times X \to \mathbb{R}$. 若对于任意 $x, y, z \in X$, 有

(1) (正定性) $d(x,y) \geqslant 0$, 且 $d(x,y)=0$ 当且仅当 $x=y$;

(2) (对称性) $d(x,y)=d(y,x)$;

(3) (三角不等式) $d(x,z) \leqslant d(x,y)+d(y,z)$,

则称 d 是 X 的一个**度量**, 称偶对 (X,d)是一个**度量空间**, $d(x,y)$ 称为点 x 到 y 的**距离**.

例 2.1.2 (离散度量空间)　设 X 是非空集合. $d: X \times X \to \mathbb{R}$ 定义为

$$d(x,y)=\begin{cases} 0, & x=y, \\ 1, & x \neq y, \end{cases}$$

则 d 是 X 的一个度量.

显然 d 满足度量定义的 (1), (2). 下面说明 d 也满足 (3). 易见 $\forall x,y,z \in X$,

$$d(x,z)+d(z,y) \geqslant \begin{cases} 0=d(x,y), & x=y, \\ 1=d(x,y), & x \neq y. \end{cases}$$

故 d 是 X 的一个度量, (X,d) 为度量空间, 它比较特殊, 称为**离散度量空间**. 以后会知道它诱导的拓扑最细, 是离散的, 而由此得名.

例 2.1.3 (实数空间 $\mathbb{R}$)　定义 $\mathbb{R}$ 上的**通常度量** d 为: $\forall x,y \in \mathbb{R}$, $d(x,y)=|x-y|$. 实数集 $\mathbb{R}$ 赋予通常度量称为**实直线**或**实数空间**.

例 2.1.4 ($\mathbb{R}^n$ 的通常度量与平方度量)　设 $x=(x_1,x_2,\cdots,x_n)$, $y=(y_1,y_2,\cdots,y_n) \in \mathbb{R}^n$. 记 $\|x\|=\sqrt{x_1^2+x_2^2+\cdots+x_n^2}$. 定义 $d: \mathbb{R}^n \times \mathbb{R}^n \to \mathbb{R}$ 为

$$d(x,y)=\|x-y\|=\sqrt{(x_1-y_1)^2+(x_2-y_2)^2+\cdots+(x_n-y_n)^2}.$$

定义 $\rho: \mathbb{R}^n \times \mathbb{R}^n \to \mathbb{R}$ 为

$$\rho(x,y) = \max\{|x_1 - y_1|, |x_2 - y_2|, \cdots, |x_n - y_n|\}.$$

则 d 和 ρ 都是 $\mathbb{R}^n$ 上的度量, 称 d 为 $\mathbb{R}^n$ 的**通常度量**或**欧氏度量**, 称 $(\mathbb{R}^n, d)$ 为 **n 维欧氏空间**, 称 ρ 为 $\mathbb{R}^n$ 上的**平方度量**.

例 2.1.5 (Hilbert 空间 $\mathbb{H}$) 令 $\mathbb{H}$ 为平方和收敛的数列之集, 即 $\mathbb{H} = \left\{\{x_n\}_{n\in\mathbb{Z}_+} \,\middle|\, \sum\limits_{n=1}^{\infty} x_n^2 < +\infty\right\}$. 定义 $d_{\mathbb{H}}: \mathbb{H}\times\mathbb{H} \to \mathbb{R}$ 为对任意 $x = \{x_n\}_{n\in\mathbb{Z}_+}, y = \{y_n\}_{n\in\mathbb{Z}_+} \in \mathbb{H}$:

$$d_{\mathbb{H}}(x,y) = \sqrt{\sum_{n=1}^{\infty}(x_n - y_n)^2}.$$

则 $d_{\mathbb{H}}$ 为 $\mathbb{H}$ 的一个度量. 度量空间 $(\mathbb{H}, d_{\mathbb{H}})$ 称为 **Hilbert 空间**.

上面例子的结论验证留给读者. 一般稍难的情况是验证三角不等式. 而上面的例子说明每一集合上都可以定义度量, 且可以定义不止一个度量, 从而同一集合上可以有许多度量. 相同集合上给定两个不同的度量得到的是不同的度量空间, 应加以区分, 常记作 (X, ρ_1), (X, ρ_2) 等.

在度量空间 (X, d) 中, 对 $x \in X$, $\varepsilon > 0$, 考虑所有与点 x 的距离小于 ε 的点 y 的集合 $B_d(x,\varepsilon) = \{y \in X \mid d(x,y) < \varepsilon\}$, 称为**以 x 为中心的 ε 球形邻域**, 在不引起混淆的情况下, 简称**球形邻域**, 简记为 $B(x,\varepsilon)$.

引理 2.1.6 设 (X,d) 是度量空间, $x \in X$, $\varepsilon > 0$. 则对任意 $y \in B(x,\varepsilon)$, 存在 $\delta > 0$ 使 $B(y,\delta) \subseteq B(x,\varepsilon)$.

证明 对任意 $y \in B(x,\varepsilon)$, 令 $\delta = \varepsilon - d(x,y) > 0$. 则对任意 $z \in B(y,\delta)$, 由定义 2.1.1(3) 得 $d(x,z) \leqslant d(x,y) + d(y,z) < \varepsilon$. 这说明 $z \in B(x,\varepsilon)$. 从而 $B(y,\delta) \subseteq B(x,\varepsilon)$. □

利用球形邻域, 我们可以在度量空间中引进开集的概念.

定义 2.1.7 设 (X,ρ) 为度量空间, $A \subseteq X$. 如果 $\forall a \in A$, 存在 $\varepsilon > 0$ 使 $B_\rho(a,\varepsilon) \subseteq A$, 则称 A 为 ρ-开集, 简称 A 为开集. 全体 ρ-开集用 $\mathcal{T}_\rho$ 表示, 即 $\mathcal{T}_\rho = \{A \subseteq X \mid A \text{ 为 } X \text{ 的 } \rho\text{-开集}\}$.

例如, 在通常度量下, $\varnothing$, $\mathbb{R}$, (a,b) 均为 $\mathbb{R}$ 中的开集, $[a,b)$ 及 $(a,b]$ 不是 $\mathbb{R}$ 的开集.

由引理 2.1.6 知度量空间中任一球形邻域都是开集.

定理 2.1.8 (开集性质, 开集公理) 设 $\mathcal{T}_\rho$ 为度量空间 (X,ρ) 的开集全体. 则

(1) $\varnothing, X \in \mathcal{T}_\rho$, 即 $\varnothing, X$ 均为开集;

(2) 若 $U, V \in \mathcal{T}_\rho$, 则 $U \cap V \in \mathcal{T}_\rho$, 即任两开集之交还是开集;

(3) 若 $A_\alpha \in \mathcal{T}_\rho$ $(\alpha \in \Gamma)$, 则 $\bigcup_{\alpha\in\Gamma} A_\alpha \in \mathcal{T}_\rho$, 即任意开集族的并还是开集.

证明 (1) 显然.

(2) 对任一 $x \in U \cap V$, 有 $x \in U$ 且 $x \in V$. 于是存在 $B(x,\varepsilon_1) \subseteq U$, $B(x,\varepsilon_2) \subseteq V$. 这样, 令 $\varepsilon = \min\{\varepsilon_1, \varepsilon_2\}$ 便得 $B(x,\varepsilon) \subseteq U \cap V$, 这说明 $U \cap V$ 是开集.

(3) 若 $x \in \bigcup_{\alpha\in\Gamma} A_\alpha$, 则 $\exists \alpha_0 \in \Gamma$, $x \in A_{\alpha_0}$. 由 A_{α_0} 是开集, 知 $\exists B(x,\varepsilon)$ 使 $x \in B(x,\varepsilon) \subseteq A_{\alpha_0} \subseteq \bigcup_{\alpha\in\Gamma} A_\alpha$, 这说明 $\bigcup_{\alpha\in\Gamma} A_\alpha$ 是开集. □

分析度量空间的开集全体 $\mathcal{T}_\rho$ 的上述性质可知, $\mathcal{T}_\rho$ 在任意并和有限交运算之下是封闭的. 这一表述并没有提及当初的度量. 这样, 若在 X 上定义一族 (开) 子集 $\mathcal{T}$, 使它满足开集公理, 我们便获得 2.2 节要介绍的拓扑和拓扑空间概念.

习题 2.1

1. 证明: 只含有限个点的度量空间中任一子集均为开集.

2. 证明: 如下定义的函数 d 是集合 $\mathbb{R}^n$ $(n > 1)$ 上的一个度量:

$$d(x,y) = \max\{|x_1 - y_1|, |x_2 - y_2|, \cdots, |x_n - y_n|\},$$

其中 $x = (x_1, x_2, \cdots, x_n)$, $y = (y_1, y_2, \cdots, y_n) \in \mathbb{R}^n$.

3. 设 $C([0,1])$是单位区间上的所有连续函数 $f : [0,1] \longrightarrow \mathbb{R}$ 的集合. 证明如下定义的函数 σ 是 $C([0,1])$ 上的一个度量:

$$\forall f, g \in C([0,1]),\ \ \sigma(f,g) = \int_0^1 |f(x) - g(x)| dx.$$

4. 设 d_1 和 d_2 是 X 上的两个度量. 定义 $d(x,y) = d_1(x,y) + d_2(x,y)$ $(\forall x, y \in X)$. 证明: d 也是 X 上的一个度量.

5. 令 S 表示所有有界数列之集. 对任意有界数列 $\{x_n\}_{n\in\mathbb{Z}_+}, \{y_n\}_{n\in\mathbb{Z}_+} \in S$, 令

$$d(\{x_n\}_{n\in\mathbb{Z}_+}, \{y_n\}_{n\in\mathbb{Z}_+}) = \sup_{n\in\mathbb{Z}_+} |x_n - y_n|.$$

证明: (S,d) 是度量空间.

2.2 拓扑与拓扑空间

按照 2.1 节的思路, 我们现在可自然地给出如下定义.

定义 2.2.1 设 X 是一个集合, $\mathcal{T}$是 X 的一个子集族. 若 $\mathcal{T}$ 满足如下三条拓扑公理:

(i) $\varnothing$, $X \in \mathcal{T}$;

(ii) 若 U, $V \in \mathcal{T}$, 则 $U \cap V \in \mathcal{T}$;

(iii) 若 $\mathcal{T}_1 \subseteq \mathcal{T}$, 则 $\bigcup_{U\in\mathcal{T}_1} U \in \mathcal{T}$,

则称集族 $\mathcal{T}$ 是 X 上的一个**拓扑**, 称偶对 $(X,\mathcal{T})$ 是一个**拓扑空间**, 或简称 X 是 (关于拓扑 $\mathcal{T}$ 的) 拓扑空间. 拓扑空间的拓扑也常用希腊字母 τ,η 等表示.

拓扑定义中条件 (i)—(iii) 可以简述为 "拓扑 $\mathcal{T}$ 对有限交和任意并关闭".

例 2.2.2 设 X 是一集合, 则

(1) $\mathcal{T}_\eta=\{X,\varnothing\}$ 是 X 上的一个拓扑, 称为**平庸拓扑**; $\mathcal{T}_s=\mathcal{P}(X)$ 也是 X 上的一个拓扑, 称为**离散拓扑**.

(2) $\mathcal{T}_f=\{A\subseteq X\mid X-A \text{ 为有限集 }\}\cup\{\varnothing\}$ 是 X 上的一个拓扑, 称为**有限余拓扑**, 或**有限补拓扑**.

(3) $\mathcal{T}_c=\{A\subseteq X\mid X-A \text{ 为可数集 }\}\cup\{\varnothing\}$ 是 X 上的一个拓扑, 称为**可数余拓扑**.

我们以 (2) 为例验证 $\mathcal{T}_f$ 为 X 上的拓扑.

(i) $X=X-\varnothing\in\mathcal{T}_f,\varnothing\in\mathcal{T}_f$.

(ii) 若 $U,V\in\mathcal{T}_f$, 则当 U,V 有一个是空集时, 自然 $U\cap V\in\mathcal{T}_f$; 而当 U,V 都不为空集时, 应存在 X 的有限子集 F_1,F_2, 使 $U=X-F_1$, $V=X-F_2$, 从而 $U\cap V=(X-F_1)\cap(X-F_2)=X-(F_1\cup F_2)\in\mathcal{T}_f$.

(iii) 若 $A_\alpha=X-F_\alpha\in\mathcal{T}_f(\alpha\in\Gamma)$, 则当 $\Gamma=\varnothing$ 时, $\bigcup_{\alpha\in\Gamma}A_\alpha=\varnothing\in\mathcal{T}_f$; 当 $\Gamma\neq\varnothing$ 时, $\bigcap_{\alpha\in\Gamma}F_\alpha$ 为有限集的交, 是有限的. 故 $\bigcup_{\alpha\in\Gamma}A_\alpha=X-\bigcap_{\alpha\in\Gamma}F_\alpha\in\mathcal{T}_f$.

综合上述知, $\mathcal{T}_f$ 为 X 上的一个拓扑. □

一般集合 X 上有多种不同拓扑, 而相应的拓扑空间也认为不同, 如 3 元集 $\{a,b,c\}$ 上有 29 种不同的拓扑, 4 元集上有 355 种拓扑, 而 5 元集上有 6942 种拓扑 (见文献 [13]).

例 2.2.3 设 (X,ρ) 为度量空间, $\mathcal{T}_\rho$ 为度量空间 (X,ρ) 的开集全体. 则 $\mathcal{T}_\rho$ 满足拓扑公理 (i)—(iii), 故 $(X,\mathcal{T}_\rho)$ 是一个拓扑空间.

定义 2.2.4 (1) 设 (X,ρ) 为度量空间, $\mathcal{T}_\rho$ 为度量空间 (X,ρ) 的开集全体. 称 $\mathcal{T}_\rho$ 为度量 ρ **诱导的拓扑**, 拓扑空间 $(X,\mathcal{T}_\rho)$ 称为度量空间 (X,ρ) **诱导的拓扑空间**.

(2) 设 ρ 和 d 为 X 上的两个度量. 若 $\mathcal{T}_\rho=\mathcal{T}_d$, 则称 ρ,d 为**等价的度量**.

这样, 每一度量空间就自动地被看成拓扑空间, 其拓扑即为 $\mathcal{T}_\rho$. 于是有时也说度量空间是拓扑空间的特例.

例 2.2.5 设 (X,ρ) 为离散度量空间. 则 $\mathcal{T}_\rho=\mathcal{P}(X)$ 为离散拓扑.

拓扑空间 $(X,\mathcal{T})$ 的拓扑如果是某度量诱导的拓扑, 则称该拓扑或该拓扑空间是**可度量化的**. 可否度量化问题是拓扑学中重要的研究课题.

例 2.2.6 设 $(X,\leqslant)$ 是偏序集, 则

(1) X 的全体上集构成的集族是 X 上的拓扑;

(2) X 的全体下集构成的集族是 X 上的另一拓扑.

定义 2.2.7　设 $\mathcal{T}$ 和 $\mathcal{T}'$ 是给定集合 X 上的两个拓扑, 若 $\mathcal{T} \subseteq \mathcal{T}'$, 则称 $\mathcal{T}'$ **细于** $\mathcal{T}$ 或者 $\mathcal{T}$ **粗于** $\mathcal{T}'$; 若 $\mathcal{T} \subset \mathcal{T}'$, 则称 $\mathcal{T}'$ **严格细于** $\mathcal{T}$ 或者 $\mathcal{T}$ **严格粗于** $\mathcal{T}'$.

同一集合 X 上的离散拓扑是最细的, 平庸拓扑是最粗的. 又如果 $\mathcal{T}$ 是 X 上的可度量化拓扑, 则一般情况下 $\mathcal{T}$ 严格粗于离散拓扑, 而严格细于平庸拓扑.

当然, 给定集合 X 上的两个拓扑不一定就可以比较.

习题 2.2

1. 写出集 $X = \{0, 1\}$ 上的所有拓扑.

2. 设 $X = \{a, b\}$, $\mathcal{T} = \{\varnothing, \{a, b\}, \{a\}\}$. 证明: $(X, \mathcal{T})$ 是一个拓扑空间, 称为 **Sierpinski 空间**.

3. 设 $\mathcal{T}_1$, $\mathcal{T}_2$ 是集 X 上的两个拓扑.

(1) 证明: $\mathcal{T}_1 \cap \mathcal{T}_2$ 是集 X 上的拓扑;

(2) 问 $\mathcal{T}_1 \cup \mathcal{T}_2$ 是否一定是集 X 上的拓扑? 请说明理由.

4. 设 $X = \{a, b, c\}$. 令 $\mathcal{T}_1 = \{\varnothing, X, \{a\}, \{a, b\}\}$, $\mathcal{T}_2 = \{\varnothing, X, \{a\}, \{b, c\}\}$. 求包含着 $\mathcal{T}_1$ 和 $\mathcal{T}_2$ 的最粗的拓扑, 以及包含于 $\mathcal{T}_1$ 和 $\mathcal{T}_2$ 的最细的拓扑.

5. 证明 $\mathbb{R}^n$ 的通常度量与平方度量是等价的度量.

6. 对每个 $n \in \mathbb{Z}_+$, 令 $A_n = \{m \in \mathbb{Z}_+ \mid m \geqslant n\}$. 证明: $\mathcal{T} = \{A_n \mid n \in \mathbb{Z}_+\} \cup \{\varnothing\}$ 构成正整数集 $\mathbb{Z}_+$ 上的一个拓扑.

7. 设 $\mathcal{T}$ 是 X 上的拓扑, A 是 X 的一个子集. 证明: $\mathcal{T}^* = \{A \cup U \mid U \in \mathcal{T}\} \cup \{\varnothing\}$ 也是 X 上的拓扑.

8. 设 d 是 X 上一个度量. 证明 $\dfrac{d}{1+d}$ 也是 X 上度量且与 d 等价.

2.3　开集与邻域

有了拓扑空间概念, 我们则可引入若干其他概念, 首先是开集和邻域的概念.

定义 2.3.1　设 $(X, \mathcal{T})$ 是一个拓扑空间, $x \in X$.

(1) 拓扑 $\mathcal{T}$ 中每一个元素都称为拓扑空间 $(X, \mathcal{T})$(或 X) 中的一个**开集**. 这就是说, $\mathcal{T}$ 中的元素, 也只有 $\mathcal{T}$ 中元素称为拓扑空间 $(X, \mathcal{T})$ 的开集.

(2) 对 X 的子集 U, 若 $x \in U$ 且 U 是一个开集, 则称 U 是点 x 的一个**开邻域**. 若 $x \in U \subseteq V \subseteq X$ 且 U 是 x 的一个开邻域, 则称 V 是点 x 的一个**邻域**. 点 x 的所有邻域构成的 X 的子集族称为 x 的**邻域系**, 记为 $\mathcal{U}_x$.

定理 2.3.2　拓扑空间 X 的子集 U 为开集当且仅当 U 是其每一点的邻域.

证明　必要性: 显然.

充分性: 若 $U = \varnothing$. 则 U 为开集. 若 $U \neq \varnothing$. 对任意 $x \in U$, 存在开集 U_x 使 $x \in U_x \subseteq U$. 则 $U = \bigcup_{x \in U} U_x$ 为若干开集之并, 从而 U 为开集.　□

定理 2.3.3 (邻域系性质)　设 $(X, \mathcal{T})$ 是一个拓扑空间, $\mathcal{U}_x$ 是点 $x \in X$ 的邻域系. 则

(1) 对任意 $x \in X, \mathcal{U}_x \neq \varnothing$, 并且若 $U \in \mathcal{U}_x$, 有 $x \in U$;

(2) 若 $U, V \in \mathcal{U}_x$, 则 $U \cap V \in \mathcal{U}_x$;

(3) 若 $U \in \mathcal{U}_x$ 且 $U \subseteq V$, 则 $V \in \mathcal{U}_x$;

(4) 若 $U \in \mathcal{U}_x$, 则存在 $V \in \mathcal{U}_x$ 使 $V \subseteq U$, 并且对于任意 $y \in V$, 有 $V \in \mathcal{U}_y$.

证明 (1)—(3) 的证明留给读者练习. 仅证明 (4). 设 $U \in \mathcal{U}_x$. 由邻域的定义知存在开集 V 使 $x \in V \subseteq U$. 从而 $V \in \mathcal{U}_x$, 并且对于任意 $y \in V$, 因 V 是开集, 故有 $V \in \mathcal{U}_y$. □

定理 2.3.4 设 X 为非空集合. 若对任意 $x \in X$, 指定 X 的一个子集族 $\mathcal{U}_x$, 并且它们满足定理 2.3.3 中的条件 (1)—(4), 则 X 上有唯一拓扑 $\mathcal{T}$, 使对于任意 $x \in X$, 子集族 $\mathcal{U}_x$ 恰是点 x 在拓扑空间 $(X, \mathcal{T})$ 中的邻域系.

证明 令 $\mathcal{T} = \{U \subseteq X \mid 若\ x \in U, 则\ U \in \mathcal{U}_x\}$. 下面验证 $\mathcal{T}$ 为集 X 的一个拓扑.

(i) 显然 $\varnothing \in \mathcal{T}$. 对任意 $x \in X$, 由定理 2.3.3(1) 知存在 $U \in \mathcal{U}_x$ 使 $x \in U \subseteq X$. 再由定理 2.3.3(3) 知 $X \in \mathcal{T}$.

(ii) 若 $U, V \in \mathcal{T}$, 则对任意 $x \in U \cap V$, 有 $U \in \mathcal{U}_x$ 且 $V \in \mathcal{U}_x$. 由定理 2.3.3(2) 知 $U \cap V \in \mathcal{U}_x$. 从而 $U \cap V \in \mathcal{T}$.

(iii) 若 $\mathcal{T}_1 \subseteq \mathcal{T}$, 则对任意 $x \in \bigcup_{A \in \mathcal{T}_1} A$, 存在 $W \in \mathcal{T}_1$ 使 $x \in W$. 故 $W \in \mathcal{U}_x$. 再由 $W \subseteq \bigcup_{A \in \mathcal{T}_1} A$ 及定理 2.3.3(3) 知 $\bigcup_{A \in \mathcal{T}_1} A \in \mathcal{U}_x$. 从而 $\bigcup_{A \in \mathcal{T}_1} A \in \mathcal{T}$.

下面证明拓扑 $\mathcal{T}$ 的唯一性. 设 $\mathcal{T}^*$ 是 X 的另一拓扑使得 $\forall x \in X, \mathcal{U}_x$ 恰好是点 x 在空间 $(X, \mathcal{T}^*)$ 中的邻域系. 由定理 2.3.2 知 $U \in \mathcal{T}^*$ 当且仅当 $\forall x \in U$ 有 $U \in \mathcal{U}_x$. 由 $\mathcal{T} = \{U \subseteq X \mid 若\ x \in U, 则\ U \in \mathcal{U}_x\}$ 的定义知 $U \in \mathcal{T}^*$ 当且仅当 $U \in \mathcal{T}$. 故 $\mathcal{T} = \mathcal{T}^*$. □

定理 2.3.4 表明, 完全可以从邻域系的概念出发来建立拓扑空间理论.

例 2.3.5 设 $\mathbb{R}$ 是实数集. 对任意 $x \in \mathbb{R}$, 令 $\mathcal{U}_x = \{U \subseteq \mathbb{R} \mid 存在\ a, b \in \mathbb{R}, a < b\ 使\ x \in (a, b) \subseteq U\}$. 则 $\mathcal{U}_x$ 是点 x 的邻域系. 由定理 2.3.4 知它生成 $\mathbb{R}$ 上的一个拓扑, 称为 $\mathbb{R}$ 的**通常拓扑**, 记作 $\mathcal{T}_e$, 或 $\mathcal{T}_{\mathbb{R}}$. $\mathbb{R}$ 赋予该拓扑称为**实数空间**或**实直线**.

习题 2.3

1. 设 $(X, \mathcal{T}_X)$ 是拓扑空间, ∞ 是任一不属于 X 的元. 令 $X^* = X \cup \{\infty\}$.

(1) 证明: $\mathcal{T}^* = \{A \cup \{\infty\} \mid A \in \mathcal{T}_X\} \cup \{\varnothing\}$ 为 X^* 上的一个拓扑;

(2) 写出 $\infty \in X^*$ 在空间 $(X^*, \mathcal{T}^*)$ 中的邻域系.

2. 证明: 拓扑空间中任一点的邻域系赋予集合反包含序形成一个定向集.

3. 设 $X = \{a_1, a_2, \cdots, a_n\} (n \in \mathbb{Z}_+)$. 令 $A_i = \{a_1, a_2, \cdots, a_i\}$, $i = 1, 2, \cdots, n$. 验证 $\mathcal{T} = \{\varnothing, A_1, A_2, \cdots, A_n\}$ 为 X 上的拓扑并写出 $a_i (i = 1, 2, \cdots, n)$ 的邻域系.

2.4　闭集与闭包

定义 2.4.1　设 X 是拓扑空间, $A \subseteq X$. 若 A 的余集 A^c 是开集, 则称 A 是**闭集**.

命题 2.4.2　拓扑空间 X 中的闭集具有以下**闭集性质**:

(1) $X, \varnothing$ 是闭集;

(2) 有限多个闭集的并是闭集;

(3) 任意多个闭集的交是闭集.

证明　由定义 2.2.1、定义 2.3.1、定义 2.4.1, 以及集合运算的 De Morgan 律可得. □

定义 2.4.3　设 $(X, \mathcal{T})$ 是一个拓扑空间, $A \subseteq X$. 若点 $x \in X$ 的任意邻域 U 中都有 A 中异于 x 的点, 即 $U \cap (A - \{x\}) \neq \varnothing$, 则称 x 是集合 A 的**聚点**. 集合 A 的所有聚点构成的集合称为 A 的**导集**, 记作 A^d. A 中不是 A 的聚点的点称为 A 的**孤立点**.

例 2.4.4　(1) 设 $A = (0,1) \cup \{3\}$. 则 A 在实直线 $\mathbb{R}$ 中的导集 $A^d = [0,1]$, 3 为 A 的孤立点. 这说明 A 的聚点可以属于也可以不属于 A.

(2) 有理数集 $\mathbb{Q}$ 在实直线 $\mathbb{R}$ 中的导集 $\mathbb{Q}^d = \mathbb{R}$. 故 $\mathbb{Q}$ 没有孤立点.

定理 2.4.5　设 $(X, \mathcal{T})$ 是一个拓扑空间, $A, B \subseteq X$. 则

(1) $\varnothing^d = \varnothing$;

(2) 若 $A \subseteq B$, 则 $A^d \subseteq B^d$;

(3) $(A \cup B)^d = A^d \cup B^d$;

(4) $(A^d)^d \subseteq A \cup A^d$.

证明　(1)—(2) 的证明留给读者练习. 仅证明 (3) 和 (4).

(3) 由 (2) 知 $A^d \subseteq (A \cup B)^d$, $B^d \subseteq (A \cup B)^d$. 故 $A^d \cup B^d \subseteq (A \cup B)^d$. 另一方面, 设 $x \in X$, $x \notin A^d \cup B^d$, 则存在 x 的邻域 U_0 和 V_0 使 $U_0 \cap (A - \{x\}) = V_0 \cap (B - \{x\}) = \varnothing$. 令 $W = U_0 \cap V_0$, 则 W 是 x 的邻域且有 $(W - \{x\}) \cap (A \cup B) = \varnothing$. 这说明 $x \notin (A \cup B)^d$, 从而有 $(A \cup B)^d \subseteq A^d \cup B^d$. 综上可得 $(A \cup B)^d = A^d \cup B^d$.

(4) 若 $x \notin A \cup A^d$, 则存在 x 的开邻域 U 使 $U \cap A = \varnothing$. 从而对任意 $y \in U$, 有 $U \cap (A - \{y\}) = \varnothing$. 这说明 $y \notin A^d$. 由 y 的任意性知 $U \cap A^d = \varnothing$. 于是 $U \cap (A^d - \{x\}) = \varnothing$. 这说明 $x \notin (A^d)^d$. 从而 $(A^d)^d \subseteq A \cup A^d$. □

定义 2.4.6　设 $(X, \mathcal{T})$ 是一个拓扑空间, $A \subseteq X$. 称集 $A \cup A^d$ 为 A 的**闭包**, 记作 $\overline{A}$, A^- 或 $\mathrm{cl}(A)$.

定理 2.4.7　设 $(X, \mathcal{T})$ 是一个拓扑空间, $A, B \subseteq X$. 则有如下**闭包性质**:

(1) $\overline{\varnothing} = \varnothing$;

(2) 若 $A \subseteq B$, 则 $\overline{A} \subseteq \overline{B}$;

(3) $\overline{A \cup B} = \overline{A} \cup \overline{B}$;

(4) $\overline{\overline{A}} = \overline{A}$.

证明 由定义 2.4.6 和定理 2.4.5 直接计算可得. □

命题 2.4.8 设 $(X, \mathcal{T})$ 是一个拓扑空间, $A \subseteq X$. 则 A 是闭集当且仅当 $A^d \subseteq A$.

证明 必要性: 设 A 是闭集. 则 $X - A$ 是开集. 若 $x \notin A$, 则 $x \in X - A$ 且 $(X - A) \cap (A - \{x\}) = \varnothing$. 这说明 $x \notin A^d$. 从而 $A^d \subseteq A$.

充分性: 设 $A^d \subseteq A$. 下证 $X - A$ 是开集. 对任意 $x \in X - A$, 由 $A^d \subseteq A$ 知 $x \notin A^d$. 则存在 x 的开邻域 U 使 $U \cap A = \varnothing$. 从而 $x \in U \subseteq X - A \in \mathcal{U}_x$. 由 x 的任意性及定理 2.3.2 知 $X - A$ 是开集. 从而 A 是闭集. □

推论 2.4.9 拓扑空间 X 的子集 A 是闭集当且仅当 $\overline{A} = A$.

证明 由命题 2.4.8 直接可得. □

定理 2.4.10 设 X 是一个拓扑空间, $\mathcal{F}$ 是由空间 X 中所有闭集构成的集族, 则对于 X 的每一子集 A, 有 $\overline{A} = \bigcap\{B \in \mathcal{F} \mid A \subseteq B\}$, 即集合 A 的闭包 $\overline{A}$ 等于包含 A 的所有闭集之交, 从而 A 的闭包是含 A 的最小闭集.

证明 由于 $A \subseteq \bigcap\{B \in \mathcal{F} \mid A \subseteq B\}$, 而后者是闭集之交仍为闭集, 所以 $\overline{A} \subseteq \bigcap\{B \in \mathcal{F} \mid A \subseteq B\}$. 又由定理 2.4.7(4) 和推论 2.4.9 知 $\overline{A}$ 是包含 A 的闭集. 故有 $\overline{A} \supseteq \bigcap\{B \in \mathcal{F} \mid A \subseteq B\}$, 从而 $\overline{A} = \bigcap\{B \in \mathcal{F} \mid A \subseteq B\}$. 这说明 $\overline{A}$ 是包含 A 的最小闭集. □

定义 2.4.11 设 X 为集合. 若映射 $c: \mathcal{P}(X) \to \mathcal{P}(X)$ 满足: $\forall A, B \subseteq X$ 有

(1) $c(\varnothing) = \varnothing$;

(2) $A \subseteq c(A)$;

(3) $c(A \cup B) = c(A) \cup c(B)$;

(4) $c(c(A)) = c(A)$,

则称 c 为集 X 上的**闭包运算**. 上述四个条件称为 **Kuratowski 闭包公理**.

定理 2.4.12 表明, 完全可以从闭包运算的概念出发来建立拓扑空间理论.

定理 2.4.12 若 c 为集合 X 上的闭包运算, 则 X 上有唯一拓扑 $\mathcal{T}$ 使得对于任意 $A \subseteq X$, $c(A)$ 恰是子集 A 在拓扑空间 $(X, \mathcal{T})$ 中的闭包 $\overline{A}$.

证明 所说的唯一拓扑是 $\mathcal{T} = \{X - A \mid c(A) = A\}$, 具体过程留给读者自证. □

习题 2.4

1. 设 $A = \left\{\frac{1}{n}\right\}_{n \in \mathbb{Z}_+}$. 求 A 在实直线 $\mathbb{R}$ 中的导集 A^d、孤立点和闭包 $\overline{A}$.

2. 设不可数集 X 上赋予可数余拓扑 $\mathcal{T}_c$, A 为 X 的不可数子集. 求 A 的导集 A^d 和闭包 $\overline{A}$.

3. 设 $(X,\mathcal{T})$ 是拓扑空间, $A, B \subseteq X$. 证明: 若 $A^d \subseteq B \subseteq A$, 则 B 为闭集.

4. 设 $(X,\mathcal{T})$ 是拓扑空间, $A \subseteq X$, $x \in X$. 证明: $x \in \overline{A}$ 当且仅当对 x 的任意开邻域 U, 有 $U \cap A \neq \varnothing$.

5. 试举例说明: 定理 2.4.7(3) 对集合的任意并和有限交运算均未必成立.

6. 设 U 是拓扑空间 X 的开集, $A \subseteq X$. 证明: $U \cap \overline{A} \subseteq \overline{(U \cap A)}$.

7. 证明: 度量空间中任意子集的导集均是闭集.

2.5 内部与边界

定义 2.5.1 设 $(X,\mathcal{T})$ 是一个拓扑空间, $A \subseteq X$. 若 A 是点 $x \in X$ 的一个邻域, 则称 x 是集合 A 的**内点**. 集合 A 的所有内点构成的集合称为 A 的**内部**, 记作 A° 或 $\mathrm{int}(A)$.

命题 2.5.2 设 $(X,\mathcal{T})$ 是拓扑空间. 则 $\forall A \subseteq X$ 有 $A^\circ = X - \overline{X - A}$, 简写为 $A^\circ = A^{c-c}$. 从而 $\forall A \subseteq X$, $A^{c\circ} = A^{-c}$ 和 $A^{c\circ c} = A^-$.

证明 设 $x \in A^\circ$. 则 x 有邻域 U 使 $x \in U \subseteq A$. 从而 $U \cap A^c = \varnothing$. 这说明 $x \notin \overline{A^c}$, 即 $x \in A^{c-c}$. 故有 $A^\circ \subseteq A^{c-c}$. 以上推理可逆, 故 $A^{c-c} \subseteq A^\circ$. 综上得 $A^\circ = A^{c-c}$. 在此式中用 A^c 代 A, 最后再取补便得 $\forall A \subseteq X$, $A^{c\circ} = A^{-c}$ 和 $A^{c\circ c} = A^-$. □

定理 2.5.3 设 $(X,\mathcal{T})$ 是一个拓扑空间, $A, B \subseteq X$. 则

(1) $X^\circ = X$;

(2) $A^\circ \subseteq A$;

(3) $(A \cap B)^\circ = A^\circ \cap B^\circ$;

(4) $(A^\circ)^\circ = A^\circ$.

证明 由命题 2.5.2、定理 2.4.7 及集合运算的 De Morgan 律可得. □

命题 2.5.4 设 $(X,\mathcal{T})$ 是一个拓扑空间, $A \subseteq X$. 则 A 是开集当且仅当 $A^\circ = A$.

证明 由命题 2.5.2 和推论 2.4.9 可得. □

定理 2.5.5 拓扑空间 X 的子集 A 的内部 A° 是包含于 A 的最大开集. 等价地, 它是包含于 A 的所有开集的并集.

证明 由定理 2.5.3 和命题 2.5.4 知 A° 是包含于 A 的开集. 对任意包含于 A 的开集 U, 由 $U \subseteq A$、定理 2.5.3(2) 和命题 2.5.4 知 $U = U^\circ \subseteq A^\circ$. 这说明 A° 是包含于 A 的最大开集. □

定义 2.5.6 设 $(X,\mathcal{T})$ 是一个拓扑空间, $A \subseteq X$, $x \in X$. 若点 x 的任意邻域 U 中既有 A 的点又有 $X - A$ 的点, 即 $U \cap A \neq \varnothing$, 且 $U \cap (X - A) \neq \varnothing$, 则称 x 是集合 A 的**边界点**. 集合 A 的所有边界点构成的集合称为 A 的**边界**, 记作 A^b, $\mathrm{Bd}(A)$ 或 ∂A.

例 2.5.7 (1) 设 $A=(0,1)\cup\{3\}$. 则在实直线 $\mathbb{R}$ 中 $A^\circ=(0,1)$, $\partial A=\{0,1,3\}$.

(2) 设 A 为离散空间 X 的子集. 则 A 的内部 $A^\circ=A$, 边界 $\partial A=\varnothing$.

关于边界、内部、闭包之间的种种联系, 我们列举部分结果如下.

定理 2.5.8 设 $(X,\mathcal{T})$ 是一个拓扑空间, $A\subseteq X$. 则

(1) $\partial A=\overline{A}\cap\overline{X-A}=\partial(X-A)$;

(2) $\overline{A}=A^\circ\cup\partial A$.

证明 (1) 由定义 2.5.6 知 $\partial A\subseteq\overline{A}$, $\partial A\subseteq\overline{X-A}$, 从而 $\partial A\subseteq\overline{A}\cap\overline{X-A}$. 反过来, 设 $x\in\overline{A}\cap\overline{X-A}$, 则对 x 的任意邻域 U 有 $U\cap A\neq\varnothing$ 且 $U\cap(X-A)\neq\varnothing$, 由定义 2.5.6 知 $x\in\partial A$. 综合得 $\partial A=\overline{A}\cap\overline{X-A}$. 在这一等式中用 $X-A$ 代 A 又得 $\partial(X-A)=\overline{A}\cap\overline{X-A}=\partial A$.

(2) 由 (1) 和命题 2.5.2 知

$$A^\circ\cup\partial A=A^\circ\cup(\overline{A}\cap\overline{X-A})=(A^\circ\cup\overline{A})\cap(A^\circ\cup\overline{X-A})=\overline{A}\cap X=\overline{A}.\quad\square$$

习题 2.5

1. 试求有理数集 $\mathbb{Q}$ 在实直线 $\mathbb{R}$ 中的内部 $\mathbb{Q}^\circ$ 和边界 $\partial\mathbb{Q}$.

2. 设 A 为平庸空间 X 的子集. 求 A 的内部 A° 和边界 ∂A.

3. 设 $X=\{a,b,c\}$, 拓扑 $\mathcal{T}=\{\{a,b,c\},\varnothing,\{a,c\},\{b,c\},\{c\}\}$. 试求子集 $A=\{a\}$ 的内部 A° 和边界 ∂A.

4. (a) 对偶于闭包算子, 请结合定理 2.5.3 给出内部算子 Int 的定义.

(b) 给定集 X 上内部算子 Int, 证明存在 X 上唯一拓扑 $\mathcal{T}$ 使 $(X,\mathcal{T})$ 的内部运算就是 Int.

5. 设 $(X,\mathcal{T})$ 是拓扑空间, 称集 $A\subseteq X$ 是**正则集**, 如果 $A=\overline{A}^\circ$. 证明

(a) 任一 $U\subseteq X$, $\overline{U}^\circ$ 是正则集.

(b) 若 $A_i\subseteq X(i\in J)$ 是正则集, 则 $(\overline{\bigcap_{i\in J}A_i})^\circ$ 是含于 $\bigcap_{i\in J}A_i$ 的最大正则集; $(\overline{\bigcup_{i\in J}A_i})^\circ$ 是含 $\bigcup_{i\in J}A_i$ 的最小正则集.

6. 设 A 为拓扑空间 X 的子集. 证明 A 的内部 A° 和边界 ∂A 不交且两者的并集为 A 的闭包.

2.6 基与子基

定义 2.6.1 设 $(X,\mathcal{T})$ 是一个拓扑空间, $\mathcal{B}\subseteq\mathcal{T}$. 若空间 X 的每一开集都是 $\mathcal{B}$ 中某些成员的并, 即对于任意 $U\in\mathcal{T}$, 存在 $\mathcal{B}_1\subseteq\mathcal{B}$ 使 $U=\bigcup_{B\in\mathcal{B}_1}B$, 则称 $\mathcal{B}$ 是拓扑 $\mathcal{T}$ 的一个基, 或称 $\mathcal{B}$ 是拓扑空间 X 的一个**拓扑基**, 其成员称为**基元**或**基本开集**.

例 2.6.2 设 (X,d) 是度量空间. 则 $\mathcal{B}=\{B(x,\varepsilon)\mid x\in X,\varepsilon>0\}$ 是诱导拓扑 $\mathcal{T}_d$ 的基.

证明 由 $\mathcal{T}_d$ 的定义及定义 2.6.1立得. □

实际上, 由拓扑基 $\mathcal{B}=\{B(x,\varepsilon)\mid x\in X,\varepsilon>0\}$ 生成的度量空间 X 上的拓扑就是由度量 d 诱导的度量拓扑. 定理 2.6.3 为某一开集族是不是给定的拓扑的基提供了一个易于验证的等价条件.

定理 2.6.3 设 $(X,\mathcal{T})$ 是一个拓扑空间, $\mathcal{B}\subseteq\mathcal{T}$. 则 $\mathcal{B}$ 是空间 X 的基当且仅当对任意 $x\in X$ 及 x 的任意邻域 U_x, 存在 $B_x\in\mathcal{B}$ 使 $x\in B_x\subseteq U_x$.

证明 必要性: 设 $\mathcal{B}$ 是 X 的基. 则对任意 $x\in X$ 及 x 的邻域 U_x, 存在开集 V_x 使 $x\in V_x\subseteq U_x$. 由 $\mathcal{B}$ 是基知, 存在 $\mathcal{B}_1\subseteq\mathcal{B}$ 使 $V_x=\bigcup_{B\in\mathcal{B}_1}B$. 从而存在 $B_x\in\mathcal{B}_1$ 使 $x\in B_x\subseteq V_x\subseteq U_x$.

充分性: 设 U 为空间 X 的任意非空开集. 由假设知, 对任意 $x\in U$, 存在 $B_x\in\mathcal{B}$ 使 $x\in B_x\subseteq U$. 令 $\mathcal{B}_1=\{B_x\in\mathcal{B}\mid x\in U\}$. 易见 $\mathcal{B}_1\subseteq\mathcal{B}$ 且 $U=\bigcup_{B\in\mathcal{B}_1}B$. 从而由定义 2.6.1 知 $\mathcal{B}$ 是空间 X 的基. □

例 2.6.4 (1) 实直线 $\mathbb{R}$ 的所有开区间构成的子集族 $\mathcal{B}=\{(a,b)\mid a,b\in\mathbb{R}, a<b\}$ 是 $\mathbb{R}$ 上的通常拓扑 $\mathcal{T}_e$ 的一个基.

(2) 集合 X 的所有单点子集构成的族是 X 上离散拓扑的一个基.

给定任一集, 它的任意子集族是否都可以确定一个拓扑并以该子集族为基呢? 答案是否定的. 定理 2.6.5 给出了子集族 $\mathcal{B}$ 成为某一拓扑的基的充要条件.

定理 2.6.5 (成基定理) 设 $\mathcal{B}$ 是非空集 X 的子集族. 若 $\mathcal{B}$ 满足

(1) $X=\bigcup_{B\in\mathcal{B}}B$;

(2) 若 $B_1,B_2\in\mathcal{B}$, 则对任意 $x\in B_1\cap B_2$, 存在 $B_3\in\mathcal{B}$ 使 $x\in B_3\subseteq B_1\cap B_2$.

则集族 $\mathcal{T}=\{U\mid\forall x\in U$, 存在 $B\in\mathcal{B}$ 使 $x\in B\subseteq U\}$ 是集 X 的唯一以 $\mathcal{B}$ 为基的拓扑.

特别地, 若 $\mathcal{B}$ 满足 (1) 且对非空有限交关闭, 则 $\mathcal{B}$ 必为 X 上唯一拓扑的基.

反过来, 若 X 的子集族 $\mathcal{B}$ 是 X 的某一拓扑的基, 则 $\mathcal{B}$ 必然满足条件 (1) 和 (2).

证明 设 X 的子集族 $\mathcal{B}$ 满足上述条件 (1) 和 (2). 我们先证明 $\mathcal{T}=\{U\mid\forall x\in U$, 存在 $B\in\mathcal{B}$ 使 $x\in B\subseteq U\}$ 是 X 上的拓扑.

(i) 显然, $X,\varnothing\in\mathcal{T}$.

(ii) 若 $U, V\in\mathcal{T}$, 则对任意 $x\in U\cap V$, 存在 $B_1,B_2\in\mathcal{B}$, 使 $x\in B_1\subseteq U$ 且 $x\in B_2\subseteq V$. 由条件 (2) 知存在 $B_3\in\mathcal{B}$ 使 $x\in B_3\subseteq B_1\cap B_2\subseteq U\cap V$. 从而 $U\cap V\in\mathcal{T}$.

(iii) 若 $\mathcal{T}_1\subseteq\mathcal{T}$, 则对任意 $x\in\bigcup_{U\in\mathcal{T}_1}U$, 存在 $U_0\in\mathcal{T}_1\subseteq\mathcal{T}$ 使 $x\in U_0$. 再由 $\mathcal{T}$ 的定义知, 存在 $B_0\in\mathcal{B}$ 使 $x\in B_0\subseteq U_0\subseteq\bigcup_{U\in\mathcal{T}_1}U$. 从而 $\bigcup_{U\in\mathcal{T}_1}U\in\mathcal{T}$.

综上可得, $\mathcal{T}$ 为 X 上的拓扑.

又显然 $\mathcal{T}$ 以 $\mathcal{B}$ 为基. 由基的定义, 可知以 $\mathcal{B}$ 为基的拓扑是唯一的.

特例情况的 $\mathcal{B}$ 自然也满足 (2), 故所述结论成立.

反过来, 若 X 的子集族 $\mathcal{B}$ 是 X 的某一拓扑的基, 则由基的定义知开集 X 及 $B_1 \cap B_2$ 均可表示为 $\mathcal{B}$ 中若干元的并, 从而 $\mathcal{B}$ 满足条件 (1) 和 (2). □

一般一个拓扑的基不是唯一的, 但一个基却决定唯一一个拓扑. 所以人们常通过指定满足成基定理中条件 (1) 和 (2) 的集族来构造拓扑.

例 2.6.6 容易验证 $\mathbb{R}$ 的子集族 $\mathcal{B} = \{[a,b) \mid a,b \in \mathbb{R}, a < b\}$ 满足定理 2.6.5 中的条件, 故为 $\mathbb{R}$ 的某一拓扑的基, 该拓扑称为 $\mathbb{R}$ 的**下限拓扑**. 实数集赋予下限拓扑称为 **Sorgenfrey 直线**, 记作 $\mathbb{R}_l$.

定义 2.6.7 设 $(X, \mathcal{T})$ 是一个拓扑空间, $\mathcal{W} \subseteq \mathcal{T}$. 若 $\mathcal{W}$ 中元素的非空有限交全体是拓扑 $\mathcal{T}$ 的一个基, 则称 $\mathcal{W}$ 是拓扑 $\mathcal{T}$ 的一个**子基**, 或称 $\mathcal{W}$ 是空间 X 的一个**子基**, 其成员称为**子基元**或**子基开集**.

例 2.6.8 实直线 $\mathbb{R}$ 的子集族 $\mathcal{W} = \{(a, +\infty) \mid a \in \mathbb{R}\} \cup \{(-\infty, b) \mid b \in \mathbb{R}\}$ 是 $\mathbb{R}$ 上通常拓扑 $\mathcal{T}_e$ 的一个子基.

定理 2.6.9 (成子基定理) 设 $\mathcal{W}$ 是集 X 的子集族. 若 $X = \bigcup_{S \in \mathcal{W}} S$, 则存在 X 的唯一拓扑 $\mathcal{T}$ 以 $\mathcal{W}$ 为子基. 若令 $\mathcal{B} = \bigwedge \mathcal{W} := \{S_1 \cap S_2 \cap \cdots \cap S_n \mid S_i \in \mathcal{W}, i = 1, 2, \cdots, n, n \in \mathbb{Z}_+\}$, 则 $\mathcal{T} = \{U \mid$ 对任意 $x \in U$, 存在 $B \in \mathcal{B}$ 使 $x \in B \subseteq U\}$.

证明 容易验证 $\mathcal{B} = \{S_1 \cap S_2 \cap \cdots \cap S_n \mid S_i \in \mathcal{W}, i = 1, 2, \cdots, n, n \in \mathbb{Z}_+\}$ 满足定理 2.6.5 中的条件 (1) 和 (2), 故结论成立. □

由定理 2.6.9 可知, 一个子基决定唯一一个拓扑. 所以人们常指定满足成子基定理中条件 (即并集为全集) 的集族来生成一个拓扑.

对于局部情形, 类似基与子基, 我们引入邻域基与邻域子基的概念.

定义 2.6.10 设 $(X, \mathcal{T})$ 是一个拓扑空间, $x \in X$. 若 x 的邻域系 $\mathcal{U}_x$ 有一个子族 $\mathcal{B}_x$ 满足条件: 对任意 $U \in \mathcal{U}_x$, 存在 $V \in \mathcal{B}_x$ 使 $x \in V \subseteq U$, 则称 $\mathcal{B}_x$ 是 x 的一个**邻域基**. $\mathcal{U}_x$ 的子族 $\mathcal{W}_x$ 若满足条件: $\mathcal{W}_x$ 的所有非空有限子族之交的全体构成的集族

$$\{S_1 \cap S_2 \cap \cdots \cap S_n \mid S_i \in \mathcal{W}_x, i = 1, 2, \cdots, n, n \in \mathbb{Z}_+\}$$

是 x 的一个邻域基, 则称 $\mathcal{W}_x$ 是 x 的一个**邻域子基**.

拓扑基与邻域基、拓扑子基与邻域子基有以下关联.

定理 2.6.11 设 $(X, \mathcal{T})$ 是一个拓扑空间, $x \in X$.

(1) 若 $\mathcal{B}$ 是 X 的一个基, 则 $\mathcal{B}_x = \{B \in \mathcal{B} \mid x \in B\}$ 是 x 的一个邻域基;

(2) 若 $\mathcal{W}$ 是 X 的一个子基, 则 $\mathcal{W}_x = \{S \in \mathcal{W} \mid x \in S\}$ 是 x 的一个邻域子基.

证明 直接验证. □

习题 2.6

1. 证明: 开区间族 $\mathcal{B} = \{(r,s) \mid r,s \in \mathbb{Q}, r < s\}$ 是实直线 $\mathbb{R}$ 的一个基.

2. 设实数集 $\mathbb{R}$ 的子集族 $\mathcal{B} = \{(a,b] \mid a,b \in \mathbb{R}, a < b\}$. 证明:

(1) $\mathcal{B}$ 构成 $\mathbb{R}$ 上某一拓扑的基, 该拓扑称为**上限拓扑**.

(2) 若实数集 $\mathbb{R}$ 赋予上限拓扑, 则子集 $(a,b](a,b \in \mathbb{R}, a < b)$ 是既开又闭的.

3. 设 A 是全序集, $|A| > 1, a, b \in A$. 令

$$(a,+\infty) = \{x \in A \mid a < x\}, \quad (-\infty,b) = \{x \in A \mid x < b\}.$$

证明: $\mathcal{W} := \{(a,+\infty) \mid a \in A\} \cup \{(-\infty,b) \mid b \in A\}$ 是 A 上某拓扑的子基. (该拓扑称为全序集 A 上的**序拓扑**.)

4. 设 $\{\mathcal{T}_\alpha\}_{\alpha \in J}$ 是集 X 上的一族拓扑, 其中 $J \neq \varnothing$. 证明:

(1) 集族 $\bigcup_{\alpha \in J} \mathcal{T}_\alpha$ 是 X 的某一拓扑 $\mathcal{T}$ 的子基;

(2) $\mathcal{T}$ 是 X 上包含所有 $\mathcal{T}_\alpha(\alpha \in J)$ 的最粗的拓扑.

5. 设 $\mathcal{T}_e$ 为 $\mathbb{R}$ 上的通常拓扑. 证明: $\operatorname{card} \mathcal{T}_e = \operatorname{card} \mathbb{R}$.

6. 设 (X,d) 是度量空间. 证明: $\mathcal{B} = \left\{ B_d\left(x, \dfrac{1}{n}\right) \middle| x \in X, n \in \mathbb{Z}_+ \right\}$ 是诱导拓扑 $\mathcal{T}_d$ 的基.

7. 设 $\mathcal{T}_1, \mathcal{T}_2$ 是集 X 上的两个拓扑, $\mathcal{W}$ 是 $\mathcal{T}_1$ 的一个子基. 证明: 若 $\mathcal{W} \subseteq \mathcal{T}_2$, 则 $\mathcal{T}_1 \subseteq \mathcal{T}_2$.

8. 任给 $x \in \mathbb{R}$. 证明: $\left\{ \left[x, x+\dfrac{1}{n}\right) \middle| n \in \mathbb{Z}_+ \right\}$ 是 x 在 Sorgenfrey 直线 $\mathbb{R}_l$ 中的一个邻域基.

9. 设集 $X = \{0,1\} \times \mathbb{Z}_+$ 赋予字典序的序拓扑. 试给出 X 中每一点的一个邻域基.

10. 设 $\mathcal{B}$ 是空间 X 上的拓扑基. 证明: X 的拓扑是 X 上包含 $\mathcal{B}$ 的所有拓扑的交.

11. 设 (X,d) 是度量空间, 且有一个由有限个元构成的拓扑基. 证明: $(X, \mathcal{T}_d)$ 是只含有限个点的离散空间.

2.7 连续映射与同胚

本节将数学分析中的连续函数概念推广为一般拓扑空间之间的连续映射.

定义 2.7.1　设 X 和 Y 为拓扑空间, $f: X \to Y$ 为映射, $x_0 \in X$. 若 $f(x_0)$ 在 Y 中的任意邻域 W 的原像 $f^{-1}(W)$ 为 x_0 在 X 中的邻域, 则称 f **在点 x_0 处连续**. 如果 f 在 X 的每一点处都连续, 则称 f 是从拓扑空间 X 到 Y 的一个**连续映射**, 或简称映射 f **连续**.

例 2.7.2　从离散拓扑空间到任一拓扑空间的所有映射都是连续映射; 从任一拓扑空间到平庸拓扑空间的所有映射都是连续映射.

定理 2.7.3　设 X, Y 和 Z 均为拓扑空间, 则

(1) 恒同映射 $\mathrm{id}_X: X \to X$ 是连续映射;

(2) 若 $f: X \to Y$ 和 $g: Y \to Z$ 都是连续映射, 则 $g \circ f: X \to Z$ 也是连续映射.

证明　证明是直接的, 读者可作为练习自证. □

定理 2.7.4 设 X 和 Y 为拓扑空间, $f: X \to Y$ 为映射. 则下列条件等价:

(1) f 是连续映射;

(2) Y 的任意开集 V 的原像 $f^{-1}(V)$ 是 X 的开集;

(3) Y 的任意闭集 F 的原像 $f^{-1}(F)$ 是 X 的闭集;

(4) 对 X 中任一子集 A, A 的闭包的像包含于 A 的像的闭包, 即 $f(\overline{A}) \subseteq \overline{f(A)}$;

(5) $\forall B \subseteq Y$, 有 $f^{-1}(\overline{B}) \supseteq \overline{f^{-1}(B)}$;

(6) Y 的每一基的任意基元 B 的原像 $f^{-1}(B)$ 是 X 的开集;

(6′) Y 的某一基的任意基元 B 的原像 $f^{-1}(B)$ 是 X 的开集;

(7) Y 的每一子基的任意子基元 S 的原像 $f^{-1}(S)$ 是 X 的开集;

(7′) Y 的某一子基的任意子基元 S 的原像 $f^{-1}(S)$ 是 X 的开集.

证明 (1) $\Longrightarrow$ (2) 设 V 是 Y 的开集. 则 $\forall x \in f^{-1}(V)$, 由 $f(x) \in V$ 及 f 连续知 $f^{-1}(V)$ 是 x 在 X 中的邻域. 由 $x \in f^{-1}(V)$ 的任意性及定理 2.3.2 知 $f^{-1}(V)$ 是 X 的开集.

(2) $\Longleftrightarrow$ (3) 利用开集与闭集之间的互补关系及定理 1.2.8 可得.

(3) $\Longrightarrow$ (4) 设 $A \subseteq X$, 由于 $f(A) \subseteq \overline{f(A)}$, 故由映射像引理 (定理 1.2.9), $A \subseteq f^{-1}(\overline{f(A)})$, 由 (3), $f^{-1}(\overline{f(A)})$ 为 X 中闭集, 于是 $\overline{A} \subseteq f^{-1}(\overline{f(A)})$, 再由映射像引理得 $f(\overline{A}) \subseteq \overline{f(A)}$.

(4) $\Longrightarrow$ (5) 设 $B \subseteq Y$, 对集合 $f^{-1}(B) \subseteq X$ 应用 (4) 即得 $f(\overline{f^{-1}(B)}) \subseteq \overline{f(f^{-1}(B))} \subseteq \overline{B}$, 因此 $f^{-1}(\overline{B}) \supseteq \overline{f^{-1}(B)}$.

(5) $\Longrightarrow$ (3) 设 F 是 Y 中闭集, 对此集合应用 (5) 有 $f^{-1}(F) \supseteq \overline{f^{-1}(F)}$. 但总有 $f^{-1}(F) \subseteq \overline{(f^{-1}F)}$, 故 $f^{-1}(F) = \overline{f^{-1}(F)}$ 为闭集.

(2) $\Longrightarrow$ (6), (2) $\Longrightarrow$ (7) 由基元和子基元都是开集可得.

(6) $\Longrightarrow$ (6′), (7) $\Longrightarrow$ (7′) 平凡的.

(7′) $\Longrightarrow$ (6′) 设 $\mathcal{S}$ 是满足 (7′) 的 Y 的子基, 则 $\mathcal{B} = \bigwedge \mathcal{S}$ 是 Y 的满足 (6′) 的某个基.

(6′) $\Longrightarrow$ (1) 设 $\mathcal{B}$ 是满足 (6′) 的 Y 的基. 则对 $x \in X$, 若 $U \in \mathcal{U}_{f(x)}$, 则存在 $B \in \mathcal{B}$ 使 $f(x) \in B \subseteq U$. 故由 (6′), $f^{-1}(B)$ 为开集, 从而 $x \in f^{-1}(B) \subseteq f^{-1}(U) \in \mathcal{U}_x$ 成立, 由 $x \in X$ 的任意性得 (1) 成立.

综合上述, 可得定理中各条等价. □

定理 2.7.4 为验证映射连续提供了多种途径, 同时也给出了连续映射的多个性质.

定义 2.7.5 设 X 和 Y 为拓扑空间, $f: X \to Y$ 为映射. 若 f 将 X 的闭 (开) 集映为 Y 的闭 (开) 集, 则称 f 是一个**闭映射**(**开映射**).

注 2.7.6　闭映射(开映射) 不必是连续映射, 连续映射也不必是闭映射 (开映射).

定义 2.7.7　设 X 和 Y 为拓扑空间, $f: X \to Y$ 为双射. 若 f 和 f^{-1} 都连续, 则称 f 是一个**同胚映射**, 简称**同胚**.

例 2.7.8　(1) 设 $\mathbb{R}$ 为实直线. 则由 $f(x) = 3x + 1$ 所给出的函数 $f: \mathbb{R} \to \mathbb{R}$ 是一个同胚.

(2) 设 $f: X \to Y$ 是双射. 若 X 和 Y 均为离散空间 (或均为平庸空间), 则 $f: X \to Y$ 是一个同胚. 若 $|X| > 1$, X 为离散空间, Y 为平庸空间, 则 f 连续但不是同胚.

该例说明同胚概念中关于逆映射 f^{-1} 连续的要求是不可缺少的.

定理 2.7.9　设 X 和 Y 是拓扑空间, $f: X \to Y$ 为双射. 若 f 是一个连续的闭映射 (开映射), 则 f 和 f^{-1} 均是同胚映射.

证明　由条件直接验证 $f^{-1}: Y \to X$ 也是连续映射, 从而得 f 和 f^{-1} 均是同胚映射. □

定理 2.7.10　设 X, Y 和 Z 均为拓扑空间. 则

(1) 恒同映射 $\mathrm{id}_X: X \to X$ 是同胚映射;

(2) 若 $f: X \to Y$ 是同胚映射, 则 $f^{-1}: Y \to X$ 也是同胚映射;

(3) 若 $f: X \to Y$ 和 $g: Y \to Z$ 都是同胚映射, 则 $g \circ f: X \to Z$ 也是同胚映射.

证明　证明是直接的, 读者可作为练习自证. □

定义 2.7.11　设 X 和 Y 为拓扑空间. 若存在一个同胚映射 $f: X \to Y$, 则称拓扑空间 X 和 Y 是**同胚的**, 记作 $X \cong Y$.

简单地说, 同胚的两个拓扑空间可认为具有相同的拓扑结构.

定理 2.7.12　设 X, Y 和 Z 均为拓扑空间, 则

(1) X 与 X 同胚;

(2) 若 X 与 Y 同胚, 则 Y 与 X 同胚;

(3) 若 X 与 Y 同胚, Y 与 Z 同胚, 则 X 与 Z 同胚.

证明　由定理 2.7.10 易得. □

定义 2.7.13　设 A 是度量空间 (X, d) 的一个子集. 如果存在点 $x \in X$ 和 $M > 0$ 使 $\forall a \in A, d(a, x) < M$, 则称集 A 是度量空间 X 的**有界集**, 当 X 本身有界时, 称 (X, d) 为**有界度量空间**.

拓扑空间的某种性质 P, 如果经过同胚映射保持不变, 即若拓扑空间 X 具有性质 P, 则与 X 同胚的所有拓扑空间也具有性质 P, 则性质 P 称为**拓扑不变性质**, 简称**拓扑性质**, 或**同胚性质**. **拓扑学的中心任务就是寻找、研究并利用各种拓扑不变性质**.

显然, 有界性不是拓扑性质. 后面我们会陆续介绍一些具体的拓扑性质.

习题 2.7

1. 举例说明: 连续映射不必是开映射; 开映射也不必是连续映射.

2. 设 X 为集合, Y 为拓扑空间, $f: X \to Y$ 为映射. 证明: 在集 X 上存在使 f 连续的最粗拓扑.

3. 举例说明: 拓扑空间之间连续的一一映射的逆映射未必连续.

4. 设 X 不可数. 证明: 有限余拓扑空间 $(X, \mathcal{T}_f)$ 与可数余拓扑空间 $(X, \mathcal{T}_c)$ 不同胚.

5. 说明有界性不是拓扑性质.

6. 设 (X, d) 为度量空间. 证明: 由 d 诱导的拓扑 T_d 是使函数 $d: X \times X \to \mathbb{R}$ 连续的最粗拓扑.

7. 设 X, Y, Z 是拓扑空间. $f: X \to Y$, $g: Y \to Z$ 是映射. 证明:

(1) 若 f, g 是开 (闭) 映射, 则 $g \circ f$ 是开 (闭) 映射;

(2) 若 $g \circ f$ 是开 (闭) 映射且 f 是连续满射, 则 g 是开 (闭) 映射;

(3) 若 $g \circ f$ 是开 (闭) 映射且 g 是连续单射, 则 f 是开 (闭) 映射.

8. 设 X, Y 是拓扑空间, $f: X \to Y$ 是映射. 证明: 若对 X 的每个子集 A 有 $f(\overline{A}) = \overline{f(A)}$, 则 f 是连续闭映射. 叙述并证明对于连续开映射的相应结论.

2.8 序列及其收敛

数学分析中的数列、子数列可推广为拓扑空间中的序列和子序列.

定义 2.8.1 设 X 为拓扑空间. 每一个映射 $S: \mathbb{Z}_+ \to X$ 称为 X 中的一个**序列**, 通常将序列 S 记作 $\{x_n\}_{n\in\mathbb{Z}_+}$, 其中 $x_n = S(n), n \in \mathbb{Z}_+$. 若 T 是 $\mathbb{Z}_+$ 的共尾子集, 则限制映射 $S|_T$ 称为序列的一个**子序列**.

拓扑空间 X 中的序列就是 X 中按先后次序排成的一列点, 这些点可以重复出现. 如果 $\forall n \in \mathbb{Z}_+$, $x_n = a$ 为常数, 则称序列 $\{x_n\}_{n\in\mathbb{Z}_+}$ 为**常值序列**.

定义 2.8.2 设 $\{x_n\}_{n\in\mathbb{Z}_+}$ 是拓扑空间 X 中的序列, $a \in X$. 若对 a 的任意邻域 U, 存在 $N \in \mathbb{Z}_+$ 使当 $n > N$ 时, 有 $x_n \in U$, 则称点 a 是序列 $\{x_n\}_{n\in\mathbb{Z}_+}$ 的一个**极限点** (或**极限**), 也称序列 $\{x_n\}_{n\in\mathbb{Z}_+}$ **收敛于** a, 记作 $\lim\limits_{n\to+\infty} x_n = a$ 或 $x_n \to a\,(n \to +\infty)$.

与数列收敛相仿, 易见序列 $\{x_n\}_{n\in\mathbb{Z}_+}$ 收敛到点 x, 则它的任一子序列也收敛到点 x. 但注意收敛序列与收敛数列性质上还是有很大差别的. 例如, 收敛数列的极限是唯一的, 但容易验证平庸空间中的任意序列都收敛于该空间中的每一点, 这时序列极限不具有唯一性.

定理 2.8.3 设 X 为拓扑空间, $A \subseteq X$, $x \in X$. 若 $A-\{x\}$ 中有序列收敛于 x, 则 $x \in A^d$.

证明　设集 $A-\{x\}$ 中有序列 $\{x_n\}_{n\in\mathbb{Z}_+}$ 收敛于 x. 则对 x 的任意邻域 U, 存在 $N\in\mathbb{Z}_+$ 使当 $n>N$ 时, 有 $x_n\in U$. 从而 $U\cap(A-\{x\})\neq\varnothing$. 这说明 $x\in A^d$. □

例 2.8.4　设 X 为不可数集合, 赋予可数余拓扑. 容易验证拓扑空间 X 中的序列 $\{x_n\}_{n\in\mathbb{Z}_+}$ 收敛于 $a\in X$ 当且仅当存在 $N\in\mathbb{Z}_+$ 使当 $n>N$ 时, 有 $x_n=a$. 设 $p\in X$. 令 $A=X-\{p\}$. 则 A 为 X 的不可数子集. 可以断言 A 的导集 $A^d=X$, 从而 $p\in A^d$. 但是集 $A=X-\{p\}$ 中不可能有序列收敛于 p. 故定理 2.8.3 的逆命题不成立.

该例表明, 在一般的拓扑空间中用序列收敛来刻画聚点是不够的. 我们将在第 5 章引入网和滤子及其收敛概念, 利用它们可刻画众多拓扑概念和拓扑空间类.

习题 2.8

1. 试举例说明: Sierpinski 空间中存在序列, 其极限不唯一.

2. 设 $\mathcal{T}_1$, $\mathcal{T}_2$ 均是集 X 上的拓扑, $\mathcal{T}_1\subseteq\mathcal{T}_2$. 证明: 若 X 中的序列 $\{x_n\}_{n\in\mathbb{Z}_+}$ 关于拓扑 $\mathcal{T}_2$ 收敛, 则 $\{x_n\}_{n\in\mathbb{Z}_+}$ 关于拓扑 $\mathcal{T}_1$ 收敛. 举例说明反之不成立.

3. 设 X 为离散空间, $\{x_n\}_{n\in\mathbb{Z}_+}$ 是 X 中的序列. 证明: $\{x_n\}_{n\in\mathbb{Z}_+}$ 收敛当且仅当存在 $N\in\mathbb{Z}_+$ 使当 $i, j>N$ 时有 $x_i=x_j$.

4. 设实数集 $\mathbb{R}$ 上赋予有限余拓扑. 求序列 $\left\{\dfrac{1}{n}\right\}_{n\in\mathbb{Z}_+}$ 的极限.

第 3 章　拓扑空间经典构造方法

本章讨论拓扑空间的一些经典构造方法, 或者说构造新拓扑空间的方法. 主要思想是利用已有的拓扑空间作为"素材", 通过某些标准的程序构作新的拓扑空间. 这里主要介绍子空间、积空间与商空间的构作方法.

3.1 子　空　间

定义 3.1.1　设 (X, ρ) 为度量空间, Y 为 X 的子集, 容易验证 $\rho_Y = \rho|_{Y \times Y} : Y \times Y \to \mathbb{R}$ 使得 $\forall (y_1, y_2) \in Y \times Y \subseteq X \times X$, $\rho_Y(y_1, y_2) = \rho(y_1, y_2)$ 满足定义 2.1.1 中的正定性、对称性和三角不等式条件. 故 ρ_Y 是 Y 上的度量, 称为 ρ 在 Y 上诱导出来的**子空间度量**, 度量空间 (Y, ρ_Y) 称为 X 的**度量子空间**或**子度量空间**.

根据这个定义, 下面的集合均可自动地认为是欧氏空间 $\mathbb{R}^{n+1}$ 的度量子空间: **区间** $(a,b), [a,b], [a,b), (a,b], (a,+\infty), [a,+\infty), (-\infty,b], (-\infty,b)$ 等; n **维单位球面** $S^n = \{x \in \mathbb{R}^{n+1} \mid \|x\| = 1\}$, n **维开方体**$(a,b)^n$, n **维闭方体** $[a,b]^n$, n **维单位闭圆盘** $D^n = \{x \in \mathbb{R}^n \mid \|x\| \leqslant 1\}$, n **维单位开圆盘** $\mathring{D}^n = \{x \in \mathbb{R}^n \mid \|x\| < 1\}$ 等.

为了定义拓扑子空间先给出如下定义.

定义 3.1.2　设 $\mathcal{A}$ 是一个集族, Y 是一个集合. 集族 $\{A \cap Y \mid A \in \mathcal{A}\}$ 称为集族 $\mathcal{A}$ 在集合 Y 上的**限制**, 记作 $\mathcal{A}|_Y$.

定义 3.1.3　设 Y 是拓扑空间 $(X, \mathcal{T})$ 的一个子集, 则集族 $\mathcal{T}|_Y = \{U \cap Y \mid U \in \mathcal{T}\}$ 是集 Y 上的一个拓扑, 称为**子空间拓扑**. 称 $(Y, \mathcal{T}|_Y)$ 是 $(X, \mathcal{T})$ 的一个**子空间**(简称 Y 是 X 的一个子空间), 其开集由拓扑空间 X 的开集与 Y 的交构成. 若 Y 是拓扑空间 X 的一个开 (闭) 子集, 则子空间 Y 称为 X 的一个**开 (闭) 子空间**.

根据定义 3.1.3, 拓扑空间 $(X, \mathcal{T})$ 的任一子集均可自动地认为是 X 的子空间. 需要注意的是: 若 Y 本身是一个拓扑空间, 又是拓扑空间 X 的子集, 一般 Y 不一定是 X 的子空间, 只有 Y 上拓扑与 $\mathcal{T}_X|_Y$ 相同时才是 X 的子空间, 否则不是.

特别要注意的是: 在涉及空间 X 和子空间 Y 时, 使用"开集""闭集"这些词必须明确, 究竟它指的是子空间 Y 的开集 (闭集), 还是空间 X 的开集 (闭集).

例 3.1.4　(1) 设 $X = \{a,b,c,d\}$, $\mathcal{T}_X = \{X, \varnothing, \{a\}, \{c,d\}, \{a,c\}, \{c\}, \{a,d,c\}\}$; $Y = \{a,b,c\}$. 则作为 X 的子空间, Y 上拓扑只能是 $\mathcal{T}_Y = \{Y, \varnothing, \{a\}, \{a,c\}, \{c\}\}$.

(2) 把单位闭区间 $I=[0,1]$ 作为实直线 $\mathbb{R}$ 的子空间. 则 $\left[0,\dfrac{2}{3}\right)$ 和 $\left(\dfrac{2}{3},1\right]$ 都是 I 的开集, 但不是 $\mathbb{R}$ 的开集.

注 3.1.5 (子空间的绝对性) 设 X,Y,Z 都是拓扑空间, 若 Y 是 X 的子空间, Z 是 Y 的子空间, 则 Z 也是 X 的子空间.

证明 直接由定义验证, 留作练习. □

通俗地说, 子空间的子空间还是子空间. 这一性质常说成是子空间的绝对性.

由例 3.1.4 知, 若 Y 是 X 的子空间, U 是 Y 的开集, U 未必是 X 的开集. 但在一种特殊情况下, Y 的任意开集也是 X 的开集.

命题 3.1.6 设 Y 是 X 的子空间.

(1) 若 U 是 Y 的开集且 Y 是 X 的开集, 则 U 是 X 的开集.

(2) 若 F 是 Y 的闭集且 Y 是 X 的闭集, 则 F 是 X 的闭集.

证明 由定义 3.1.3直接可得. □

定理 3.1.7 设 Y 是 X 的子空间, $y\in Y$.

(1) 若 $\mathcal{B}$ 是 X 的一个基, 则 $\mathcal{B}|_Y$ 是 Y 的一个基.

(2) 若 $\mathcal{W}$ 是 X 的一个子基, 则 $\mathcal{W}|_Y$ 是 Y 的一个子基.

(3) 若 $\mathcal{U}_y$ 是 y 在 X 中的一个邻域系, 则 $\mathcal{U}_y|_Y$ 是 y 在 Y 中的一个邻域系.

证明 (2)—(3) 的证明留给读者作为练习, 仅证明 (1).

设 $\mathcal{B}$ 是 X 的一个基. 对子空间 Y 的任意开集 V, 存在 X 的一个开集 U 使 $V=U\cap Y$. 由 $\mathcal{B}$ 是 X 的一个基知, 存在 $\mathcal{B}_1\subseteq\mathcal{B}$ 使 $U=\bigcup_{B\in\mathcal{B}_1}B$. 从而

$$V=U\cap Y=\left(\bigcup_{B\in\mathcal{B}_1}B\right)\cap Y=\bigcup_{B\in\mathcal{B}_1}(B\cap Y).$$

因 $\{B\cap Y\mid B\in\mathcal{B}_1\}\subseteq\mathcal{B}|_Y$, 故由定义 2.6.1 知 $\mathcal{B}|_Y$ 是子空间 Y 的一个基. □

命题 3.1.8 设 (X,d) 是度量空间, $A\subseteq X$. 则 A 上的度量 d_A 诱导的拓扑与 A 作为 $(X,\mathcal{T}_d)$ 的子空间拓扑相同.

证明 设 (X,d) 是度量空间, $A\subseteq X$. 因为对任意 $x\in A$ 及任意 $\varepsilon>0$, 有 $B_{d_A}(x,\varepsilon)=B_d(x,\varepsilon)\cap A$, 其中 $B_{d_A}(x,\varepsilon)$ 为 A 中以 x 为中心, ε 为半径的球形邻域, 从而由定理 3.1.7 和定义 2.2.4 知 A 上由 d_A 诱导的拓扑与 A 作为 $(X,\mathcal{T}_d)$ 的子空间拓扑相同. □

定义 3.1.9 设 X 和 Y 为拓扑空间, $f:X\to Y$ 为映射. 若 f 是单射并且是从空间 X 到空间 Y 的子空间 $f(X)$ 的一个同胚映射, 则称 f 为一个**嵌入**. 若存在一个嵌入 $f:X\to Y$, 则称**拓扑空间 X 可嵌入拓扑空间 Y**.

显然, 拓扑空间 X 可嵌入拓扑空间 Y 意味着拓扑空间 X 与拓扑空间 Y 的一个子空间同胚. 换言之, 在同胚的意义下, 拓扑空间 X 可看作拓扑空间 Y 的一

个子空间.

定义 3.1.10 设 X 和 Y 都是拓扑空间. 若存在连续映射 $r: Y \to X$ 和 $s: X \to Y$ 使 $r \circ s = \mathrm{id}_X$, 则称映射 $r: Y \to X$ 为 (外部) **收缩**. 当 $X \subseteq Y$ 为子空间, $s = i: X \to Y$ 为包含映射使 $r \circ i = \mathrm{id}_X$ 时, 则称 X 为 Y 的 (内部) **收缩核**.

注 3.1.11 与收缩 $r: Y \to X$ 配对的 $s: X \to Y$ 是嵌入. 故空间 X 可看作 Y 的子空间.

证明 令 $s^\circ: X \to s(X)$ 为 s 限制于 Y 的子空间 $s(X)$ 上. 则 s° 连续且是双射. 容易验证 $s^\circ \circ (r \circ i_{s(X)}) = i_{s(X)}$, $(r \circ i_{s(X)}) \circ s^\circ = \mathrm{id}_X$, 其中 i 表示包含映射, 而 id 表示恒等映射. 这说明连续映射 $r \circ i_{s(X)}$ 为 s° 的逆映射, 从而 s° 是一个同胚, 即 $s: X \to Y$ 是一个嵌入. □

定理 3.1.12 (粘接引理) 设 X 为拓扑空间, 且 $X = A \cup B$ 为两开子空间 (或两闭子空间) 之并. $f: A \to Y$ 与 $g: B \to Y$ 都是连续映射. 若对任意 $x \in A \cap B$, $f(x) = g(x)$, 则 f, g 可以组成一个连续映射 $h: X \to Y$ 使

$$h(x) = \begin{cases} f(x), & x \in A, \\ g(x), & x \in B. \end{cases}$$

证明 以 A, B 是开的情形为例证之. 设 V 是 Y 的开集. 易见 $h^{-1}(V) = f^{-1}(V) \cup g^{-1}(V)$. 由 $f: A \to Y$ 连续及定理 2.7.4 知 $f^{-1}(V)$ 是 X 的开子空间 A 的开集. 从而由命题 3.1.6(1) 知 $f^{-1}(V)$ 是空间 X 的开集. 同理可证 $g^{-1}(V)$ 也是空间 X 的开集. 于是 $h^{-1}(V) = f^{-1}(V) \cup g^{-1}(V)$ 是空间 X 的开集. 从而由定理 2.7.4 知 $h: X \to Y$ 是连续的.

对 A, B 为 X 的闭子空间情形, 类似可证粘接引理成立. □

下面利用欧氏空间的子空间来构造一个连续双射但不为同胚的例子如下.

例 3.1.13 设 $[0,1), S^1 \subseteq \mathbb{R}^2$ 为欧氏空间的子空间, $f: [0,1) \to S^1$ 使得 $\forall x \in [0,1), f(x) = e^{2\pi x i} \in S^1$. 则 f 是连续的双射, 但因 $f([0,1/4))$ 不是 S^1 的开集, 故 f 不是一个同胚 (图 3.1).

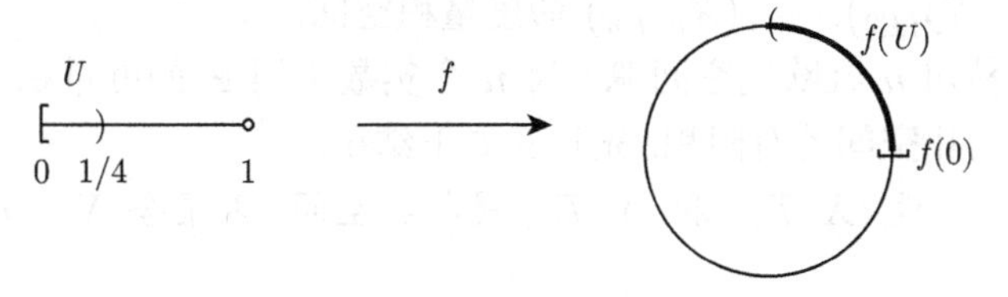

图 3.1 连续双射但不同胚的例子

习题 3.1

1. 设 Y 是 X 的子空间, A 是 Y 的一个子集. 证明:

(1) A 在 Y 中的导集是 A 在 X 中的导集与 Y 的交;

(2) A 在 Y 中的闭包是 A 在 X 中的闭包与 Y 的交.

2. 设 X 和 Y 是拓扑空间, $A \subseteq X$. 证明: 若 $f: X \to Y$ 连续, 则 f 在子空间 A 上的限制 $f|_A: A \to Y$ 也连续.

3. 设 X 和 Y 是拓扑空间, $f: X \to Y$ 是连续映射, $f(X) \subseteq Z \subseteq Y$ 均为 Y 的子空间. 证明: f 在 Z 上的限制 $f^\circ: X \to Z$ 是连续映射, 其中 $\forall x \in X$, $f^\circ(x) = f(x)$.

4. 举例说明: 若 Y 是 X 的一个子空间, A 是 Y 的一个闭集, 则 A 不必是 X 的闭集.

5. 验证例 3.1.13 中的映射 f 是连续双射但不是同胚.

6. 设 X, Y 是拓扑空间, $\{A_\alpha\}_{\alpha\in J}$ 是 X 的闭集族, $X = \bigcup_{\alpha\in J} A_\alpha$, $f: X \to Y$ 为映射.

(1) 证明: 若 $\{A_\alpha\}_{\alpha\in J}$ 是有限族且 $\forall \alpha \in J$, $f|_{A_\alpha}$ 均连续, 则 f 连续;

(2) 举例说明: 若闭集族 $\{A_\alpha\}_{\alpha\in J}$ 是可数无限族, 则 f 不必连续.

7. 证明: 实直线 $\mathbb{R}$ 的任一开区间 (a, b) 同胚于 $\mathbb{R}$.

8. 证明注 3.1.5(子空间的绝对性).

9. 证明有限补空间的每个子空间仍是有限补空间.

10. 设 $A_1, A_2, \cdots, A_n (n \in \mathbb{Z}_+)$ 均是空间 X 的闭集, 且 $X = \bigcup\limits_{i=1}^{n} A_i$. 证明: $B \subseteq X$ 是 X 的闭集当且仅当 $B \cap A_i$ 是子空间 $A_i (i = 1, 2, \cdots, n)$ 的闭集.

11. 把整数集 $\mathbb{Z}$ 看作实直线 $\mathbb{R}$ 的子集. 试写出 $\mathbb{Z}$ 的子空间拓扑.

3.2 积 空 间

分析一下 $\mathbb{R}^n$ 中两点间的距离公式, 我们很自然地给出度量积空间的概念.

定义 3.2.1 设 $(X_1, \rho_1), (X_2, \rho_2), \cdots, (X_n, \rho_n)$ 为 n 个度量空间, $X = X_1 \times X_2 \times \cdots \times X_n$. 定义 $\rho: X \times X \longrightarrow \mathbb{R}$ 为

$$\forall x = (x_1, x_2, \cdots, x_n), \quad \forall y = (y_1, y_2, \cdots, y_n), \quad \rho(x, y) = \sqrt{\sum_{i=1}^{n} \rho_i(x_i, y_i)^2}.$$

易验证 ρ 为 X 上的度量. 称 ρ 为这 n 个度量在 X 上的**积度量**. 度量空间 (X, ρ) 称为 $(X_1, \rho_1), (X_2, \rho_2), \cdots, (X_n, \rho_n)$ 的**度量积空间**.

由该定义易知 n 维欧氏空间 $\mathbb{R}^n$ 为 n 个实数空间 $\mathbb{R}$ 的度量积空间.

为了定义拓扑空间的有限积, 先建立如下结果.

定理 3.2.2 设 $(X, \mathcal{T}_X)$ 和 $(Y, \mathcal{T}_Y)$ 是拓扑空间. 则集合 $X \times Y$ 的子集族

$$\mathcal{B} = \{U \times V \mid U \in \mathcal{T}_X, V \in \mathcal{T}_Y\}$$

是 $X \times Y$ 上某个拓扑的拓扑基.

证明 直接验证定理 2.6.5 条件 (1) 和 (2) 便得. □

利用定理 3.2.2, 并注意一个基决定唯一一个拓扑, 自然有如下定义.

定义 3.2.3 设 $(X,\mathcal{T}_X)$ 和 $(Y,\mathcal{T}_Y)$ 是拓扑空间. 集 $X\times Y$ 上以 $\mathcal{B}=\{U\times V\mid U\in\mathcal{T}_X,V\in\mathcal{T}_Y\}$ 为基的拓扑称为 $X\times Y$ 上的**积拓扑**, 记作 $\mathcal{T}_X*\mathcal{T}_Y$ 或 $\mathcal{T}_{X\times Y}$, 拓扑空间 $(X\times Y,\mathcal{T}_X*\mathcal{T}_Y)$ 称为空间 X 和 Y 的**积空间**.

定理 3.2.4 设 $(X,\mathcal{T}_X)$ 和 $(Y,\mathcal{T}_Y)$ 是拓扑空间, $\mathcal{B}$ 是 X 的基, $\mathcal{C}$ 是 Y 的基. 则集族

$$\mathcal{D}=\{B\times C|B\in\mathcal{B},C\in\mathcal{C}\}$$

是积空间 $X\times Y$ 的一个基.

证明 设 $(x,y)\in X\times Y$. 对 (x,y) 在积空间 $X\times Y$ 的任意邻域 $\widetilde{W}$, 由定义 3.2.3 知存在 $U\in\mathcal{T}_X,V\in\mathcal{T}_Y$ 使 $(x,y)\in U\times V\subseteq\widetilde{W}$. 由 $x\in U$, $\mathcal{B}$ 是 X 的一个基及定理 2.6.3 知存在 $B\in\mathcal{B}$ 使 $x\in B\subseteq U$. 同理, 存在 $C\in\mathcal{C}$ 使 $y\in C\subseteq V$. 从而 $(x,y)\in B\times C\subseteq U\times V\subseteq\widetilde{W}$. 从而由定理 2.6.3 知 $\mathcal{D}=\{B\times C\mid B\in\mathcal{B},C\in\mathcal{C}\}$ 是积空间 $X\times Y$ 的一个基. □

例 3.2.5 (1) 设 $\mathbb{R}$ 是实数空间. 则 $\mathbb{R}$ 上通常拓扑的积拓扑 $\mathcal{T}_{\mathbb{R}^2}$ 称为平面点集 $\mathbb{R}^2=\mathbb{R}\times\mathbb{R}$ 上的通常拓扑, 称赋予通常拓扑的 $\mathbb{R}^2$ 为**欧氏平面**. 由定理 3.2.4 知, 欧氏平面 $\mathbb{R}^2$ 的通常拓扑有一个由所有的开矩形 $(a_1,b_1)\times(a_2,b_2)$ 构成的基.

(2) 设 $\mathbb{R}_l$ 为 Sorgenfrey 直线. 则积空间 $\mathbb{R}_l\times\mathbb{R}_l$ 称为 **Sorgenfrey 平面**, 记作 $\mathbb{R}_l^2$. 由例 2.6.6 和定理 3.2.4 知 Sorgenfrey 平面有一个由所有形如 $[a_1,b_1)\times[a_2,b_2)$ 的集构成的集族作成的基.

有时也用子基来表示积拓扑. 设 X 和 Y 是拓扑空间. 映射 $p_1:X\times Y\to X$ 和 $p_2:X\times Y\to Y$ 为笛卡儿积 $X\times Y$ 的第一和第二投影映射, 即 $\forall(x,y)\in X\times Y$, $p_1(x,y)=x$, $p_2(x,y)=y$. 显然, 投影映射 p_1 和 p_2 都是满射. 设 U 是 X 的开集, 则集 $p_1^{-1}(U)=U\times Y$ 是积空间 $X\times Y$ 的开集. 类似地, 设 V 是 Y 的开集, 则集 $p_2^{-1}(V)=X\times V$ 也是积空间 $X\times Y$ 的开集. 从而由定理 2.7.4 知投影映射 p_1 和 p_2 都是连续的.

定理 3.2.6 设 $(X,\mathcal{T}_X)$ 和 $(Y,\mathcal{T}_Y)$ 是拓扑空间. 则集族

$$\mathcal{W}=\{p_1^{-1}(U)\mid U\in\mathcal{T}_X\}\cup\{p_2^{-1}(V)\mid V\in\mathcal{T}_Y\}$$

是积空间 $X\times Y$ 的一个子基.

证明 设 $\mathcal{T}_{X\times Y}$ 为 $X\times Y$ 上的积拓扑. 由定义 3.2.3 知 $\mathcal{B}=\{U\times V\mid U\in\mathcal{T}_X,V\in\mathcal{T}_Y\}$ 是积空间 $X\times Y$ 的一个基. 令 $\mathcal{B}^*=\{S_1\cap S_2\cap\cdots\cap S_n\mid S_i\in\mathcal{W},i=1,2,\cdots,n,n\in\mathbb{Z}_+\}$. 由 $\mathcal{W}\subseteq\mathcal{B}$ 知 $\mathcal{B}^*\subseteq\mathcal{T}_{X\times Y}$. 对任意 $U\times V\in\mathcal{B}$, 由 $U\times V=(U\times Y)\cap(X\times V)=p_1^{-1}(U)\cap p_2^{-1}(V)$ 知 $U\times V\in\mathcal{B}^*$. 从而有 $\mathcal{B}\subseteq\mathcal{B}^*\subseteq\mathcal{T}_{X\times Y}$.

由 $\mathcal{B}$ 是积空间 $X \times Y$ 的一个基及定义 2.6.1 知 $\mathcal{B}^*$ 也是积空间 $X \times Y$ 的基. 于是由定义 2.6.7 得集族 $\mathcal{W} = \{p_1^{-1}(U) \mid U \in \mathcal{T}_X\} \cup \{p_2^{-1}(V) \mid V \in \mathcal{T}_Y\}$ 是积空间 $X \times Y$ 的一个子基. □

命题 3.2.7 设 X 和 Y 是非空拓扑空间. 则投影映射 p_1 和 p_2 都是满的连续开映射.

证明 设 $(X, \mathcal{T}_X)$ 和 $(Y, \mathcal{T}_Y)$ 是非空拓扑空间. 前面已说明 $p_1 : X \times Y \to X$ 是满的连续映射, 下证 p_1 是开映射. 由定义 3.2.3 知 $\mathcal{B} = \{U \times V \mid U \in \mathcal{T}_X, V \in \mathcal{T}_Y\}$ 是积空间 $X \times Y$ 的一个基. 对 $X \times Y$ 的任意开集 $\widetilde{W}$, 存在 $\mathcal{B}_1 \subseteq \mathcal{B}$ 使 $\widetilde{W} = \bigcup_{(U \times V) \in \mathcal{B}_1} (U \times V)$. 由映射求像集保并及投影的定义知

$$p_1(\widetilde{W}) = p_1\left(\bigcup_{(U \times V) \in \mathcal{B}_1} (U \times V)\right) = \bigcup_{(U \times V) \in \mathcal{B}_1} p_1(U \times V) = \bigcup_{(U \times V) \in \mathcal{B}_1} U.$$

这说明 $p_1(\widetilde{W})$ 是拓扑空间 X 的开集. 从而投影映射 p_1 是开映射. 类似可证投影映射 p_2 也是满的连续开映射. □

定理 3.2.8 设 X, Y 和 Z 是非空拓扑空间. 则映射 $f : Z \to X \times Y$ 连续当且仅当映射 $p_1 \circ f : Z \to X$ 和 $p_2 \circ f : Z \to Y$ 均连续.

证明 必要性: 由命题 3.2.7 和定理 2.7.3(2) 可得.

充分性: 设映射 $p_1 \circ f : Z \to X$ 和 $p_2 \circ f : Z \to Y$ 均连续. 由定义 3.2.3 知 $\mathcal{B} = \{U \times V \mid U \in \mathcal{T}_X, V \in \mathcal{T}_Y\}$ 是积空间 $X \times Y$ 的一个基. 对任意 $U \times V \in \mathcal{B}$,

$$f^{-1}(U \times V) = (p_1 \circ f)^{-1}(U) \cap (p_2 \circ f)^{-1}(V).$$

由 $p_1 \circ f : Z \to X$ 和 $p_2 \circ f : Z \to Y$ 连续知 $(p_1 \circ f)^{-1}(U)$, $(p_2 \circ f)^{-1}(V)$ 均是 Z 的开集. 从而 $f^{-1}(U \times V)$ 是 Z 的开集. 由定理 2.7.4 知映射 $f : Z \to X \times Y$ 连续. □

两个拓扑空间的积空间定义及相关性质, 都可以推广到有限个拓扑空间的情形. 这部分内容留给读者, 也可参见文献 [16]. 下面考虑拓扑空间的任意积情形.

定义3.2.9 若一个集族 $\{X_\alpha\}_{\alpha \in \Gamma}$ 中所有的 X_α 都是拓扑空间, 则称 $\{X_\alpha\}_{\alpha \in \Gamma}$ 是**一族拓扑空间**. 设 $\{X_\alpha\}_{\alpha \in \Gamma}$ 是一族拓扑空间. 令 $\mathcal{W}_\alpha = \{p_\alpha^{-1}(U_\alpha) \mid U_\alpha$ 是 X_α 中开集$\}$, 其中 $p_\alpha : \prod_{\alpha \in \Gamma} X_\alpha \to X_\alpha$ 为笛卡儿积 $\prod_{\alpha \in \Gamma} X_\alpha$ 的第 α 个投影. 令 $\mathcal{W} = \bigcup_{\alpha \in \Gamma} \mathcal{W}_\alpha$. 则 $\prod_{\alpha \in \Gamma} X_\alpha$ 上以 $\mathcal{W}$ 为子基生成的拓扑称为 $\prod_{\alpha \in \Gamma} X_\alpha$ 上的**积拓扑**. 赋予积拓扑的 $\prod_{\alpha \in \Gamma} X_\alpha$ 称为**拓扑空间族** $\{X_\alpha\}_{\alpha \in \Gamma}$ **的积空间**.

注 3.2.10 由定理 3.2.6 知有限个拓扑空间的积空间是一族拓扑空间的积空间的特例.

事实上, 关于有限个拓扑空间的积空间的一些重要结论均可推广到一族拓扑空间的积空间, 例如本节习题中的题 3 和题 4. 关于一族拓扑空间的积空间的更多性质, 可参见文献 [12, 16].

习题 3.2

1. 设 $X \times Y$ 是拓扑空间 X 和 Y 的积空间. 证明: 对任意 $A \subseteq X$, $B \subseteq Y$ 有

(1) $\overline{A \times B} = \overline{A} \times \overline{B}$;

(2) $(A \times B)^\circ = A^\circ \times B^\circ$.

2. 设 X 和 Y 是拓扑空间. $p_1 : X \times Y \to X$ 和 $p_2 : X \times Y \to Y$ 为投影映射.

证明: $X \times Y$ 上的积拓扑是使 p_1, p_2 连续的最小拓扑.

3. 设 $\{X_\alpha\}_{\alpha \in \Gamma}$ 是一族非空拓扑空间. 证明: 对于任意 $\alpha \in \Gamma$, 笛卡儿积 $\prod_{\alpha \in \Gamma} X_\alpha$ 的第 α 个投影 p_α 都是满的连续开映射.

4. 设 $\{X_\alpha\}_{\alpha \in \Gamma}$ 是一族非空拓扑空间, Z 是拓扑空间. 证明: 映射 $f : Z \to \prod_{\alpha \in \Gamma} X_\alpha$ 连续当且仅当 $\forall \alpha \in \Gamma$, 映射 $p_\alpha \circ f : Z \to X_\alpha$ 均连续.

5. 设 $I = [0,1]$. 试比较 $I \times I$ 上的积拓扑、字典序拓扑和关于 $\mathbb{R}^2$ 的子空间拓扑.

6. 举例说明: 对有理数空间 $\mathbb{Q}$, 存在非空拓扑空间 X, Y 使 $X \times \mathbb{Q} \cong Y \times \mathbb{Q}$ 但 $X \ncong Y$.

7. 设 (X, d) 是度量空间. 证明: $d : X \times X \to \mathbb{R}$ 是连续映射.

8. 设 $S^1 = \{(x, y) \in \mathbb{R}^2 \mid x^2 + y^2 = 1\}$ 表示欧氏平面 $\mathbb{R}^2$ 上的单位圆周. 问 S^1 的哪些子集是它作为 $\mathbb{R}^2$ 子空间拓扑中的开集?

9. 证明: 单位圆周 S^1 是挖去原点的平面 $\mathbb{R}^2 \backslash \{(0,0)\}$ 的收缩核.

10. 设 X, Y 是非空的拓扑空间. 证明: X 同胚于积空间 $X \times Y$ 的一个收缩核.

11. 证明: $[0,1) \times [0,1)$ 同胚于 $[0,1) \times [0,1]$. 这说明当 $X \times Y_1$ 同胚于 $X \times Y_2$ 时, 不必有 Y_1 同胚于 Y_2.

12. 设 $X_i (i = 1,2)$ 是拓扑空间, $A_i \subseteq X_i (i = 1,2)$. 证明: $A_1 \times A_2$ 作为 $X_1 \times X_2$ 子空间的拓扑恰是 A_1 与 A_2 的乘积空间的拓扑.

3.3 商拓扑与商空间

商空间与本章研究过的子空间、积空间不同, 它主要是从几何上引入, 由采用粘合某些点的方法引申而来.

设 $(X, \mathcal{T}_X)$ 是拓扑空间. 如果把空间 X 中要粘在一起的点称为互相等价的点, 则集 X 上就有了一个等价关系, 记为 $\sim$. 因为每个等价类被粘合为一个点, 故新空间的集合就是等价类的集合, 即商集 $X/\sim$. 把 X 上的点对应到它所在的等价类, 就得到自然投射 $q : X \to X/\sim$. 下面规定 $X/\sim$ 上的拓扑.

定义 3.3.1 设 $(X, \mathcal{T}_X)$ 是拓扑空间, $\sim$ 是集 X 上的一个等价关系. 映射 $q : X \to X/\sim$ 为自然投射. 令 $\widetilde{\mathcal{T}} = \{V \subseteq X/\sim \mid q^{-1}(V) \in \mathcal{T}_X\}$. 容易验证 $\widetilde{\mathcal{T}}$ 是 $X/\sim$ 上的一个拓扑, 称为**商拓扑**. 称拓扑空间 $(X/\sim, \widetilde{\mathcal{T}})$ 是 $(X, \mathcal{T}_X)$ 关于 $\sim$ 的**商空间**.

按照定义, 在商拓扑下, 自然投射 $q : X \to X/\sim$ 是连续的满射. 并且容易证明商拓扑是使得自然投射 q 连续的最细拓扑.

注 3.3.2 (1) 要说明的是, 在拓扑学中**适当利用**几何直观是必须的, 也是适用的. 不应任何问题都具体构造解答 (有的话当然好). 这是因为拓扑的具体表达形式是多样的而且是灵活的. 把灵活性去掉就抽象、悬空了, 等于去掉了拓扑学的灵魂. 例如, 心形线 ♡ 与圆周 S^1 是同胚的, 这很难用显式表示. 如不承认这点就无法落到实处, 走不多远, 拓扑学就成了僵硬的学科. 故利用几何直观承认一些事实常常是需要的. 然而, 绝大多数情况下还是需要严格证明的, 不能仅凭直观.

(2) 直观看, 商空间 $X/\sim$ 就是把 X 中关于 $\sim$ 的等价类粘为一点所得. 因此自然投射也称为**粘合映射**, 商拓扑与商空间也分别称为**粘合拓扑与粘合空间**.

例 3.3.3 (1) 在实直线 $\mathbb{R}$ 上定义等价关系 $\sim=\{(x,y)\in\mathbb{R}^2 \mid x,y\in\mathbb{Q}$ 或 $x,y\notin\mathbb{Q}\}$. 则商空间 $\mathbb{R}/\sim$ 是由两个点构成的平庸空间.

(2) 在单位区间 $I=[0,1]$ 上定义等价关系 $\sim=\{(x,y)\in I\times I \mid x=y$ 或 $\{x,y\}=\{0,1\}\}$. 则商空间 $I/\sim$ 与单位圆周 S^1 同胚. 几何直观上, 商空间 $I/\sim$ 可看作将单位区间 $I=[0,1]$ 的两个端点粘合所得.

定理 3.3.4 设 X 和 Y 是拓扑空间, $\sim$ 是 X 上的一个等价关系, $g: X/\sim\to Y$ 为映射. 则 g 连续当且仅当 $g\circ q$ 连续, 其中 $q: X\to X/\sim$ 是粘合映射.

证明 必要性: 设 $g: X/\sim\to Y$ 为连续映射. 由 $q: X\to X/\sim$ 是连续的及定理 2.7.3(2) 知复合映射 $g\circ q$ 连续.

充分性: 设 $g\circ q: X\to Y$ 为连续映射. 则由定理 2.7.4 知 Y 的任意开集 V 的原像 $(g\circ q)^{-1}(V)=q^{-1}(g^{-1}(V))$ 是 X 的开集. 再由 $q: X\to X/\sim$ 是粘合映射及商拓扑的定义知 $g^{-1}(V)$ 是商空间 $X/\sim$ 的开集. 从而由定理 2.7.4 知映射 g 连续. □

习题 3.3

1. 证明: 离散空间的任意商空间是离散空间.
2. 将 $\mathbb{R}$ 中小于 0 的点粘为一点, 大于 0 的点粘为一点, 请描述所得粘合空间.
3. 验证定义 3.3.1 中 $\widetilde{\mathcal{T}}$ 是 $\widetilde{X}=X/\sim$ 上的一个拓扑.
4. 证明: 商空间 $(X/\sim,\widetilde{\mathcal{T}})$ 中集 F 是闭集当且仅当 $q^{-1}(F)$ 是 X 中闭集.
5. 证明: 商空间 $[0,1]/\{0,1\}$ 同胚于单位圆周 S^1.

3.4 商 映 射

商映射的概念与商空间紧密相关, 它是从映射的角度去认识商空间.

定义 3.4.1 设 (X,τ_X) 和 (Y,τ_Y) 是拓扑空间. 映射 $f: X\to Y$ 为连续的满射. 若 f 满足: U 是 Y 的开集当且仅当 $f^{-1}(U)$ 是 X 的开集, 则称 f 是一个**商映射**. 此时, $\tau_Y=\{f^{-1}(U)\mid U\in\tau_X\}$ 为商拓扑.

由定义 3.4.1 知, 当 $X/\sim$ 是 X 的商空间时, 粘合映射 $q: X \to X/\sim$ 是一个商映射. 事实上, 在同胚的意义下, 任意一个商映射均是粘合映射.

设 $f: X \to Y$ 为商映射. 利用 f 在 X 上可规定一个等价关系 $\sim_f$: 对任意 $x_1, x_2 \in X$, $x_1 \sim_f x_2 \Longleftrightarrow f(x_1) = f(x_2)$.

定理 3.4.2 设 X, Y, Z 均为拓扑空间, $f: X \to Y$ 为商映射. 则

(1) 映射 $g: Y \to Z$ 连续当且仅当 $g \circ f: X \to Z$ 连续;

(2) 商空间 $X/\sim_f \cong Y$.

证明 (1) 必要性: 设 $g: Y \to Z$ 为连续映射. 由 $f: X \to Y$ 是连续的及定理 2.7.3(2) 知复合映射 $g \circ f$ 连续.

充分性: 设 $g \circ f: X \to Z$ 为连续映射. 则由定理 2.7.4 知 Z 的任意开集 V 的原像 $(g \circ f)^{-1}(V) = f^{-1}(g^{-1}(V))$ 是 X 的开集. 再由 $f: X \to Y$ 是商映射知 $g^{-1}(V)$ 是 Y 的开集. 从而由定理 2.7.4 知映射 g 连续.

(2) 设 $x \in X$, x 在商空间 $X/\sim_f$ 中所在的等价类记作 $[x]$. 定义映射 $h: X/\sim_f \to Y$ 为对任意 $[x] \in X/\sim_f$, $h([x]) = f(x)$. 由 $f: X \to Y$ 是商映射及等价关系 $\sim_f$ 的定义知映射 h 的定义合理且是双射. 易见 $h \circ q = f$, $h^{-1} \circ f = q$, 其中 $q: X \to X/\sim$ 是粘合映射. 从而由 (1) 及定理 3.3.4 知映射 h, h^{-1} 都是连续的. 这说明 $h: X/\sim_f \to Y$ 是一个同胚映射, 即商空间 $X/\sim_f \cong Y$. □

注 3.4.3 定理 3.4.2 说明当 $f: X \to Y$ 为商映射时, 在同胚意义下, Y 可看作 X 的一个商空间, 而 f 可看作相应的粘合映射.

定理 3.4.4 设 $f: X \to Y$ 为连续的满射. 若 f 是开映射或闭映射, 则 f 是商映射.

证明 仅证明 f 是开映射的情形, 闭的情形类似. 设 $U \subseteq Y$. 若 U 是 Y 的开集, 则由 f 连续知 $f^{-1}(U)$ 是 X 的开集. 反之, 若 $f^{-1}(U)$ 是 X 的开集, 则由 f 是满的开映射知 $U = f(f^{-1}(U))$ 是 Y 的开集. 综上可得 f 是商映射. □

习题 3.4

1. 设 $f: X \to Y$ 与 $g: Y \to Z$ 是连续映射. 证明:

(1) 若 f 与 g 都是商映射, 则 $g \circ f$ 是商映射;

(2) 若 $g \circ f$ 是商映射, 则 g 是商映射.

2. 举例说明: 连续满射未必是商映射.

3. 设 $\mathbb{R}$ 为实直线, $\mathbb{R}^2$ 为欧氏平面. 证明: 由 $f(x, y) = x + y^2$ 所定义的函数 $f: \mathbb{R}^2 \to \mathbb{R}$ 是一个商映射.

4. 举例说明: 商映射可以既不是开映射也不是闭映射.

5. 证明: 将单位闭圆盘 D^2 的边界圆周粘合成一点的商空间同胚于单位球面 S^2.

6. 在 $I^2 = [0,1] \times [0,1]$ 上定义下述等价关系 $\sim$, 其中 $x = (x_1, x_2), y = (y_1, y_2) \in I^2$,

$$\sim = \{(x, y) \in I^2 \times I^2 \mid x = y, \text{或}\{x_1, y_1\} = \{0, 1\}\text{时}, x_2 = y_2\}.$$

证明: 商空间 $I^2/\sim$ 同胚于一个**圆柱面**$I \times S^1$.

7. 设 X 是拓扑空间, A 为 X 的子空间. 证明: 如果存在收缩映射 $r: X \to A$, 则 r 是商映射.

8. 设 $p_1: \mathbb{R}^2 \to \mathbb{R}$ 是第一投影, $A = \{(x,y) \in \mathbb{R}^2 \mid x \geqslant 0\text{或者}y = 0\}$ 赋予子空间拓扑. 证明: 限制映射 $f = p_1|_A: A \to \mathbb{R}$ 是非开非闭的商映射.

第 4 章 拓扑性质及特殊类型拓扑空间

本章介绍几个常用的拓扑性质: 可分性、可数性、连通性、分离性和紧致性, 并介绍某些简单应用, 其中连通性和紧致性在分析学中已见过, 具有很强的几何直观性.

4.1 可分性与可分空间

定义 4.1.1 设 A 和 Y 是拓扑空间 X 的子集. 若 $A \subseteq Y$ 且 $\overline{A} \supseteq Y$, 则称 A 在 Y 中稠密. 如 A 在 X 中稠密, 则称 A 是 X 的**稠密子集**. 若 X 有一个可数的稠密子集, 则称 X 具有**可分性**, 也称 X 是**可分空间**.

命题 4.1.2 设 A 是拓扑空间 X 的子集. 则 A 是 X 的稠密子集当且仅当 X 的每个非空开集都含有 A 中的点.

证明 由稠密子集的定义直接可得. □

例 4.1.3 (1) 平庸空间的任一非空子集都是稠密子集, 从而平庸空间 X 是可分空间.

(2) 实数空间的有理数集 $\mathbb{Q}$ 是可数稠密子集, 从而实数空间 $\mathbb{R}$ 是可分空间.

(3) 设 X 是任一不可数集, 赋予可数余拓扑. 则 X 的所有可数子集均为闭集, 从而空间 X 不是可分空间.

定理 4.1.4 (1) 可分空间的开子空间是可分的.

(2) 设 X 和 Y 是可分空间. 则积空间 $X \times Y$ 是可分的.

(3) 可分性在连续映射下不变, 即设 $f: X \to Y$ 是连续映射, 若 X 是可分空间, 则 $f(X)$ 作为 Y 的子空间也是可分的.

证明 (1) 设 Y 是可分空间 X 的一个非空开子集. 由 X 是可分空间知, 存在可数稠密子集 A 使 $\mathrm{cl}(A) = \overline{A} = X$. 令 $A^* = A \cap Y$. 则 A^* 是可数集. 又对于子空间 Y 中的任意非空开集 V, 存在 X 中的开集 W 使 $V = W \cap Y$. 于是 $V \cap A^* = W \cap Y \cap (A \cap Y) = A \cap (W \cap Y)$. 注意到 $W \cap Y = V \neq \varnothing$ 为 X 中的开集, 由命题 4.1.2, $V \cap A^* = A \cap (W \cap Y) \neq \varnothing$, 再由命题 4.1.2 知, A^* 是开子空间 Y 的一个可数稠密子集, 从而开子空间 Y 也是可分的.

(2) 设 X 和 Y 是可分空间, A 和 B 分别是空间 X 和 Y 的可数稠密子集. 则 $A \times B$ 是积空间 $X \times Y$ 的一个可数稠密子集. 从而积空间 $X \times Y$ 是可分的.

(3) 设 $f: X \to Y$ 是连续映射. 若 X 是可分空间, 则 X 存在一个可数稠密子集 A. 自然 $f(A)$ 也可数. 由 f 的连续性得 $f(\overline{A}) = f(X) \subseteq \overline{f(A)}$. 故 $f(A)$ 在 Y 的子空间 $f(X)$ 中稠密. 从而 $f(X)$ 作为 Y 的子空间也是可分的. □

一种拓扑性质称为**遗传的**, 若一个拓扑空间具有它时, 每个子空间也具有它. 一种拓扑性质称为**有限可乘的**, 若两个拓扑空间具有它时, 其乘积空间也具有它. 例如可分性是有限可乘的, 但不是遗传的, 即可分空间可能有子空间不是可分的.

习题 4.1

1. 设 X 是拓扑空间, $\mathbb{R}$ 为实直线, D 为 X 的稠密集. 又设 $f, g: X \to \mathbb{R}$ 都连续. 证明: 若 $f|_D = g|_D$, 则 $f = g$.

2. 设不可数集 X 上赋予有限余拓扑 $\mathcal{T}_f$. 证明:

(1) 任意无限集都是 X 的稠密子集;

(2) 空间 $(X, \mathcal{T}_f)$ 是可分空间.

3. 证明 Sorgenfrey 直线是可分空间.

4. 证明习题 2.3 题 1 中构造的拓扑空间 $(X^*, \mathcal{T}^*)$ 是可分的.

5. 举例说明: 可分空间的子空间未必是可分的.

6. 证明: 如果 A 为 X 的稠密集, 则对 X 的每一开集 U, 有 $\mathrm{cl}(U) = \mathrm{cl}(A \cap U)$.

7. 证明: 可数个可分空间的积空间是可分空间.

4.2 可数性与可数性空间

定义 4.2.1 设 X 为拓扑空间. 若 X 每点都有可数的邻域基, 则称 X 具有**第一可数性**, 也称 X 是**第一可数空间**, 简称 **A_1 空间**. 若 X 有可数的拓扑基, 则称 X 具有**第二可数性**, 也称 X 是**第二可数空间**, 简称 **A_2 空间**.

命题 4.2.2 A_2 空间必为 A_1 空间.

证明 设 $\mathcal{B}$ 为 A_2 空间 X 的一个可数的拓扑基. 对任意 $x \in X$, 令 $\mathcal{B}_x = \{B \in \mathcal{B} \mid x \in B\}$. 可以由定理 2.6.11 直接证明 $\mathcal{B}_x$ 是 x 的一个可数的邻域基. 从而 X 为 A_1 空间. □

例 4.2.3 (1) 设 $\mathbb{R}$ 为实直线. 令 $\mathcal{B}$ 为所有以有理数为两个端点的开区间构成的集族. 容易证明 $\mathcal{B}$ 为实直线 $\mathbb{R}$ 的一个可数基, 从而实直线 $\mathbb{R}$ 是 A_2 空间.

(2) 离散空间都是 A_1 空间. 由于离散空间的每个独点集都是开集, 因此离散空间的每个拓扑基必包含所有的独点集, 从而包含不可数个点的离散空间不是 A_2 空间. 这说明命题 4.2.2 的逆命题不成立.

(3) Sorgenfrey 直线 $\mathbb{R}_l$ 是可分的 A_1 空间, $\{[x, q) \mid x < q \in \mathbb{Q}\}$ 是点 x 的可数邻域基.

(4) 每一度量空间都是 A_1 空间, $\{B(x, 1/n) \mid n \in \mathbb{Z}_+\}$ 是点 x 的可数邻域基.

定理 4.2.4 A_2 空间必为可分空间.

证明 设 $\mathcal{B}$ 为 A_2 空间 X 的一个可数的拓扑基. 在 $\mathcal{B}$ 的每个非空元素 B 中任意取一点 $x_B \in B$. 令 $D = \{x_B \mid B \in \mathcal{B}, B \neq \varnothing\}$. 由命题 4.1.2 可得 D 为 X 的一个可数稠密子集. 从而 X 为可分空间. □

例 4.2.5 设 $(X, \mathcal{T}_X)$ 是拓扑空间 (包括不可分空间), ∞ 是任一不属于 X 的元. 令 $X^* = X \cup \{\infty\}$, $\mathcal{T}^* = \{A \cup \{\infty\} \mid A \in \mathcal{T}_X\} \cup \{\varnothing\}$. 易见 $(X, \mathcal{T}_X)$ 是拓扑空间 $(X^*, \mathcal{T}^*)$ 的子空间且独点集 $\{\infty\}$ 是 $(X^*, \mathcal{T}^*)$ 的稠密子集, 从而空间 $(X^*, \mathcal{T}^*)$ 是可分空间. 同时可证空间 X^* 是 A_2 空间当且仅当 X 是 A_2 空间. 这说明定理 4.2.4 的逆不成立.

定理 4.2.6 设 $f: X \to Y$ 是满的连续开映射. 若 X 是 A_2 空间 (A_1 空间), 则 Y 也是 A_2 空间 (A_1 空间).

证明 设 $\mathcal{B}$ 为 A_2 空间 X 的一个可数的拓扑基. 由 f 是开映射知 $\widetilde{\mathcal{B}} = \{f(B) \mid B \in \mathcal{B}\}$ 是空间 Y 中的可数开集族. 下证 $\widetilde{\mathcal{B}}$ 是 Y 的一个可数基. 对 Y 的任意开集 U, 由 f 是连续映射知 $f^{-1}(U)$ 是 X 的开集. 从而由 $\mathcal{B}$ 是 X 的一个基知, 存在 $\mathcal{B}_1 \subseteq \mathcal{B}$ 使 $f^{-1}(U) = \bigcup_{B \in \mathcal{B}_1} B$. 因为 f 是满的, 故

$$U = f(f^{-1}(U)) = f\left(\bigcup_{B \in \mathcal{B}_1} B\right) = \bigcup_{B \in \mathcal{B}_1} f(B).$$

这说明 $\widetilde{\mathcal{B}}$ 是 Y 的一个可数基. 从而 Y 是 A_2 空间.

关于 A_1 空间情形的证明类似. □

定理 4.2.6 说明拓扑空间的第一可数性和第二可数性都是拓扑不变性质.

由关于子空间基的定理 3.1.7 立刻可得下一结果.

定理 4.2.7 A_1 空间 (A_2 空间) 的任意子空间是 A_1 空间 (A_2 空间).

由关于积空间的基的构造定理 (定理 3.2.4) 易得下一结果.

定理 4.2.8 设 X 和 Y 是 A_1 空间 (A_2 空间). 则积空间 $X \times Y$ 是 A_1 空间 (A_2 空间).

定理 4.2.7 和定理 4.2.8 说明拓扑空间的 A_1 性和 A_2 性是遗传的和有限可乘的. 下面讨论 A_1 空间中与序列收敛有关的性质, 跟数学分析中数列收敛有类似之处.

称满足任意 $n \in \mathbb{Z}_+$, $A_{n+1} \subseteq A_n$ 的一列集合 $\{A_n\}_{n \in \mathbb{Z}_+}$ 是**递降集列**. 引理 4.2.9 说明 A_1 空间中每点有递降集列作为局部邻域基.

引理 4.2.9 设 X 是 A_1 空间. 则对任意 $x \in X$, 存在 x 的一个可数邻域基 $\{U_n\}_{n \in \mathbb{Z}_+}$ 使对任意 $n \in \mathbb{Z}_+$, $U_{n+1} \subseteq U_n$.

证明 设 X 是 A_1 空间. 则对任意 $x \in X$, 存在 x 的可数邻域基 $\{V_n\}_{n \in \mathbb{Z}_+}$. 对任意 $n \in \mathbb{Z}_+$, 令 $U_n = V_1 \cap V_2 \cap \cdots \cap V_n$. 显然, $U_{n+1} \subseteq U_n (\forall n \in \mathbb{Z}_+)$. 容易证

明 $\{U_n\}_{n\in\mathbb{Z}_+}$ 是 x 的一个可数邻域基. □

定理 4.2.10 设 X 是 A_1 空间, $A\subseteq X$, $x_0\in X$. 则 $x_0\in A^d$ 当且仅当 $A-\{x_0\}$ 中有序列收敛于 x_0.

证明 必要性: 设 $x_0\in A^d$. 由 X 是 A_1 空间及引理 4.2.9 知, 存在 x_0 的可数邻域基 $\{U_n\}_{n\in\mathbb{Z}_+}$ 使对任意 $n\in\mathbb{Z}_+$, $U_{n+1}\subseteq U_n$. 又由 $x_0\in A^d$ 知对任意 $n\in\mathbb{Z}_+$, $U_n\cap(A-\{x_0\})\neq\varnothing$, 从而可选取 $x_n\in U_n\cap(A-\{x_0\})$. 容易验证 $\{x_n\}_{n\in\mathbb{Z}_+}$ 为 $A-\{x_0\}$ 中收敛于 x_0 的序列.

充分性: 由定理 2.8.3 可得. □

推论 4.2.11 设 X 是 A_1 空间, $A\subseteq X$. 则点 $x_0\in\overline{A}$ 当且仅当 A 中有序列收敛于 x_0.

证明 必要性: 由 $\overline{A}=A\cup A^d$ 及定理 4.2.10 直接可得.

充分性: 用反证法. 若 A 中有序列 $\{x_n\}_{n\in\mathbb{Z}_+}$ 收敛于 x_0 且 $x_0\notin\overline{A}=A\cup A^d$, 则序列 $\{x_n\}_{n\in\mathbb{Z}_+}$ 在 $A-\{x_0\}$ 中且收敛于 x_0, 由定理 4.2.10 得 $x_0\in A^d\subseteq\overline{A}$. 矛盾! □

推论 4.2.12 设 X 是不可数集且赋予可数余拓扑 $\mathcal{T}_c$. 则空间 $(X,\mathcal{T}_c)$ 不是 A_1 空间.

证明 由定理 4.2.10 和例 2.8.4 立得. □

下面介绍另一种比第二可数性弱一些的性质, 通常称为 Lindelöf 性质.

定义 4.2.13 设 X 是拓扑空间, $\mathcal{U}=\{A_\alpha\mid\alpha\in J\}$ 为 X 的子集族. 若 $\bigcup_{\alpha\in J}A_\alpha=X$, 则称集族 $\mathcal{U}$ 为空间 X 的一个**覆盖**. 当指标集 J 是有限 (可数) 集时, 称该覆盖为**有限 (可数) 覆盖**. 若覆盖 $\mathcal{U}$ 中的元素都是开集 (闭集), 则称该覆盖为**开 (闭) 覆盖**. 若覆盖 $\mathcal{U}$ 的一个子集 $\mathcal{U}'\subseteq\mathcal{U}$ 也是 X 的一个覆盖, 则称 $\mathcal{U}'$ 是 $\mathcal{U}$ 的**子覆盖**.

定义 4.2.14 若拓扑空间 X 的任一开覆盖都有可数子覆盖, 则称 X 具有 **Lindelöf 性**, 也称 X 是 **Lindelöf 空间** .

定理 4.2.15 A_2 空间必为 Lindelöf 空间.

证明 设 X 是 A_2 空间, $\mathcal{U}$ 为 X 的一个开覆盖. 则 X 存在一个可数的拓扑基 $\mathcal{B}$. 令 $\widetilde{\mathcal{B}}=\{B\in\mathcal{B}\mid$ 存在 $U\in\mathcal{U}$ 使 $B\subseteq U\}$. 则 $\widetilde{\mathcal{B}}\subseteq\mathcal{B}$ 是可数的. 由 $\widetilde{\mathcal{B}}$ 的构造, 对任意 $B\in\widetilde{\mathcal{B}}$, 取定 $U_B\in\mathcal{U}$ 使 $B\subseteq U_B$. 从而得到 $\mathcal{U}$ 的一个可数子集族 $\widetilde{\mathcal{U}}=\{U_B\mid B\in\widetilde{\mathcal{B}}\}$. 下证 $\widetilde{\mathcal{U}}$ 是 X 的一个覆盖. 对任意 $x\in X$, 由 $\mathcal{U}$ 为 X 的开覆盖知, 存在 $U_0\in\mathcal{U}$ 使 $x\in U_0$. 因为 $\mathcal{B}$ 为 X 的拓扑基, 故存在 $B_0\in\mathcal{B}$ 使 $x\in B_0\subseteq U_0$. 这说明 $B_0\in\widetilde{\mathcal{B}}$. 从而存在 $U_{B_0}\in\widetilde{\mathcal{U}}$ 使 $x\in B_0\subseteq U_{B_0}$. 故 $\widetilde{\mathcal{U}}$ 是 X 的一个覆盖. □

例 4.2.16 (1) 包含不可数个点的离散空间不是 Lindelöf 空间.

(2) 设包含不可数个点的集合 X 上赋予可数余拓扑 $\mathcal{T}_c$. 则空间 $(X,\mathcal{T}_c)$ 是

Lindelöf 空间, 但不是 A_2 空间. 这说明定理 4.2.15 的逆命题不成立.

习题 4.2

1. 证明: 若 X 是 A_1 空间且仅含可数个点, 则 X 是 A_2 空间.

2. 设 X 和 Y 是拓扑空间, $f: X \to Y$ 是连续映射. 证明: 若 X 是 Lindelöf 空间, 则 $f(X)$ 作为 Y 的子空间也是 Lindelöf 空间.

3. 证明: Lindelöf 空间的闭子空间是 Lindelöf 空间.

4. 举例说明: Lindelöf 性质不必遗传; 两 Lindelöf 空间的积空间未必是 Lindelöf 空间.

5. 证明: Sorgenfrey 直线是 Lindelöf 空间, 但不是 A_2 空间.

6*. 举例说明: 含可数个点的拓扑空间不一定有可数 (局部) 基.

7*. 证明: 商空间 $\mathbb{R}/\mathbb{Z}$ 不是第一可数空间.

4.3 连通性与连通空间

连通性与数学分析中闭区间 $[a,b]$ 上连续函数具有介值性有紧密联系.

定义 4.3.1 若拓扑空间 X 可以分解为两个非空不相交开集的并, 即存在非空开集 U, V 使 $X = U \cup V$ 且 $\varnothing = U \cap V$, 则称 X 为**不连通空间**; 否则称 X 具有**连通性**, 也称 X 为**连通空间**.

定理 4.3.2 设 X 为拓扑空间. 则下列条件等价:

(1) X 是不连通空间;

(2) X 可以分解为两个非空不相交闭集的并;

(3) X 中存在既开又闭的非空真子集.

证明 (1) $\Longrightarrow$ (2) 设 X 是不连通空间. 则存在非空开集 U, V 使 $X = U \cup V$ 且 $\varnothing = U \cap V$. 由集合运算的 De Morgan 律知 $X = (X - U) \cup (X - V)$ 且 $\varnothing = (X - U) \cap (X - V)$, 其中 $X - U$, $X - V$ 是非空闭集. 这说明 X 可以分解为两个非空不相交闭集的并.

(2) $\Longrightarrow$ (3) 设 X 可以分解为两个非空不相交闭集的并, 即存在非空闭集 E, F 使 $X = E \cup F$ 且 $\varnothing = E \cap F$. 易见 E, F 均是 X 的既开又闭的非空真子集.

(3) $\Longrightarrow$ (1) 设 X 中存在既开又闭的非空真子集 A. 则 $X - A$ 也是 X 的既开又闭的非空真子集且 $X = A \cup (X - A)$, $\varnothing = A \cap (X - A)$. 由定义 4.3.1 知 X 是不连通空间. □

例 4.3.3 (1) 单点空间、平庸拓扑空间是连通空间, 多于一个点的离散拓扑空间都是不连通的;

(2) 实数集 $\mathbb{R}$ 上赋予通常拓扑 $\mathcal{T}_e$ 所得实直线是连通空间. 否则存在两个非空不相交闭集 A, B 使 $\mathbb{R} = A \cup B$. 任取 $a \in A$, $b \in B$, 不妨设 $a < b$. 令 $c = \sup(A \cap [a,b])$. 则 $c \leqslant b$. 因为 $A \cap [a,b]$ 是闭集, 故 $c \in A \cap [a,b] \subseteq A$. 下面

利用 c 与 b 的关系导出矛盾. 若 $c=b$, 则 $c\in A\cap B$, 这与 $A\cap B=\varnothing$ 矛盾! 若 $c<b$, 则由 c 的定义知 $(c,b]\subseteq B$. 从而 $c\in\overline{B}=B$, 仍与 $A\cap B=\varnothing$ 矛盾!

(3) 有理数集 $\mathbb{Q}$ 作为 $\mathbb{R}$ 的子空间是不连通的, 因为任取 q 为无理数, $(-\infty,q)\cap\mathbb{Q}=(-\infty,q]\cap\mathbb{Q}$ 为子空间 $\mathbb{Q}$ 的既开又闭非空真子集. 这说明连通空间的子空间未必连通;

(4) 实数集 $\mathbb{R}$ 上赋予有限余拓扑 $\mathcal{T}_f$ 所得空间 $(\mathbb{R},\mathcal{T}_f)$ 是连通空间, 因为它的任意两个非空开集必相交. 同理, $\mathbb{R}$ 上赋予可数余拓扑 $\mathcal{T}_c$ 所得空间 $(\mathbb{R},\mathcal{T}_c)$ 也是连通空间.

定义 4.3.4 若拓扑空间 X 的非空子集 Y 作为 X 的子空间是连通空间, 则称 Y 为 X 的**连通子集**.

由注 3.1.5 (子空间的绝对性), 可得下一结果.

注 4.3.5 (连通子集的绝对性) 设 X 为拓扑空间, $Y\subseteq Z\subseteq X$. 则 Y 是 X 的连通子集当且仅当 Y 是 X 的子空间 Z 的连通子集.

引理 4.3.6 设 X 是拓扑空间, Y 是 X 的一个连通子集. 若 A 是 X 的既开又闭子集, 则有 $A\cap Y=\varnothing$ 或 $Y\subseteq A$.

证明 假设 $A\cap Y\neq\varnothing$. 则 $A\cap Y$ 是 X 的子空间 Y 的既开又闭的非空子集. 从而由 Y 连通及定理 4.3.2 知 $A\cap Y=Y$. 这说明 $Y\subseteq A$. □

命题 4.3.7 若拓扑空间 X 有一个连通的稠密子集 Y, 则 X 是连通空间.

证明 设 A 是 X 的既开又闭的非空子集. 由 Y 是 X 的稠密子集知 $A\cap Y\neq\varnothing$. 由引理 4.3.6 得 $Y\subseteq A$. 从而 $X=\overline{Y}\subseteq\overline{A}=A\subseteq X$. 故 $A=X$. 由定理 4.3.2 知 X 是连通空间. □

推论 4.3.8 设 Y 为拓扑空间 X 的连通子集. 若 X 的子集 Z 满足 $Y\subseteq Z\subseteq\overline{Y}$, 则 Z 为 X 的连通子集. 特别地, 连通集的闭包仍然连通.

证明 由注 4.3.5 知 Y 是 X 的子空间 Z 的连通稠密集. 从而由命题 4.3.7 得 Z 连通. □

定理 4.3.9 设 $f:X\to Y$ 是连续映射. 若 X 是连通空间, 则 $f(X)$ 是空间 Y 的连通子集.

证明 设 $Z=f(X)$. 令 f 在 Z 上的限制映射为 $g:X\to Z$, 其中对任意 $x\in X$, $g(x)=f(x)$. 易见 g 是满的连续映射. 假设 Z 是不连通的. 由定理 4.3.2 知, 存在 Z 的既开又闭的非空真子集 A. 从而 $g^{-1}(A)$ 是 X 的既开又闭的非空真子集, 这与 X 是连通空间矛盾! 故 $Z=f(X)$ 是连通的. □

定理 4.3.9 说明连通性是拓扑不变性质.

定理 4.3.10 实直线 $\mathbb{R}$ 的非空子集 A 连通当且仅当 A 是区间.

证明 必要性: 假设实直线 $\mathbb{R}$ 有一个连通子集 A 不是区间, 则存在 $x,y\in A$, $x<y$ 使 $[x,y]\not\subseteq A$. 故存在 $c\in[x,y]-A$. 令 $U=A\cap(-\infty,c)$, $V=A\cap(c,+\infty)$.

则 U, V 是 A 的两个非空不相交开集且 $A = U \cup V$, 这与 A 连通矛盾!

充分性: 设 $x, y \in \mathbb{R}$, $x < y$. 因为开区间 (x,y), $(-\infty, x)$, $(y, +\infty)$ 均与 $\mathbb{R}$ 同胚, 故由例 4.3.3(2) 及定理 4.3.9 知它们均连通. 又因为 $(x,y) \subseteq (x,y] \subseteq [x,y] = \overline{(x,y)}$, 故由命题 4.3.7 知区间 $(x,y]$ 和 $[x,y]$ 连通. 同理可证其余形式的区间均连通. □

定理 4.3.11 (连续函数介值定理) 设 X 是连通空间, $f: X \to \mathbb{R}$ 连续. 若存在 $x, y \in X$ 使 $f(x) < \mu < f(y)$, 则有 $z \in X$ 使 $f(z) = \mu$.

证明 由定理 4.3.9 及定理 4.3.10 知 $f(X)$ 为 $\mathbb{R}$ 中的区间. 从而 $\mu \in [f(x), f(y)] \subseteq f(X)$. 故存在 $z \in X$ 使 $f(z) = \mu$. □

显然, 定理 4.3.11 是微积分中的介值定理的推广.

引理 4.3.12 若拓扑空间 X 有一个由连通子集构成的覆盖 $\mathcal{U} = \{Y_\alpha \mid \alpha \in J\}$ 且有一连通子集 Y, 它与 $\mathcal{U}$ 中每个成员都相交, 则 X 是连通空间.

证明 设 A 是 X 的既开又闭的子集. 下证 $A = \varnothing$ 或 $A = X$. 由 Y 是 X 的连通子集及引理 4.3.6 知 $A \cap Y = \varnothing$ 或 $Y \subseteq A$.

(i) 若 $A \cap Y = \varnothing$, 则因为 Y 与 $\mathcal{U}$ 中每个成员都相交, 故对任意 $Y_\alpha \in \mathcal{U}$, $Y_\alpha \nsubseteq A$. 从而由引理 4.3.6 知 $A \cap Y_\alpha = \varnothing$. 于是

$$A = X \cap A = \left(\bigcup_{\alpha \in J} Y_\alpha\right) \cap A = \bigcup_{\alpha \in J} (Y_\alpha \cap A) = \varnothing.$$

(ii) 若 $Y \subseteq A$, 则由 Y 与 $\mathcal{U}$ 中每个成员都相交知, 对任意 $Y_\alpha \in \mathcal{U}$, $Y_\alpha \cap A \neq \varnothing$. 从而由引理 4.3.6 知 $Y_\alpha \subseteq A$. 于是 $X = \bigcup_{\alpha \in J} Y_\alpha \subseteq A \subseteq X$. 这说明 $A = X$.

综上可知 X 没有既开又闭的非空真子集, 由定理 4.3.2 知 X 是连通空间. □

推论 4.3.13 有共同交点的连通集族之并是连通的.

证明 在相交的连通集族中任取一个作为引理 4.3.12 中的 Y, 运用引理 4.3.12 即得. □

定理 4.3.14 设 X 和 Y 是连通空间. 则积空间 $X \times Y$ 是连通空间.

证明 设 X 和 Y 是连通空间. 对任意 $y \in Y$, 由 X 连通且 $X \times \{y\}$ 与 X 同胚知, $X \times \{y\}$ 是连通的. 从而 $\{X \times \{y\} \mid y \in Y\}$ 是积空间 $X \times Y$ 的一个由连通子集构成的覆盖. 取 $x_0 \in X$. 由 Y 连通且 $\{x_0\} \times Y$ 与 Y 同胚知 $\{x_0\} \times Y$ 是连通的. 因为 $\{x_0\} \times Y$ 与 $\{X \times \{y\} \mid y \in Y\}$ 的每个成员都相交, 故由引理 4.3.12 知 $X \times Y$ 是连通空间. □

定理 4.3.14 说明连通性是有限可乘性质. 从而由例 4.3.3 知欧氏平面 $\mathbb{R}^2$ 是连通空间.

定义 4.3.15 设 X 为拓扑空间, $x, y \in X$. 若 X 中存在包含 x, y 的连通子集, 则称点 x, y 是**连通的**.

命题 4.3.16 拓扑空间 X 中点的连通关系是一个等价关系.

证明 证明是直接的, 读者可作为练习自证. □

定义 4.3.17 拓扑空间 X 关于点的连通关系的每个等价类称为 X 的**连通分支**.

命题 4.3.18 设 C 为拓扑空间 X 的连通分支. 则

(1) 若 Y 是 X 的连通子集且 $Y \cap C \neq \varnothing$, 则 $Y \subseteq C$;

(2) C 是 X 的极大连通子集;

(3) C 是 X 的闭子集.

证明 (1) 由 $Y \cap C \neq \varnothing$ 知存在 $x_0 \in Y \cap C$. 对任意 $y \in Y$, 由 Y 是 X 的连通子集及定义 4.3.15 知点 x_0, y 是连通的. 因为 $x_0 \in C$ 且 C 为空间 X 的连通分支, 故 $y \in C$, 从而 $Y \subseteq C$.

(2) 取 $x_0 \in C$. 则对任意 $y \in C$, 由 C 为空间 X 的连通分支知, 存在 X 的连通子集 Y_y 使 $x_0, y \in Y_y$. 从而由 (1) 知 $Y_y \subseteq C$. 易见 $C = \bigcup_{y \in C} Y_y$ 且 $x_0 \in \bigcap_{y \in C} Y_y$. 由推论 4.3.13 知 C 是 X 的连通子集. 而 C 的极大性由 (1) 直接可得.

(3) 由 (2) 知 C 是 X 的极大连通子集. 因为 C 连通, 由推论 4.3.8 知 $\overline{C}$ 是连通的. 于是由 C 的极大性知 $C = \overline{C}$, 这说明 C 是闭集. □

对一个空间而言, 连通性是一个有用的性质. 但在某些场合下, 空间局部地满足连通性条件也值得探讨.

定义 4.3.19 设 X 为拓扑空间, $x \in X$. 若对于 x 的任意邻域 U, 存在 x 的一个连通邻域 V 包含于 U, 则称空间 X **在点 x 处局部连通**. 若空间 X 在它的每个点处都是局部连通的, 则称空间 X 是**局部连通空间**.

例 4.3.20 (1) 设实数集 $\mathbb{R}$ 上赋予通常拓扑 $\mathcal{T}_e$. 则 $(\mathbb{R}, \mathcal{T}_e)$ 的子空间 $[-1,0) \cup (0,1]$ 是不连通的, 但它是局部连通的.

(2) 设欧氏平面 $\mathbb{R}^2$ 的子集 $S = \left\{ \left(x, \sin\dfrac{1}{x} \right) \,\middle|\, 0 < x \leqslant 1 \right\}$. 因为 S 是 $\mathbb{R}$ 的连通子集 $(0,1]$ 在一个连续映射下的像, 故 S 是欧氏平面 $\mathbb{R}^2$ 的连通子集. 由推论 4.3.8 知集 S 的闭包 $\overline{S} = S \cup \{(0,y) \mid -1 \leqslant y \leqslant 1\}$ 也是 $\mathbb{R}^2$ 的连通子集. 但是可以证明 $\overline{S}$ 作为 $\mathbb{R}^2$ 的子空间不是局部连通的. 这里的集合 $\overline{S}$ 是拓扑学中的一个经典例子, 称为**拓扑学家的正弦曲线**.

例 4.3.20 说明拓扑空间的连通性与局部连通性互不蕴涵.

习题 4.3

1. 设 X 是拓扑空间, $\{0,1\}$ 是含两个点的离散空间. 证明: 拓扑空间 X 连通当且仅当不存在满的连续映射 $f: X \to \{0,1\}$.

2. 证明: 单位圆周 S^1 连通.

3. 证明: 欧氏平面 $\mathbb{R}^2$ 的子集 $\mathbb{R}^2 - \{(0,0)\}$ 是 $\mathbb{R}^2$ 的连通子集.

4. 证明: 欧氏平面 $\mathbb{R}^2$ 与实直线 $\mathbb{R}$ 不同胚.

5. 设 $\mathcal{T}_1, \mathcal{T}_2$ 是集 X 上的两个拓扑, $\mathcal{T}_1 \subseteq \mathcal{T}_2$. 证明: 若空间 $(X, \mathcal{T}_2)$ 是连通的, 则空间 $(X, \mathcal{T}_1)$ 也是连通的.

6. 设 $\{X_j\}_{j\in J}$ 是一族非空的拓扑空间. 证明: 积空间 $\prod_{j\in J} X_j$ 连通当且仅当对任意 $j \in J$, X_j 连通.

7. 证明每个连续映射 $f:[0,1]\to[0,1]$ 有不动点, 即存在 $x\in[0,1]$ 使 $f(x)=x$.

8. 设 $f: S^1 \to \mathbb{R}$ 连续. 证明: 存在 $z\in S^1$ 使 $f(z)=f(-z)$, 其中 $-z$ 表示 z 的对径点.

9. 举例说明: 拓扑空间的连通分支不必是开集.

10. 证明: 局部连通空间的开子空间是局部连通空间.

11. 证明: 局部连通空间的连通分支是既开又闭的.

12. 设 $f: X\to Y$ 是连续开映射, X 是局部连通空间. 证明 $f(X)$ 作为 Y 的子空间是局部连通的, 从而局部连通性是拓扑性质.

13. 设 X 和 Y 是局部连通空间. 证明积空间 $X\times Y$ 是局部连通空间.

4.4 道路连通性与道路连通空间

先介绍道路的概念, 然后再加强连通性引入道路连通概念.

4.4.1 道路与曲线

定义 4.4.1 设 X 为拓扑空间. 任一从单位闭区间 $I=[0,1]$ 到 X 的连续映射 α 均称为 X 的一条**道路**(图 4.1), 点 $\alpha(0)$, $\alpha(1)$ 分别称为道路 α 的**起点**和**终点**. 当 $\alpha(0)=\alpha(1)$ 时, 称 α 为一条**闭路**. 闭路的起点称为它的**基点**.

任一道路的像集 $\alpha(I)$ 均称为 X 中的**曲线**.

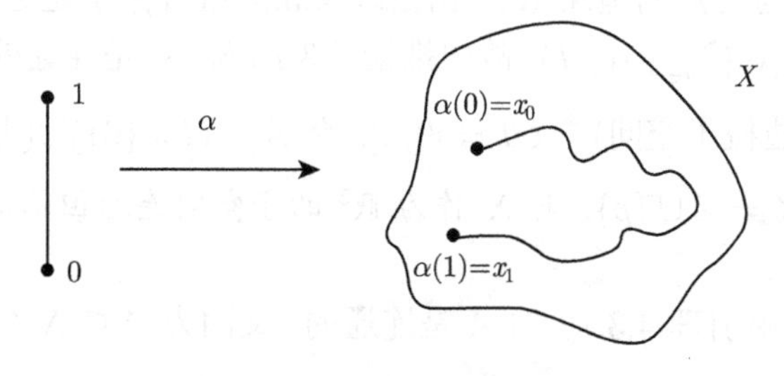

图 4.1 道路和曲线

注意道路是映射, 而曲线是空间的子集. 更值得知道的是曲线不必真的是“线”, 它可以是空间的非常复杂的子集. 例如 (见 [12]), 圆盘和球面上都有这样的曲线, 它能够充满整个空间, 或说圆盘和球面上都有道路为满映射.

定义 4.4.2 设 α 为拓扑空间 X 的一条道路. 若 $\alpha^*: I\to X$ 满足对任意 $t\in I$, $\alpha^*(t)=\alpha(1-t)$, 则称 α^* 为 α 的**逆道路**.

显然, α^* 与 α 的起点和终点互换了, 但像集不变.

定义 4.4.3　设 α, β 均为拓扑空间 X 的道路. 若 $\alpha(1)=\beta(0)$, 则定义 $\alpha*\beta: I\to X$ 如下:

$$\alpha*\beta(t)=\begin{cases}\alpha(2t), & t\in\left[0,\dfrac{1}{2}\right],\\ \beta(2t-1), & t\in\left[\dfrac{1}{2},1\right].\end{cases}$$

由粘接引理(定理 3.1.12) 知映射 $\alpha*\beta: I\to X$ 是连续的, 从而也是 X 的道路. 称 $\alpha*\beta$ 是道路 α 与 β 的积, 简记 $\alpha*\beta$ 为 $\alpha\beta$.

4.4.2　道路连通空间与道路连通分支

定义 4.4.4　若拓扑空间 X 中任意两点 x, y 都存在 X 的道路以 x 为起点, y 为终点, 则称 X 具有**道路连通性**, 也称 X 为**道路连通空间**. 若 X 的子集 A 作为子空间是道路连通的, 则称 A 是 X 的**道路连通子集**.

$\mathbb{R}^n$ 中的集 X 称为**凸集**, 如果 X 包含以 X 的点为端点的任一线段.

例 4.4.5　(1) 单点空间、平庸拓扑空间是道路连通的, 多于一个点的离散拓扑空间都不是道路连通的.

(2) 实直线 $\mathbb{R}$ 是道路连通的. 因为对任意 $x, y\in\mathbb{R}$, 定义 $\alpha: I\to\mathbb{R}$ 为 $\alpha(t)=x+(y-x)t, t\in I$. 易见 α 为实直线 $\mathbb{R}$ 的以 x 为起点, y 为终点的道路.

(3) $\mathbb{R}^n$ 中任一凸集是道路连通的. 特别地, 实直线 $\mathbb{R}$ 中任一区间是道路连通的.

命题 4.4.6　道路连通空间都是连通的.

证明　设 X 为道路连通空间. 取定 $x_0\in X$. 则对任意 $y\in X$, 存在 X 的以 x_0 为起点, y 为终点的道路 α_y. 由定理 4.3.9 知 $\alpha_y(I)$ 是连通的. 因为 $X=\bigcup_{y\in X}\alpha_y(I)$ 且 $x_0\in\bigcap_{y\in X}\alpha_y(I)$, 故由推论 4.3.13 知 X 是连通的. □

例 4.4.7 (缺边梳子空间)　设 $I=[0,1]$. 令 $A=(I\times\{0\})\cup\bigcup_{n=1}^{\infty}\left(\left\{\dfrac{1}{n}\right\}\times I\right)$, $p=(0,1)\in\mathbb{R}^2$, $X=A\cup\{p\}$. 则 X 作为 $\mathbb{R}^2$ 的子空间连通但不道路连通, 故命题 4.4.6 的逆不成立.

证明　首先, 由引理 4.3.12 知 A 是连通的. 又因为 $A\subseteq X\subseteq\overline{A}$, 由命题 4.3.7 知 X 连通.

取 $q\in A\subseteq X$. 下面用反证法说明不存在 X 的道路以 p 为起点, q 为终点. 为此, 假设存在连续映射 $\alpha: I\to X$ 使 $\alpha(0)=p=(0,1)$, $\alpha(1)=q$. 令 $H=\alpha^{-1}(\{p\})$. 下面证明 H 是 I 的既开又闭非空真子集, 从而与 I 的连通性矛盾.

由 $\{p\}$ 是闭的及 α 连续知, H 为 I 的闭集且 $0\in H$. 下证 H 也为 I 的开集. 取 p 在 $\mathbb{R}^2$ 中的邻域 V 使 $V\cap(I\times\{0\})=\varnothing$. 则对任意 $t\in H$, 由 α 连续及例

2.6.4 (1) 知, 存在 $\varepsilon > 0$ 使 $t \in U = (t-\varepsilon, t+\varepsilon) \cap I$ 且 $\alpha(U) \subseteq V$. 因为 U 仍为实直线 $\mathbb{R}$ 的区间, 故连通. 从而由定理 4.3.9 知 $\alpha(U)$ 连通. 我们断言 $t \in U \subseteq H$, 从而由 $t \in H$ 的任意性知 H 是 I 的开子集. 若不然, 则存在 $t_0 \in U$ 使 $\alpha(t_0) \neq p$, 从而存在正整数 n_0 使 $\alpha(t_0) \in \left(\left\{\dfrac{1}{n_0}\right\} \times I\right)$. 取 $r \in \mathbb{R}$ 使 $\dfrac{1}{n_0+1} < r < \dfrac{1}{n_0}$. 令

$$F = \alpha(U) \cap ((-\infty, r) \times \mathbb{R}), \qquad K = \alpha(U) \cap ((r, +\infty) \times \mathbb{R}).$$

易见 $\alpha(U) = F \cup K$, $p = (0,1) = \alpha(t) \in F$, $\alpha(t_0) \in K$, 故 F 和 K 是 $\alpha(U)$ 的非空不交开集, 这与 $\alpha(U)$ 的连通性矛盾! 从而 H 是 I 的既开又闭的非空真子集. □

定理 4.4.8 (1) 道路连通空间的连续像是道路连通的;

(2) 任意一族道路连通空间的积空间是道路连通的.

证明 (1) 设 X 是道路连通的, $f: X \to Y$ 是连续映射. 对于 $f(X)$ 中的任意两点 y_1, y_2, 存在 $x_1, x_2 \in X$ 使 $f(x_1) = y_1$, $f(x_2) = y_2$. 由 X 是道路连通的知, 存在连续映射 $\alpha: I \to X$ 使 $\alpha(0) = x_1$, $\alpha(1) = x_2$. 从而 $f \circ \alpha: I \to Y$ 是 $f(X)$ 中以 y_1 为起点, y_2 为终点的道路. 故 $f(X)$ 是道路连通的.

(2) 设 $\{X_j\}_{j \in J}$ 是一族道路连通空间, $x = (x_j)_{j \in J}$, $y = (y_j)_{j \in J} \in \prod_{j \in J} X_j$. 对任意 $j \in J$, 由 X_j 是道路连通的知, 存在连续映射 $\alpha_j: I \to X_j$ 使 $\alpha_j(0) = x_j$, $\alpha_j(1) = y_j$. 定义 $\alpha: I \to \prod_{j \in J} X_j$ 使对任意 $t \in I$, $\alpha(t) = (\alpha_j(t))_{j \in J}$. 由 α 的各个分量均连续 (习题 3.2 题 4) 知, α 是连续的且 $\alpha(0) = (\alpha_j(0))_{j \in J} = (x_j)_{j \in J} = x$, $\alpha(1) = (\alpha_j(1))_{j \in J} = (y_j)_{j \in J} = y$. 从而积空间 $\prod_{j \in J} X_j$ 是道路连通的. □

定理 4.4.8 (1) 说明道路连通性是拓扑不变性质.

类似于连通空间的情形, 可以给出道路连通分支的概念.

定义 4.4.9 拓扑空间 X 上可定义一个二元关系 R: 对任意 $x, y \in X$, $xRy \Longleftrightarrow$ 存在连接 x, y 的道路. 由道路的运算易见 R 是 X 上的一个等价关系. X 关于 R 的每个等价类称为 X 的**道路连通分支**.

例 4.4.10 拓扑空间的道路连通分支与连通分支不同, 它未必是闭集. 例如, 在拓扑学家的正弦曲线 (参见例 4.3.20 (2)) 这一例子中, S 是 $\overline{S}$ 的道路连通分支, 但它不是 $\overline{S}$ 的闭集, 而是 $\overline{S}$ 的开集.

习题 4.4

1. 设 X 是拓扑空间, $x_0 \in X$. 证明: X 是道路连通的当且仅当任意 $y \in X$ 都有道路与 x_0 相连.

2. 证明: 实直线 $\mathbb{R}$ 的子集 A 道路连通当且仅当 A 连通.

3. 设 $\{A_j \mid j \in J\}$ 是拓扑空间 X 的一族道路连通子集. 证明: 若 $\bigcap_{j \in J} A_j \neq \varnothing$, 则 $\bigcup_{j \in J} A_j$ 是道路连通的.

4. 设 A 为欧氏平面 $\mathbb{R}^2$ 的一个可数子集. 证明: $\mathbb{R}^2 - A$ 是道路连通的.

5. 设 $S=\left\{\left(x, \sin \frac{1}{x}\right) \middle| 0<x \leqslant 1\right\}, \overline{S}=S \cup\{(0, y) \mid-1 \leqslant y \leqslant 1\}$ 为拓扑学家正弦曲线. 证明: $\overline{S}$ 不是道路连通的, 说明道路连通分支与连通分支互不蕴涵.

6. 证明: 欧氏空间 $\mathbb{R}^n$ 的连通开集都是道路连通集.

4.5 分离性与 T_i 空间

本节要介绍 $T_i\left(i=0,1,2,3,3\frac{1}{2},4\right)$ 空间、正则空间、完全正则空间和正规空间. 称这些空间相应具有 $T_i\left(i=0,1,2,3,3\frac{1}{2},4\right)$ 分离性、正则性、完全正则性和正规性.

拓扑空间中收敛序列极限往往不唯一, 原因在于一般拓扑空间的点与点之间可能缺乏应有的分离性. 为此, 我们首先引入点与点之间用开集分离的至少三种分离性.

定义 4.5.1　若对拓扑空间 X 中任意两个不同的点, 存在其中一点的开邻域不包含另外一点, 即 $\forall x, y \in X$, 若 $x \neq y$, 存在 x 的开邻域 U 使 $y \notin U$, 或存在 y 的开邻域 V 使 $x \notin V$, 如图 4.2 所示, 则称 X 为 T_0 空间.

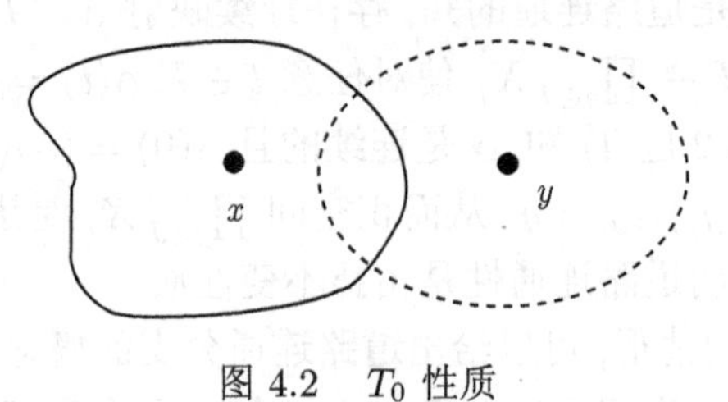

图 4.2　T_0 性质

定义 4.5.2　若对拓扑空间 X 中任意两个不同的点, 都各自存在开邻域不包含另外一点, 即 $\forall x, y \in X$, 若 $x \neq y$, 存在 x 的开邻域 U 及 y 的开邻域 V 使 $y \notin U$ 且 $x \notin V$, 如图 4.3 所示, 则称 X 为 T_1 空间.

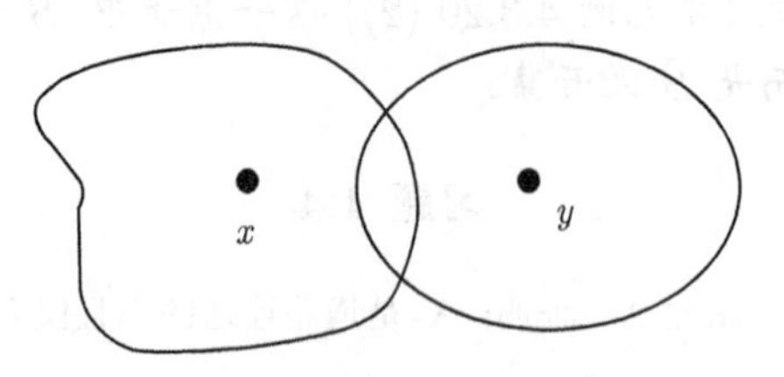

图 4.3　T_1 性质

定义 4.5.3　若对拓扑空间 X 中任意两个不同的点, 都各自存在开邻域使这两个开邻域不相交, 即 $\forall x, y \in X$, 若 $x \neq y$, 存在 x 的开邻域 U 及 y 的开邻域 V

使 $U\cap V=\varnothing$, 如图 4.4 所示, 则称 X 为 T_2 **空间**或 **Hausdorff 空间**.

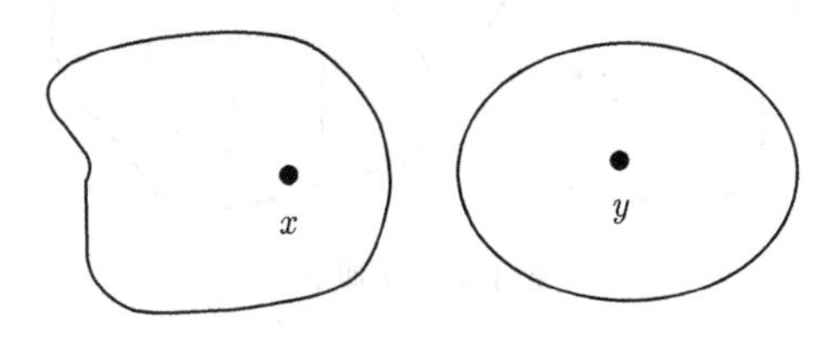

图 4.4　T_2 性质

显然, T_2 空间都是 T_1 空间, T_1 空间都是 T_0 空间.

例 4.5.4　(1) 多于一个点的平庸拓扑空间不是 T_0 空间.

(2) 设 $X=\{a,b\}$, $\mathcal{T}=\{X,\varnothing,\{a\}\}$. 则空间 $(X,\mathcal{T})$ 是 T_0 空间, 但不是 T_1 空间.

(3) 实数集 $\mathbb{R}$ 上赋予有限余拓扑 $\mathcal{T}_f$ 所得空间 $(\mathbb{R},\mathcal{T}_f)$ 是 T_1 空间, 但不是 T_2 空间.

(4) 度量空间 $(X,\mathcal{T}_d)$ 都是 T_2 空间. 若 $x,y\in X$, $x\neq y$, 则 $\delta=\dfrac{d(x,y)}{3}>0$. 因 $B(x,\delta)$ 和 $B(y,\delta)$ 分别是 x 和 y 的不交开邻域, 故 $(X,\mathcal{T}_d)$ 是 T_2 空间.

定理 4.5.5　拓扑空间 X 是 T_1 空间当且仅当 X 中的单点集都是闭集.

证明　必要性: 设 $x\in X$. 由 X 是 T_1 空间知, 对任意 $y\neq x$, 存在 y 的开邻域 V 使 $x\notin V$. 从而 $y\notin\overline{\{x\}}$. 这说明 $\overline{\{x\}}=\{x\}$.

充分性: 设 X 的单点集都是闭集. 若 $x,y\in X$, $x\neq y$, 则 $U=X-\{y\}$ 为 x 的开邻域不含 y, $V=X-\{x\}$ 是 y 的开邻域不含 x. 由定义 4.5.2 知, X 是 T_1 空间. □

下面将讨论更强的分离性. 为此, 先将点的邻域的定义推广到集合的邻域.

定义 4.5.6　设 X 是拓扑空间, $A,U\subseteq X$. 若 U 是 A 中每点的邻域, 则称 U 是 A 的一个**邻域**. 特别地, 若 U 是 A 的邻域且 U 是开集 (闭集), 则称 U 是 A 的一个**开邻域**(**闭邻域**).

定义 4.5.7　设 X 是拓扑空间. 若对 X 中任一点 x 及不含 x 的闭集 A, 存在 x 的开邻域 U 和 A 的开邻域 V 使 $U\cap V=\varnothing$ (图 4.5), 则称 X 为**正则空间**. T_1 的正则空间称为 T_3 **空间**.

定义 4.5.8　设 X 是拓扑空间. 若对 X 中任意不相交闭集 A,B, 存在 A 的开邻域 U 和 B 的开邻域 V 使 $U\cap V=\varnothing$ (图 4.6), 则称 X 为**正规空间**. T_1 的正规空间称为 T_4 **空间**.

显然, T_4 空间都是 T_3 的, T_3 空间都是 T_2 的. T_3 空间而非 T_4 的例子可见例 4.5.24.

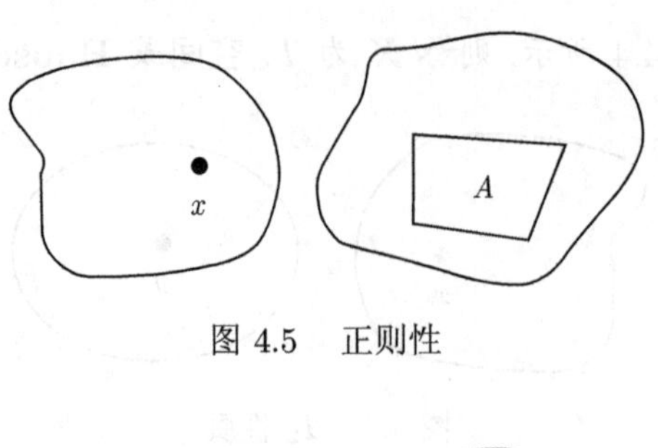

图 4.5 正则性

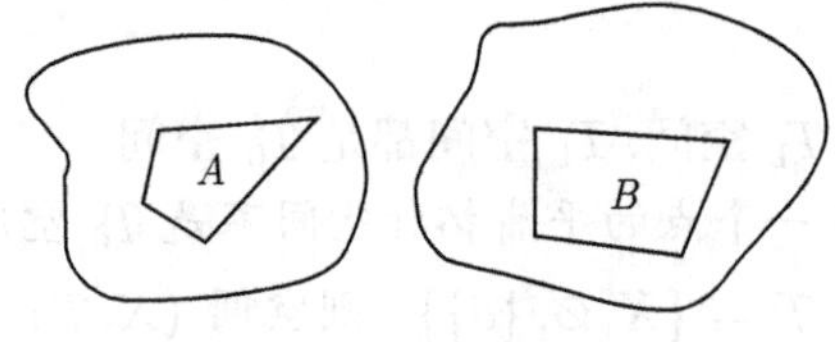

图 4.6 正规性

注 4.5.9 正规空间未必是正则的, 正则空间未必是 T_2 的, 均因单点集未必是闭集.

定理 4.5.10 设 X 是拓扑空间. 则 X 是正则空间当且仅当对任意 $x \in X$ 及包含 x 的开邻域 U, 存在 x 的开邻域 V 使 $x \in V \subseteq \overline{V} \subseteq U$.

证明 必要性: 设 X 是正则空间. 对任意 $x \in X$ 及包含 x 的开邻域 U, 令 $A = X - U$. 则 A 是闭集且 $x \notin A$. 由 X 是正则空间知, 存在点 x 的开邻域 V 和 A 的开邻域 W 使 $V \cap W = \varnothing$. 从而 $x \in V \subseteq \overline{V} \subseteq X - W \subseteq X - A = U$.

充分性: 对 X 中任意一点 x 及不包含 x 的闭集 A, 显然集 $U = X - A$ 是 x 的一个开邻域. 从而存在 x 的开邻域 V 使 $x \in V \subseteq \overline{V} \subseteq U$. 令 $W = X - \overline{V}$. 则 W 是 A 的一个开邻域且 $V \cap W = \varnothing$. 由定义 4.5.7 知 X 是正则空间. □

定理 4.5.11 设 X 是拓扑空间. 则 X 是正规空间当且仅当对 X 的任意闭子集 A 及包含 A 的开邻域 U, 存在 A 的开邻域 V 使 $A \subseteq V \subseteq \overline{V} \subseteq U$.

证明 证明过程与定理 4.5.10 类似, 读者可作为练习自证. □

注 4.5.12 由于拓扑空间的分离性 T_0, T_1, T_2, T_3 和 T_4 都是利用开集和闭集描述的, 容易验证它们都是拓扑不变性质.

拓扑空间的 T_0, T_1, T_2, T_3 和 T_4 性描述了空间的邻域分离性质, 下面介绍拓扑空间的另一种分离性质——函数分离.

定义 4.5.13 设 X 是拓扑空间, $x, y \in X$. 若存在连续映射 $f: X \to [0,1]$ 使 $f(x) = 0, f(y) = 1$, 则称点 x, y 能用**连续函数分离**.

定义 4.5.14 设 X 是拓扑空间, $A, B \subseteq X$. 若存在连续映射 $f: X \to [0,1]$ 使对任意 $x \in A$ 有 $f(x) = 0$ 且对任意 $y \in B$ 有 $f(y) = 1$, 则称 A, B 能用**连续函数分离**.

注 4.5.15 因为实直线 $\mathbb{R}$ 的任意闭区间 $[a,b]$ 与单位闭区间 $[0,1]$ 同胚, 故定义 4.5.13 和定义 4.5.14 中的单位闭区间 $[0,1]$ 可换为任意闭区间 $[a,b]$.

引理 4.5.16 (Urysohn 引理) 设 X 是拓扑空间. 则 X 是正规空间当且仅当 X 中任意两个不相交的闭集能用连续函数分离.

证明 必要性: 设 X 是正规空间, A 和 B 是 X 中任意两个不相交的闭集. 令 $\mathbb{Q}_I=\mathbb{Q}\cap[0,1]$ 是单位闭区间 $I=[0,1]$ 中的全体有理数构成的集合. 因为 $\mathbb{Q}_I$ 是可数无限集, 故可将 $\mathbb{Q}_I$ 排列为 $\mathbb{Q}_I=\{r_1,r_2,\cdots,r_n,\cdots\}$, $n\in\mathbb{Z}_+$. 不妨设 $r_1=1$, $r_2=0$. 下面归纳构造 X 的一列开集 $\{U_{r_n}\}_{r_n\in\mathbb{Q}_I}$ 满足以下条件:

(1) $r_n<r_m\Longrightarrow\overline{U_{r_n}}\subseteq U_{r_m}$;

(2) $A\subseteq U_{r_2}$, $U_{r_1}\subseteq X-B$.

首先, 令 $U_{r_1}=X-B$ 为 X 的一个开集. 因为 $A\subseteq X-B=U_{r_1}$, 由 X 是正规空间及定理 4.5.11 知, 存在 A 的开邻域 U_0 使 $A\subseteq U_0\subseteq\overline{U_0}\subseteq U_{r_1}$. 令 $U_{r_2}=U_0$. 显然, $\{U_{r_1},U_{r_2}\}$ 满足条件 (1) 和 (2).

假设 $U_{r_1},U_{r_2},\cdots,U_{r_{n-1}}$ 已经定义并满足条件 (1) 和 (2), 下面构造 U_{r_n}. 令

$$s=\max\{r_i\mid r_i<r_n,i=1,2,\cdots,n\},\quad t=\min\{r_i\mid r_i>r_n,i=1,2,\cdots,n\}.$$

显然, $s<r_n<t$. 由假设知 $\overline{U_s}\subseteq U_t$. 从而由 X 是正规空间及定理 4.5.11 知, 存在 $\overline{U_s}$ 的开邻域 U_{r_n} 使 $\overline{U_s}\subseteq U_{r_n}\subseteq\overline{U_{r_n}}\subseteq U_t$. 显然, $U_{r_1},U_{r_2},\cdots,U_{r_{n-1}},U_{r_n}$ 已经定义并满足条件 (1) 和 (2).

根据归纳法知, 存在 X 的一列开集 $\{U_{r_n}\}_{r_n\in\mathbb{Q}_I}$ 满足条件 (1) 和 (2).

下面定义映射 $f:X\to[0,1]$ 为 (图 4.7)

$$f(x)=\begin{cases}\inf\{r\in\mathbb{Q}_I\mid x\in U_r\}, & x\in X-B=U_1=U_{r_1},\\ 1, & x\in B.\end{cases}$$

显然 f 的定义有意义, 并且对任意 $x\in A$ 有 $f(x)=0$, 对任意 $y\in B$ 有 $f(y)=1$. 下面证 f 是连续映射. 由例 2.6.8 和定理 3.1.7 易知 $\mathcal{W}_I=\{(a,1]\mid a\in[0,1)\}\cup\{[0,b)\mid b\in(0,1]\}$ 是 $I=[0,1]$ 的一个子基. 从而由定理 2.7.4 (5) 知, 为验证 f 的连续性只要验证下面的 (i) 和 (ii) 即可.

(i) 对任意 $a\in[0,1)$, 集 $f^{-1}((a,1])$ 是 X 的一个开集: 因为对任意 $a\in[0,1)$,

$$\begin{aligned}x\in f^{-1}((a,1])&\Longleftrightarrow a<f(x)\leqslant 1\\&\Longleftrightarrow a<\inf\{r\in\mathbb{Q}_I\mid x\in U_r\}\text{或}x\in B\\&\Longleftrightarrow \text{存在}r\in\mathbb{Q}_I\text{使}a<r,x\notin\overline{U_r}(\text{即}x\in X-\overline{U_r})\text{或}x\in B.\end{aligned}$$

从而

$$f^{-1}((a,1])=\bigcup_{a<r,r\in\mathbb{Q}_I}(X-\overline{U_r})\cup B=\bigcup_{a<r,r\in\mathbb{Q}_I}(X-\overline{U_r})\text{为 }X\text{ 的一个开集}.$$

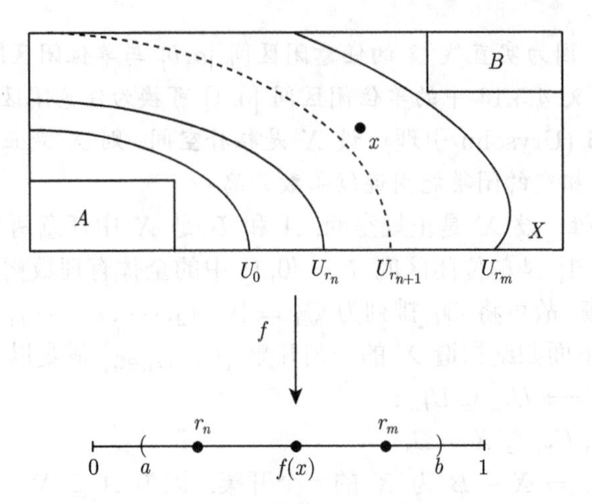

图 4.7 Urysohn 引理中的函数构造

(ii) 对任意 $b \in (0,1]$, 集 $f^{-1}([0,b))$ 是 X 的一个开集: 因为对任意 $b \in (0,1]$,

$$\begin{aligned} x \in f^{-1}([0,b)) &\Longleftrightarrow 0 \leqslant f(x) < b \\ &\Longleftrightarrow \inf\{r \in \mathbb{Q}_I \mid x \in U_r\} < b \\ &\Longleftrightarrow \text{存在 } r \in \mathbb{Q}_I \text{ 使 } r < b, x \in U_r. \end{aligned}$$

从而 $f^{-1}([0,b)) = \bigcup_{r<b, r\in\mathbb{Q}_I} U_r$ 为 X 的一个开集.

综合 (i)(ii) 和定理 2.7.4(5) 知 f 是连续映射.

充分性: 设 A 和 B 是 X 中任意两个不相交的闭集. 则由条件知存在连续映射 $f: X \to [0,1]$ 使对任意 $x \in A$ 有 $f(x) = 0$ 且对任意 $y \in B$ 有 $f(y) = 1$. 因为 $\left[0, \frac{1}{2}\right)$ 和 $\left(\frac{1}{2}, 1\right]$ 是 $[0,1]$ 上两个不相交的开集. 从而 $U = f^{-1}\left(\left[0, \frac{1}{2}\right)\right)$ 和 $V = f^{-1}\left(\left(\frac{1}{2}, 1\right]\right)$ 是 X 中两个不相交的开集, 且 $A \subseteq U$, $B \subseteq V$. 由定义 4.5.8 知 X 是正规空间. □

作为 Urysohn 引理的一个应用, 我们介绍 Tietze 扩张定理, 其核心思想是将定义在空间 X 的一个子空间上的实值连续函数扩张成定义在整个空间 X 上的连续函数. 在证明 Tietze 扩张定理之前, 先给出一个重要引理.

引理 4.5.17 设 X 是正规空间, A 是 X 的闭集, 实数 $\lambda > 0$. 则对任意连续映射 $f: A \to [-\lambda, \lambda]$, 存在一个连续映射 $f^*: X \to \left[-\frac{\lambda}{3}, \frac{\lambda}{3}\right]$, 使对任意 $a \in A$, $|f(a) - f^*(a)| \leqslant \frac{2\lambda}{3}$.

证明 令 $P = \left[-\lambda, -\frac{\lambda}{3}\right]$, $Q = \left[\frac{\lambda}{3}, \lambda\right]$. 由 P, Q 是 $[-\lambda, \lambda]$ 中两个不相交的闭集及 f 连续知, $f^{-1}(P)$ 与 $f^{-1}(Q)$ 为 X 的闭子空间 A 中两个不相交的闭

集. 从而 $f^{-1}(P)$ 与 $f^{-1}(Q)$ 也是 X 中两个不相交的闭集. 由 X 是正规空间及 Urysohn 引理 (引理 4.5.16) 知, 存在连续映射 $f^*: X \to \left[-\frac{\lambda}{3}, \frac{\lambda}{3}\right]$, 使对任意 $x \in f^{-1}(P)$ 有 $f^*(x) = -\frac{\lambda}{3}$ 且对任意 $y \in f^{-1}(Q)$ 有 $f^*(y) = \frac{\lambda}{3}$. 设 $a \in A$.

(i) 若 $a \in f^{-1}(P)$, 则 $f(a) \in P = \left[-\lambda, -\frac{\lambda}{3}\right]$, $f^*(a) = -\frac{\lambda}{3}$. 故

$$0 \leqslant f^*(a) - f(a) \leqslant \frac{2\lambda}{3}.$$

(ii) 若 $a \in f^{-1}(Q)$, 则 $f(a) \in Q = \left[\frac{\lambda}{3}, \lambda\right]$, $f^*(a) = \frac{\lambda}{3}$. 故

$$0 \leqslant f(a) - f^*(a) \leqslant \frac{2\lambda}{3}.$$

(iii) 若 $a \in A - (f^{-1}(P) \cup f^{-1}(Q))$, 则 $f(a), f^*(a) \in \left[-\frac{\lambda}{3}, \frac{\lambda}{3}\right]$. 故

$$|f(a) - f^*(a)| \leqslant \frac{2\lambda}{3}.$$

综合 (i)—(iii) 知, 对任意 $a \in A$, $|f(a) - f^*(a)| \leqslant \frac{2\lambda}{3}$. □

定理 4.5.18 (Tietze 扩张定理) *设 X 是拓扑空间, $[a, b]$ 是实数集 $\mathbb{R}$ 的闭区间. 则 X 是正规空间当且仅当对 X 的任意闭子集 A 及任意连续映射 $f: A \to [a, b]$, 存在连续映射 $g: X \to [a, b]$ 是 f 的扩张.*

证明 由注 4.5.15 不妨设 $[a, b] = [-1, 1]$.

必要性: 设 X 是正规空间, A 是 X 的一个闭集, $f: A \to [-1, 1]$ 是一个连续映射. 由引理 4.5.17 知, 存在连续映射 $g_1: X \to \left[-\frac{1}{3}, \frac{1}{3}\right]$, 使对任意 $a \in A$, $|f(a) - g_1(a)| \leqslant \frac{2}{3}$. 令 $f_1 = f - g_1$. 因为 $f_1: A \to \left[-\frac{2}{3}, \frac{2}{3}\right]$ 是一个连续映射, 由引理 4.5.17 知, 存在连续映射 $g_2: X \to \left[-\frac{1}{3} \cdot \frac{2}{3}, \frac{1}{3} \cdot \frac{2}{3}\right]$, 使对任意 $a \in A$,

$$|f_1(a) - g_2(a)| = |f(a) - g_1(a) - g_2(a)| \leqslant \left(\frac{2}{3}\right)^2.$$

令 $f_2 = f - g_1 - g_2$, 用类似的方法可得到映射 g_3, 以此类推.

一般地, 根据归纳法原理得到了一列连续映射 $g_n: X \to \left[-\frac{1}{3} \cdot \left(\frac{2}{3}\right)^{n-1}, \frac{1}{3} \cdot \left(\frac{2}{3}\right)^{n-1}\right]$, 使对任意 $a \in A$,

$$|f(a) - g_1(a) - g_2(a) - \cdots - g_n(a)| \leqslant \left(\frac{2}{3}\right)^n.$$

对任意 $x \in X$, 令 $g(x)=\sum\limits_{n=1}^{\infty} g_n(x): X \to [-1,1]$. 因为对任意 $x \in X$ 及任意 $n \in \mathbb{Z}_+$ 有 $|g_n(x)| \leqslant \frac{1}{3} \cdot \left(\frac{2}{3}\right)^{n-1}$, 故由微积分中判定函数项级数一致收敛的 M-判别法知, 函数项级数 $\sum\limits_{n=1}^{\infty} g_n(x)$ 一致收敛于和函数 $g(x)$, 从而由 $g_n(n \in \mathbb{Z}_+)$ 连续知 $g(x)$ 是连续的.

最后证明映射 g 是 f 在 X 上的一个扩张. 设 $a \in A$. 令 $S_n(x)=\sum\limits_{i=1}^{n} g_n(x)$ 为函数项级数 $\sum\limits_{n=1}^{\infty} g_i(x)$ 的部分和函数列. 因为

$$|f(a)-S_n(a)|=|f(a)-g_1(a)-g_2(a)-\cdots-g_n(a)| \leqslant \left(\frac{2}{3}\right)^n \to 0 \quad (n \to \infty),$$

故 $f(a)=\lim\limits_{n\to\infty} S_n(a)=g(a)$.

充分性: 设 A 和 B 是 X 中任意两个不相交的闭集. 定义映射 $f: A \cup B \to [-1,1]$ 为

$$f(x)=\begin{cases} -1, & x \in A, \\ 1, & x \in B. \end{cases}$$

由粘接引理(定理 3.1.12) 知映射 f 是连续的. 从而由假设条件知, 存在 f 的连续扩张 $g: X \to [-1,1]$. 显然, 对任意 $x \in A$, $g(x)=f(x)=-1$, 对任意 $x \in B$, $g(x)=f(x)=1$. 于是由 Urysohn 引理 (引理 4.5.16) 知 X 是正规空间. □

注 4.5.19 (1) Urysohn 引理和 Tietze 扩张定理一般是作为正规空间的性质来使用的.

(2) Urysohn 引理和 Tietze 扩张定理从连续函数角度刻画了正规分离性, 因此它们是等价的. 实际上, Urysohn 引理是 Tietze 扩张定理的特殊情形.

现在, 我们介绍介于拓扑空间的 T_3 和 T_4 分离性之间的一种性质——$T_{3\frac{1}{2}}$ 分离性.

定义 4.5.20 设 X 是拓扑空间. 若对 X 中任意一点 x 及不包含 x 的闭集 A, 存在一个连续映射 $f: X \to [0,1]$ 使 $f(x)=1$ 且对任意 $y \in A$ 有 $f(y)=0$, 则称 X 为**完全正则空间**, T_1 的完全正则空间称为 $\boldsymbol{T_{3\frac{1}{2}}}$ **空间**或 **Tychonoff 空间**.

定理 4.5.21 (1) 完全正则空间的子空间是完全正则的;

(2) 完全正则空间的任意积空间是完全正则的.

证明 (1) 设 X 是完全正则空间, Y 是 X 的子空间. 对 Y 中任意一点 x 及不包含 x 的闭集 A, 有 $A=\mathrm{cl}_X(A) \cap Y$, 其中 $\mathrm{cl}_X(A)$ 为 A 在 X 中的闭包. 从而 $x \notin \mathrm{cl}_X(A)$. 于是由 X 是完全正则的知, 存在一个连续映射 $f: X \to [0,1]$ 使 $f(x)=1$ 且对任意 $y \in \mathrm{cl}_X(A)$ 有 $f(y)=0$. 令 $g=f|_Y: Y \to [0,1]$. 则 g 是连续

映射. 易见 $g(x)=f(x)=1$ 且对任意 $y\in A$, $g(y)=f(y)=0$. 从而由定义 4.5.20 知 Y 是完全正则的.

(2) 设 $X=\prod_{\alpha\in\Gamma}X_\alpha$ 为一族完全正则空间 $\{X_\alpha\}_{\alpha\in\Gamma}$ 的积空间. 设 $x=(x_\alpha)_{\alpha\in\Gamma}\in X$, A 是 X 中不包含 x 的闭集. 由 $x\in X-A$ 知, 存在 X 中的基元 $U=\bigcap_{i=1}^n {p_{\alpha_i}}^{-1}(U_{\alpha_i})$ 使 $x\in U\subseteq X-A$, 其中 U_{α_i} 是 X_{α_i} 的开集, $n\in\mathbb{Z}_+$. 故对任意 $i(1\leqslant i\leqslant n)$, 有 $x_{\alpha_i}\in U_{\alpha_i}$. 于是由 X_{α_i} 的完全正则性知, 存在连续映射 $f_{\alpha_i}:X_{\alpha_i}\to[0,1]$ 使 $f_{\alpha_i}(x_{\alpha_i})=1$, $f_{\alpha_i}(X_{\alpha_i}-U_{\alpha_i})=0$. 令 $\varphi_{\alpha_i}=f_{\alpha_i}\circ p_{\alpha_i}:X\to[0,1]$. 则 φ_{α_i} 连续且 $\varphi_{\alpha_i}(x)=1$. 定义映射 $f:X\to[0,1]$ 为对任意 $y\in X$, $f(y)=\varphi_{\alpha_1}(y)\varphi_{\alpha_2}(y)\cdots\varphi_{\alpha_n}(y)$. 易证 f 连续且 $f(x)=\varphi_{\alpha_1}(x)\varphi_{\alpha_2}(x)\cdots\varphi_{\alpha_n}(x)=1$. 对任意 $z=(z_\alpha)_{\alpha\in\Gamma}\in A$, 由 $z\notin U$ 知有 $j(1\leqslant j\leqslant n)$ 使 $z\notin p_{\alpha_j}^{-1}(U_{\alpha_j})$. 故 $z_{\alpha_j}\notin U_{\alpha_j}$, 从而 $\varphi_{\alpha_j}(z)=(f_{\alpha_j}\circ p_{\alpha_j})(z)=f_{\alpha_j}(z_{\alpha_j})=0$. 于是 $f(z)=\varphi_{\alpha_1}(z)\varphi_{\alpha_2}(z)\cdots\varphi_{\alpha_n}(z)=0$. 由定义 4.5.20 知 $X=\prod_{\alpha\in\Gamma}X_\alpha$ 是完全正则的. □

命题 4.5.22 完全正则空间都是正则空间, 从而 $T_{3\frac{1}{2}}$ 空间都是 T_3 空间.

证明 设 X 是完全正则空间. 则对 X 中任意一点 x 及不包含 x 的闭集 A, 存在一个连续映射 $f:X\to[0,1]$ 使 $f(x)=1$ 且对任意 $y\in A$ 有 $f(y)=0$. 从而 $f^{-1}\left(\left[0,\dfrac{1}{2}\right)\right)$ 和 $f^{-1}\left(\left(\dfrac{1}{2},1\right]\right)$ 分别是 A 和 x 的开邻域, 且互不相交. 由定义 4.5.7 知 X 是正则空间. □

文献 [4] 中的例 2.4.1 给出了不是完全正则的正则空间, 故命题 4.5.22 的逆命题不成立.

命题 4.5.23 若 X 是正则且正规的空间, 则 X 是完全正则空间, 从而 T_4 空间是 $T_{3\frac{1}{2}}$ 空间.

证明 设 $x\in X$, $B\subseteq X$ 为闭集, 且 $x\notin B$. 由 X 是正则空间得存在 x 的邻域 U, 使 $U\subseteq\overline{U}\subseteq X-B$. 令 $A=\overline{U}$, 则 A,B 是 X 中不交闭集, 从而由 X 是正规空间, 利用 Urysohn 引理 (引理 4.5.16) 得, 存在连续映射 $f:X\to[0,1]$ 使 $\forall x\in A$ 有 $f(x)=0$ 且 $\forall y\in B$ 有 $f(y)=1$, 由于 $x\in A$, 所以 $f(x)=0$, 这证明了 X 是完全正则空间. □

例 4.5.24 Sorgenfrey 平面 $\mathbb{R}_l^2$ 是完全正则空间, 但不是正规空间. 这说明完全正则空间不必正规.

定理 4.5.25 (Tychonoff 定理) 正则的 Lindelöf 空间是正规空间.

证明 设 X 是正则的 Lindelöf 空间. 对 X 中任意不相交的闭集 A, B, 由 $A\cap B=\varnothing$ 知, 对任意 $x\in A$, 有 $x\notin B$. 从而由 X 是正则的及定理 4.5.10 知, 存在 x 的开邻域 U_x 使 $x\in U_x\subseteq\overline{U_x}\subseteq X-B$. 显然 $\mathcal{A}=\{U_x\mid x\in A\}$ 为闭集 A 的一个开覆盖. 因为 Lindelöf 空间的闭子空间仍为 Lindelöf 空间, 故 A 的开覆盖

$\mathcal{A}$ 有可数子覆盖 $\{U_i \mid i \in \mathbb{Z}_+\}$ 且对任意 $i \in \mathbb{Z}_+, \overline{U_i} \cap B = \varnothing$. 同理, 闭集 B 也有一个可数开覆盖 $\{V_i \mid i \in \mathbb{Z}_+\}$ 且对任意 $i \in \mathbb{Z}_+, \overline{V_i} \cap A = \varnothing$.

对任意 $n \in \mathbb{Z}_+$, 令

$$U_n^* = U_n - \bigcup_{i=1}^{n} \overline{V_i}, \qquad V_n^* = V_n - \bigcup_{i=1}^{n} \overline{U_i}.$$

显然, U_n^*, V_n^* 都是开集. 并且可以断言对任意 $m, n \in \mathbb{Z}_+, U_n^* \cap V_m^* = \varnothing$. 因为对任意 $m, n \in \mathbb{Z}_+$, 不妨设 $m \leqslant n$. 因为 $V_m^* \subseteq V_m \subseteq \bigcup_{i=1}^{n} \overline{V_i}$, 故 $U_n^* \cap V_m^* = \varnothing$. 于是断言成立.

再令

$$U^* = \bigcup_{n \in \mathbb{Z}_+} U_n^*, \qquad V^* = \bigcup_{n \in \mathbb{Z}_+} V_n^*.$$

则 U^*, V^* 都是开集, 并且 $U^* \cap V^* = \varnothing$. 对任意 $x \in A$, 由 $\{U_i \mid i \in \mathbb{Z}_+\}$ 是 A 的可数开覆盖知, 存在 $k \in \mathbb{Z}_+$ 使 $x \in U_k$. 又因为对任意 $i \in \mathbb{Z}_+, \overline{V_i} \cap A = \varnothing$, 故 $x \in U_k - \bigcup_{i=1}^{k} \overline{V_i} = U_k^* \subseteq U^*$. 这说明 $A \subseteq U^*$. 同理可证 $B \subseteq V^*$. 从而 U^*, V^* 分别是 A 和 B 的开邻域, 且互不相交. 由定义 4.5.8 知 X 是正规空间. □

推论 4.5.26　设 X 是 A_2 空间. 则 X 是 T_3 空间当且仅当 X 是 T_4 空间.

证明　充分性是显然的. 必要性由定理 4.2.15 和定理 4.5.25 直接可得. □

下面研究将一个拓扑空间嵌入一个积空间的方法.

定义 4.5.27　设 X 是拓扑空间, $\{Y_\alpha\}_{\alpha\in\Gamma}$ 是一族拓扑空间, $\{f_\alpha : X \to Y_\alpha\}_{\alpha\in\Gamma}$ 是一族连续映射.

(1) 若任给 X 中不同的点 x, y, 存在 $\alpha \in \Gamma$ 使 $f_\alpha(x) \neq f_\alpha(y)$, 则称映射族 $\{f_\alpha\}_{\alpha\in\Gamma}$ **是分离点的**;

(2) 若任给 X 中闭集 F 及任意 $x \notin F$, 存在 $\alpha \in \Gamma$ 使 $f_\alpha(x) \notin \overline{f_\alpha(F)}$, 则称映射族 $\{f_\alpha\}_{\alpha\in\Gamma}$ **是分离点与闭集的**.

定理 4.5.28 (拓扑嵌入定理)　设 X 是拓扑空间, $\{Y_\alpha\}_{\alpha\in\Gamma}$ 是一族拓扑空间, $\{f_\alpha : X \to Y_\alpha\}_{\alpha\in\Gamma}$ 是一族连续映射. 若映射族 $\{f_\alpha\}_{\alpha\in\Gamma}$ 是分离点且是分离点与闭集的, 则映射 $f : X \to \prod_{\alpha\in\Gamma} Y_\alpha$ 是一拓扑嵌入, 其中 f 满足对任意 $x \in X$, $f(x) = (f_\alpha(x))_{\alpha\in\Gamma}$.

证明　对任意 $x, y \in X$, 若 $x \neq y$, 由映射族 $\{f_\alpha\}_{\alpha\in\Gamma}$ 是分离点知, 存在 $\alpha \in \Gamma$ 使 $f_\alpha(x) \neq f_\alpha(y)$. 从而 $f(x) \neq f(y)$, 这说明 f 是单射. 因为对任意 $\alpha \in \Gamma$, $p_\alpha \circ f = f_\alpha$ 连续, 其中 p_α 为 $\prod_{\alpha\in\Gamma} Y_\alpha$ 的第 α 个投影. 故由每个分量 f_α 连续知 f 是连续的. 下证 $f : X \to f(X)$ 是开映射. 设 U 为 X 中的开集. 则对任意 $y \in f(U)$, 存在 $x \in U$ 使 $f(x) = y$. 由映射族 $\{f_\alpha\}_{\alpha\in\Gamma}$ 分离点与闭集知, 存在 $\alpha \in \Gamma$ 使 $f_\alpha(x) \notin \overline{f_\alpha(X - U)}$. 令 $V = p_\alpha^{-1}(Y_\alpha - \overline{f_\alpha(X - U)})$. 则

$y \in V$ 且 V 是积空间 $\prod_{\alpha\in\Gamma} Y_\alpha$ 中的开集. 设 $t \in V \cap f(X)$. 则存在 $z \in X$ 使 $t = f(z) = (f_\alpha(z))_{\alpha\in\Gamma} \in V$. 故 $p_\alpha(f(z)) = f_\alpha(z) \in Y_\alpha - \overline{f_\alpha(X-U)}$. 从而 $f_\alpha(z) \notin \overline{f_\alpha(X-U)}$. 这说明 $z \notin X-U$, 即 $z \in U$. 于是 $t = f(z) \in f(U)$. 因此 $y \in V \cap f(X) \subseteq f(U)$. 从而 $f(U)$ 为积空间 $\prod_{\alpha\in\Gamma} Y_\alpha$ 的子空间 $f(X)$ 中的开集. □

定理 4.5.29 *若 X 是 Tychonoff 空间, 则存在指标集 J 使 X 可拓扑嵌入积空间 $[0,1]^J$.*

证明 设 X 是 Tychonoff 空间. 令 $\{f_\alpha\}_{\alpha\in J}$ 为 X 到 $[0,1]$ 的全体连续映射构成的集族. 则由 X 是 Tychonoff 空间知, $\{f_\alpha\}_{\alpha\in J}$ 是 X 上分离点且分离点与闭集的映射族. 从而由嵌入定理 (定理 4.5.28) 知, 映射 $f: X \to [0,1]^J$ 是一拓扑嵌入, 其中 f 满足对任意 $x \in X$, $f(x) = (f_\alpha(x))_{\alpha\in J}$. □

习题 4.5

1. 证明: 拓扑空间 X 为 T_0 空间当且仅当 $\forall x, y \in X$, 若 $x \neq y$, 有 $\overline{\{x\}} \neq \overline{\{y\}}$.

2. 设拓扑空间 X 为 A_1 空间. 证明: X 为 T_2 空间当且仅当每个收敛序列的极限唯一.

3. 证明: 空间的 T_0, T_1, T_2 和 T_3 性有遗传性与有限可乘性.

4. 证明: 拓扑空间 X 为 T_2 空间当且仅当对角线 $\Delta = \{(x,x) \mid x \in X\}$ 是 $X \times X$ 的闭集.

5. 证明: 正规空间的闭子空间是正规的.

6. 证明: 实直线和 Sorgenfrey 直线 $\mathbb{R}_l$ 都是 T_4 空间.

7. 证明: Sorgenfrey 平面 $\mathbb{R}_l^2$ 不是 T_4 空间.

8. 证明: Tietze 扩张定理蕴涵 Urysohn 引理.

9. 设 X 是正规空间, A 是 X 的任意闭子集. 证明: 若 $f: A \to \mathbb{R}$ 是连续映射, 则存在一个连续映射 $g: X \to \mathbb{R}$ 是 f 的扩张.

10. 证明: T_0 的正则空间是 T_3 空间; T_0 的正规空间是 T_4 空间.

11*. 设良序集 S_Ω 和 $\overline{S_\Omega} = S_\Omega \cup \{\Omega\}$ 均赋予序拓扑. 证明: S_Ω 和 $\overline{S_\Omega} = S_\Omega \cup \{\Omega\}$ 均为 T_4 空间, 但 $S_\Omega \times \overline{S_\Omega}$ 不是 T_4 的.

12. 设 X, Y 是拓扑空间, $G_f = \{(x, f(x)) \mid x \in X\}$ 是连续映射 $f: X \to Y$ 的**图像**. 证明: 若 Y 是 Hausdorff 空间, 则 G_f 是积空间 $X \times Y$ 的闭集.

13*. 证明: Hausdorff 空间的内部收缩核是闭集.

14. 设 X 是 T_2 空间. 证明 X 上连续自映射 f 的不动点集 $\{x \in X \mid x = f(x)\}$ 是闭集.

15. 设 X 是 T_4 空间, U 是 X 中的开集, C 是 X 的连通集且 $U \cap C \neq \varnothing$. 证明: 如果 $|U \cap C| > 1$, 则 $U \cap C$ 是一个不可数集.

4.6 紧致性与紧致空间

在数学分析中, 闭区间上的连续函数有很多好的性质, 例如有界性、最值性和一致连续性等. 实际上, 这些性质均与闭区间所具有的 Heine-Borel 性质有关. 实直线上闭区间 $[a,b]$ 的 **Heine-Borel 性质**是指 $[a,b]$ 的任意由开区间构成的覆盖有有限子覆盖. 把这一性质抽象出来推广到一般拓扑空间上就得到了紧致性的概念.

定义 4.6.1 若拓扑空间 X 的任一开覆盖都具有有限子覆盖, 则称 X 是**紧致空间**或简称**紧空间**.

显然, 紧致空间都是 Lindelöf 空间.

定义 4.6.2 若拓扑空间 X 的子集 K 作为 X 的子空间是紧致空间, 则称 K 为 X 的**紧致子集**或简称**紧子集**、**紧集**.

显然, 由子空间的绝对性可得紧致子集也有绝对性, 从而得拓扑空间 X 的子集 K 是 X 的紧子集当且仅当任一由 X 中开集构成的 K 的覆盖都有有限子覆盖.

例 4.6.3 (1) 实直线 $\mathbb{R}$ 不是紧致空间.

(2) 实直线 $\mathbb{R}$ 上闭区间 $[a,b]$ 是紧致子集, 但开区间 (a,b) 和半开区间 $[a,b)$ 不是紧致子集. 这说明紧空间的子空间未必紧.

(3) 任意一个仅含有限多个点的空间都是紧致空间.

定理 4.6.4 设 $f:X\to Y$ 是连续映射. 若 X 是紧致空间, 则 $f(X)$ 是 Y 的紧致子集.

证明 设 $\mathscr{U}=\{U_\alpha\mid\alpha\in J\}$ 为 Y 的一族开集且 $f(X)\subseteq\bigcup_{\alpha\in J}U_\alpha$. 由 $f:X\to Y$ 是连续映射及定理 2.7.4 知 $\{f^{-1}(U_\alpha)\}_{\alpha\in J}$ 是 X 的一个开覆盖. 从而由 X 的紧致性知, 存在有限子覆盖 $\{f^{-1}(U_{\alpha_1}),f^{-1}(U_{\alpha_2}),\cdots,f^{-1}(U_{\alpha_n})\}(n\in\mathbb{Z}_+)$. 这时 $\{U_{\alpha_1},U_{\alpha_2},\cdots,U_{\alpha_n}\}$ 即为 $\mathcal{U}$ 的一个有限子覆盖覆盖 $f(X)$. 故由定义 4.6.2 及其后的说明知 $f(X)$ 是 Y 的紧子集. □

定理 4.6.4 说明紧致性是拓扑不变性质.

为了用闭集刻画拓扑空间的紧致性, 我们给出以下概念.

定义 4.6.5 设 $\mathscr{A}$ 为集合 X 的子集族. 若 $\mathscr{A}$ 的任意有限子集 $\mathscr{A}'$ 都有非空的交, 即任给 $\mathscr{A}$ 的有限子集 $\mathscr{A}'=\{A_1,A_2,\cdots,A_n\}$, 总有 $A_1\cap A_2\cap\cdots\cap A_n\neq\varnothing$, 则称集族 $\mathscr{A}$ 满足**有限交性质**.

定理 4.6.6 拓扑空间 X 是紧的当且仅当 X 的满足有限交性质的闭集族都有非空的交.

证明 必要性: 设 X 是紧致空间, $\mathscr{A}$ 是 X 的满足有限交性质的闭集族. 令 $\mathscr{U}=\{X-A\mid A\in\mathscr{A}\}$. 则 $\mathscr{U}$ 是 X 的开集族. 因为 $\mathscr{A}$ 满足有限交性质, 故 $\mathscr{U}$ 的任意有限子族不能覆盖 X. 从而由 X 是紧致空间知 $\mathscr{U}$ 不是 X 的开覆盖, 即 $X\not\subseteq\bigcup\mathscr{U}$. 于是

$$\bigcap\mathscr{A}=\bigcap\{X-U\mid U\in\mathscr{U}\}=X-\bigcup\mathscr{U}\neq\varnothing.$$

充分性: 设 X 的任意满足有限交性质的闭集族有非空的交, $\mathcal{U}$ 是 X 的任意开覆盖. 假设 $\mathscr{U}$ 没有有限子覆盖, 则 $\mathscr{A}=\{X-U\mid U\in\mathscr{U}\}$ 是 X 的满足有限交性质的闭集族, 从而 $\bigcap\mathscr{A}\neq\varnothing$. 则 $\bigcup\mathscr{U}=X-\bigcap\mathscr{A}\neq X$, 这与 $\mathscr{U}$ 是 X 的开覆盖矛盾! 故 $\mathscr{U}$ 有有限子覆盖, 从而 X 是紧致空间. □

推论 4.6.7 设 X 是拓扑空间. 则 X 是紧致的当且仅当对 X 的任意满足有限交性质的子集族 $\mathscr{A}$, 有 $\bigcap_{A\in\mathscr{A}}\overline{A}\neq\varnothing$.

证明 由定理 4.6.6 直接可得. □

若 $\mathscr{U}$ 是集 X 的满足有限交性质的子集族, 且 X 的每个以 $\mathscr{U}$ 为真子集的子集族都不具有有限交性质, 则称 $\mathscr{U}$ 关于有限交性质是极大的.

引理 4.6.8 设 $\mathscr{U}$ 是集 X 的关于有限交性质的极大子集族. 则

(1) $\mathscr{U}$ 中任意有限个元素的交仍属于 $\mathscr{U}$;

(2) 若 X 的子集 A 与 $\mathscr{U}$ 中任一元相交, 则 $A\in\mathscr{U}$.

证明 (1) 任给 $\mathscr{U}$ 的有限子集 $\mathscr{U}'=\{U_1,U_2,\cdots,U_n\}$, 总有 $U=U_1\cap U_2\cap\cdots\cap U_n\neq\varnothing$. 令 $\widetilde{\mathscr{U}}=\mathscr{U}\cup\{U\}$. 则 $\mathscr{U}\subseteq\widetilde{\mathscr{U}}$ 且由 $\mathscr{U}$ 具有有限交性质知 $\widetilde{\mathscr{U}}$ 也具有有限交性质. 故由 $\mathscr{U}$ 关于有限交性质的极大性知 $\mathscr{U}=\widetilde{\mathscr{U}}$. 从而 $U\in\mathscr{U}$.

(2) 若 X 的子集 A 与 $\mathscr{U}$ 中任一元相交, 令 $\widetilde{\mathscr{U}}=\mathscr{U}\cup\{A\}$. 则 $\mathscr{U}\subseteq\widetilde{\mathscr{U}}$ 且由 (1) 易知 $\widetilde{\mathscr{U}}$ 也具有有限交性质. 故由 $\mathscr{U}$ 关于有限交性质的极大性知 $\mathscr{U}=\widetilde{\mathscr{U}}$. 从而 $A\in\mathscr{U}$. □

引理 4.6.9 设 $\mathscr{A}$ 是集 X 的满足有限交性质的子集族. 则存在 X 的一个子集族 $\mathscr{U}$ 使 $\mathscr{A}\subseteq\mathscr{U}$ 且 $\mathscr{U}$ 关于有限交性质是极大的.

证明 令 $\varphi=\{\mathscr{C}\mid\mathscr{C}$ 是 X 的具有有限交性质的子集族且 $\mathscr{A}\subseteq\mathscr{C}\}$. 则 φ 关于集族的包含关系构成偏序集. 设 φ_1 是 φ 的全序子集, 令 $\mathscr{D}=\bigcup_{\mathscr{C}\in\varphi_1}\mathscr{C}$. 则 $\mathscr{A}\subseteq\mathscr{D}$. 下证 $\mathscr{D}$ 具有有限交性质. 对 $\mathscr{D}$ 的任意有限子集 $\mathscr{D}'=\{D_1,D_2,\cdots,D_n\}$, 存在 $\mathscr{C}_1,\mathscr{C}_2,\cdots,\mathscr{C}_n\in\varphi_1$ 使对任意 i, 有 $D_i\in\mathscr{C}_i(1\leqslant i\leqslant n)$. 由 φ_1 是全序子集知 $\mathscr{C}_1,\mathscr{C}_2,\cdots,\mathscr{C}_n$ 中存在最大元, 记作 $\mathscr{C}_m$. 则 $D_1,D_2,\cdots,D_n\in\mathscr{C}_m$. 由 $\mathscr{C}_m$ 具有有限交性质知 $D_1\cap D_2\cap\cdots\cap D_n\neq\varnothing$. 从而 $\mathscr{D}$ 具有有限交性质. 这说明 $\mathscr{D}=\bigcup_{\mathscr{C}\in\varphi_1}\mathscr{C}$ 是 φ_1 在 φ 中的上界. 由 Zorn 引理知 φ 中存在极大元. □

引理 4.6.10 设 K 是 T_2 空间 X 的一个紧子集, $x_0\notin K$. 则存在点 x_0 的开邻域 U 和 K 的开邻域 V 使 $U\cap V=\varnothing$.

证明 设 K 是 T_2 空间 X 的一个紧子集, $x_0\notin K$. 对任意 $y\in K$, 由 X 是 T_2 空间知, 存在 x_0 的开邻域 U_y 及 y 的开邻域 V_y 使 $U_y\cap V_y=\varnothing$. 由集族 $\{V_y\mid y\in K\}$ 是 K 的开覆盖及 K 是 X 的紧子集知, 存在 K 的有限开覆盖, 记为 $\{V_{y_1},V_{y_2},\cdots,V_{y_n}\}(n\in\mathbb{Z}_+)$. 令 $U=\bigcap_{i=1}^n U_{y_n}$, $V=\bigcup_{i=1}^n V_{y_n}$. 易证 $U\cap V=\varnothing$. 从而 U 和 V 是 x_0 和 K 的两个不相交的开邻域. □

推论 4.6.11 设 K_1 和 K_2 是 T_2 空间 X 的两个不相交的紧子集. 则存在 K_1 的开邻域 U 和 K_2 的开邻域 V 使 $U\cap V=\varnothing$.

证明 设 K_1 和 K_2 是 T_2 空间 X 的两个不相交的紧子集. 则对任意 $x\in K_1$, 由引理 4.6.10 知, 存在点 x 的开邻域 U_x 和 K_2 的开邻域 V_{x,K_2} 使 $U_x\cap V_{x,K_2}=\varnothing$. 由集族 $\{U_x\mid x\in K_1\}$ 是 K_1 的开覆盖及 K_1 是 X 的紧子集知, 存在有限子覆盖

覆盖 K_1, 记为 $\{U_{x_1}, U_{x_2}, \cdots, U_{x_n}\}(n \in \mathbb{Z}_+)$. 令 $U = \bigcup_{i=1}^n U_{x_i}$, $V = \bigcap_{i=1}^n V_{x_i,K_2}$. 易证 $U \cap V = \varnothing$. 从而 U 和 V 是 K_1 和 K_2 的两个不相交的开邻域. □

定理 4.6.12 (1) 紧致空间的闭子空间是紧空间.

(2) T_2 空间的紧子集是闭集.

证明 (1) 设 F 是紧致空间 X 的一个闭集, $\mathscr{U} = \{U_\alpha \mid \alpha \in J\}$ 为 F 的由 X 的开集组成的任意开覆盖. 由 F 是闭集知 $\mathscr{U}' = \mathscr{U} \cup \{X - F\}$ 为 X 的一个开覆盖. 从而由 X 是紧致空间知, 存在 X 的有限子覆盖 $\{U_1, U_2, \cdots, U_n, X - F\}(n \in \mathbb{Z}_+)$. 于是 $\{U_1, U_2, \cdots, U_n\}(n \in \mathbb{Z}_+)$ 是有限子覆盖覆盖 F. 这说明 F 是紧的.

(2) 设 K 是 T_2 空间 X 的一个紧子集. 对任意 $x \notin K$, 由引理 4.6.10 知 $x \notin \overline{K}$. 从而 $\overline{K} \subseteq K$. 这说明 K 是闭集. □

例4.6.13 由例 4.5.4 (3) 知实数集 $\mathbb{R}$ 上赋予有限余拓扑 $\mathcal{T}_f$ 所得空间 $(\mathbb{R}, \mathcal{T}_f)$ 是 T_1 空间, 但不是 T_2 空间. 容易验证 $(\mathbb{R}, \mathcal{T}_f)$ 的任意子集都是紧子集. 这说明定理 4.6.12(2) 中 T_2 分离性不能减弱为 T_1 分离性.

推论 4.6.14 设 X 是紧致的 T_2 空间. 则 X 的子集 K 是紧子集当且仅当 K 是闭集.

证明 由定理 4.6.12 直接可得. □

推论 4.6.15 紧致的 T_2 空间是 T_4 空间.

证明 由定理 4.6.12(2) 和推论 4.6.11 可得. □

定理 4.6.16 设 X 是紧致空间, Y 是 T_2 空间, $f: X \to Y$ 是连续映射. 则 f 是闭映射.

证明 设 F 是 X 的闭集. 则由定理 4.6.12, F 是 X 的紧集; 由定理 4.6.4, $f(F)$ 是 Y 的紧集. 再由定理 4.6.12 (2) 得 $f(F)$ 是 Y 的闭集. 故 f 将闭集映射为闭集, 是一个闭映射. □

推论 4.6.17 从紧致空间到 T_2 空间的连续双射是同胚.

证明 由定理 4.6.16 和定理 2.7.9 立得. □

推论 4.6.18 (紧 T_2 拓扑的恰当性) 如果 τ_1 是 X 的一个 T_2 拓扑, τ_2 是 X 的一个紧拓扑且有 $\tau_1 \subseteq \tau_2$, 那么 $\tau_2 = \tau_1$.

证明 作恒等映射 $\mathrm{id}: (X, \tau_2) \to (X, \tau_1)$, 则 id 是连续双射. 由推论 4.6.17 得 $\mathrm{id}: (X, \tau_2) \to (X, \tau_1)$ 是同胚, 于是 $\tau_2 = \tau_1$. □

引理 4.6.19 (管形引理) 设 X 是拓扑空间, $x_0 \in X$. 若 Y 是紧致空间, 则对积空间 $X \times Y$ 中任一包含 $\{x_0\} \times Y$ 的开集 N, 存在 x_0 在 X 中的开邻域 W 使 $W \times Y \subseteq N$.

证明 因 N 是若干标准基元的并集, 故可用若干含于 N 的标准基元 $U_j \times V_j (j \in J)$ 覆盖 $\{x_0\} \times Y$. 因为空间 $\{x_0\} \times Y$ 与 Y 同胚, 故 $\{x_0\} \times Y$ 是紧的. 因此可用与 $\{x_0\} \times Y$ 相交的 $\{U_j \times V_j\}_{j \in J}$ 中有限多个元 $U_1 \times V_1$, $U_2 \times V_2$, $\cdots$,

$U_n \times V_n$ 覆盖 $\{x_0\} \times Y$. 令 $W = U_1 \cap U_2 \cap \cdots \cap U_n$. 则 $x_0 \in W$ 且 W 是 X 中的开集. 断言覆盖 $\{x_0\} \times Y$ 的这些开集 $U_1 \times V_1, U_2 \times V_2, \cdots, U_n \times V_n$ 也覆盖 $W \times Y$. 事实上, 设 $(x, y) \in W \times Y$. 考虑在 $\{x_0\} \times Y$ 中与 (x, y) 具有相同第二坐标的点 (x_0, y). 则存在 i_0 使 $(x_0, y) \in U_{i_0} \times V_{i_0}$, 从而 $y \in V_{i_0}$. 于是 $(x, y) \in U_{i_0} \times V_{i_0}$. 这说明开集族 $\{U_1 \times V_1, U_2 \times V_2, \cdots, U_n \times V_n\}$ 覆盖 $W \times Y$, 故 $W \times Y \subseteq N$. □

定理 4.6.20 若 X 和 Y 是紧致空间, 则积空间 $X \times Y$ 是紧致空间.

证明 设 X 和 Y 是紧致空间, $\mathscr{U}$ 是 $X \times Y$ 的一个开覆盖. 给定 $x_0 \in X$, 则 $\{x_0\} \times Y$ 是紧的. 因此可用 $\mathscr{U}$ 中有限多个成员 $U_1, U_2, \cdots, U_n$ 覆盖 $\{x_0\} \times Y$. 故集 $N = U_1 \cup U_2 \cup \cdots \cup U_n$ 是包含 $\{x_0\} \times Y$ 的开集. 从而由引理 4.6.19 知, 存在 x_0 在 X 中的开邻域 W_{x_0} 使 $W_{x_0} \times Y \subseteq N$. 因此 $W_{x_0} \times Y$ 也被 $\mathscr{U}$ 中有限多个成员 $U_1, U_2, \cdots, U_n$ 所覆盖. 于是 $\forall x \in X$, 可选择 x 在 X 中的开邻域 W_x 使 $W_x \times Y$ 能被 $\mathscr{U}$ 中有限多个成员所覆盖. 所有这些开邻域 W_x 构成 X 的一个开覆盖, 因 X 紧致, 故它有有限子覆盖 $\{W_{x_1}, W_{x_2}, \cdots, W_{x_k}\}$. 此时有

$$\bigcup_{i=1}^{k}(W_{x_i} \times Y) = \left(\bigcup_{i=1}^{k} W_{x_i}\right) \times Y = X \times Y.$$

因每一 $W_{x_i} \times Y$ 可被 $\mathscr{U}$ 中有限个元所覆盖, 故 $X \times Y$ 可被 $\mathscr{U}$ 中有限个元所覆盖, 从而是紧致空间. □

研究拓扑空间的一个重要方法是将一个拓扑空间嵌入另一个具有更好性质的空间中. 基于紧性的重要性, 对于非紧的空间, 我们希望把它嵌入一个紧空间中, 这就涉及拓扑空间的紧化问题.

定义 4.6.21 (1) 设 X 是拓扑空间. 若存在紧空间 Y 及同胚嵌入 $f: X \to Y$ 使 $\overline{f(X)} = Y$, 则称有序对 (Y, f) 是 X 的一个**紧化**, 常简称 Y 是 X 的一个紧化. 若 Y 还是 T_2 空间, 则称 (Y, f) 是 X 的 **T_2 紧化**.

(2) 设 (Y, f), (Z, g) 是拓扑空间 X 的紧化. 若存在连续映射 $h: Y \to Z$ 使 $h \circ f = g$, 则称紧化 (Y, f) 大于等于紧化 (Z, g), 记作 $(Y, f) \geqslant (Z, g)$. 一个紧化 (Y, f) 称为 X 的极大 (相应地, 极小) 紧化, 如果对 X 的任意紧化 (Z, g) 均有 $(Y, f) \geqslant (Z, g)$(相应地, $(Z, g) \geqslant (Y, f)$).

(3) 设 Y_1, Y_2 是 X 的紧化, 若存在同胚映射 $h: Y_1 \to Y_2$ 使 $\forall x \in X, h(x) = x$, 则称 X 的紧化 Y_1 与 Y_2 **等价**.

定理 4.6.22 在非紧的拓扑空间 $(X, \mathcal{T})$ 上增加一个新点 $\infty \notin X$. 记 $X^* = X \cup \{\infty\}$, $\mathcal{T}^* = \mathcal{T} \cup \{X^* - K \mid K$ 是 X 的紧致闭集$\}$. 则

(1) $\mathcal{T}^*$ 是集合 X^* 上的拓扑;

(2) 拓扑空间 $(X^*, \mathcal{T}^*)$ 是紧致空间;

(3) 拓扑空间 $(X,\mathcal{T})$ 是 $(X^*,\mathcal{T}^*)$ 的开子空间且包含映射 $i:X\to X^*$ 是同胚嵌入;

(4) X 是 $(X^*,\mathcal{T}^*)$ 的稠密子集.

证明　(1) 只需验证 $\mathcal{T}^*$ 满足定义 2.2.1中的条件:

(i) $X^*\in\mathcal{T}^*, \varnothing\in\mathcal{T}\subseteq\mathcal{T}^*$;

(ii) 设 $U, V\in\mathcal{T}^*$. 由 U, V 的对称性, 只需考虑下列三种情形:

(a) 若 $U, V\in\mathcal{T}$, 则 $U\cap V\in\mathcal{T}\subseteq\mathcal{T}^*$;

(b) 若 $U\in\mathcal{T}$ 且存在 X 的紧致闭集 G 使 $V=X^*-G$, 则 $U\cap V=U\cap(X^*-G)=U\cap(X-G)\in\mathcal{T}\subseteq\mathcal{T}^*$;

(c) 若存在 X 的紧致闭集 K 和 G 分别使 $U=X^*-K, V=X^*-G$, 因为 $F\cup G$ 是 X 的紧致闭集, 则 $U\cap V=(X^*-K)\cap(X^*-G)=X^*-(K\cup G)\in\mathcal{T}^*$.

(iii) 设 $\{U_\alpha\}_{\alpha\in J}$ 为 $\mathcal{T}^*$ 的子集族, 令 $J_0=\{\alpha\in J\mid\infty\in U_\alpha\}$. 若 $J_0=\varnothing$, 则 $\{U_\alpha\}_{\alpha\in J}$ 为 $\mathcal{T}$ 的一个子集族. 从而 $\bigcup_{\alpha\in J}U_\alpha\in\mathcal{T}\subseteq\mathcal{T}^*$. 若 $J_0\neq\varnothing$, 则对任意 $\alpha\in J_0$, 存在 X 的紧致闭集 K_α 使 $U_\alpha=X^*-K_\alpha$. 因为 $F=(\bigcap_{\alpha\in J_0}K_\alpha)\cap(\bigcap_{\alpha\in J-J_0}(X-U_\alpha))$ 是 X 的紧致闭集, 则 $\bigcup_{\alpha\in J}U_\alpha=X^*-F\in\mathcal{T}^*$.

综合 (i)—(iii) 知 $\mathcal{T}^*$ 是集合 X^* 上的拓扑.

(2) 设 $\mathcal{U}=\{U_\alpha\mid\alpha\in J\}$ 为拓扑空间 $(X^*,\mathcal{T}^*)$ 的任意开覆盖. 则存在 $\alpha_0\in J$ 使 $\infty\in U_{\alpha_0}$. 根据 $\mathcal{T}^*$ 的构造知, 存在 X 的紧致闭集 K_0 使 $U_{\alpha_0}=X^*-K_0$. 由 $\mathcal{U}$ 是 X^* 的开覆盖知, $\{U_\alpha-\{\infty\}\mid\alpha\in J\}$ 是由空间 X 中的开集构成的紧子集 K_0 的开覆盖, 于是存在 K_0 的有限子覆盖 $\{U_1-\{\infty\},U_2-\{\infty\},\cdots,U_n-\{\infty\}\}(n\in\mathbb{Z}_+)$. 从而 $\{U_1,U_2,\cdots,U_n,U_{\alpha_0}\}$ $(n\in\mathbb{Z}_+)$ 就可以覆盖 X^*, 它是 $\mathcal{U}$ 的有限子覆盖. 故拓扑空间 $(X^*,\mathcal{T}^*)$ 是紧致空间.

(3) 显然.

(4) 因 X 非紧, 故集 $\{\infty\}$ 不是 X^* 的开集, 从而 X 不是 X^* 的闭集, 于是 (4) 成立. □

定义 4.6.23　设 $(X,\mathcal{T})$ 是非紧的拓扑空间. 则按上述定理作成的紧空间 $(X^*,\mathcal{T}^*)$ 称为空间 $(X,\mathcal{T})$ 的**单点紧化**.

容易证明在同胚的意义下, 拓扑空间的单点紧化是唯一的.

对拓扑空间要求紧致性是比较严苛的, 常见的欧氏空间就不具有这一性质. 于是适当推广紧致性概念是合理自然的. 紧致性是用覆盖来刻画的拓扑空间的一个整体性质, 下面从局部考虑将紧致性推广得到局部紧致性. 局部紧致性反映的是拓扑空间各点所具有的紧致性特征.

定义 4.6.24　设 X 是拓扑空间. 若 X 的每一点处存在一个紧邻域, 则称拓扑空间 X 为**局部紧致空间**或简称**局部紧空间**.

这里的局部紧是"一邻域"定义，不要求 T_2 分离性. 显然紧空间必为局部紧的.

例 4.6.25 (1) 实直线 $\mathbb{R}$ 是局部紧空间, 但不是紧空间.

(2) 离散拓扑空间都是局部紧空间.

(3) 有理数集 $\mathbb{Q}$ 作为实直线 $\mathbb{R}$ 的子空间不是局部紧的. 这说明局部紧空间的子空间未必局部紧.

例 4.6.26 实直线 $\mathbb{R}$ 的开子空间 $(0,1)$ 是非紧的局部紧 T_2 空间, 它的单点紧化同胚于单位圆周 $S^1 = \{(x,y) \in \mathbb{R}^2 \mid x^2 + y^2 = 1\}$.

有时说一个拓扑空间"局部地"满足某个性质, 是指对空间的每个点的邻域都存在一个"更小的"邻域具有该性质. 因此我们给出定义 4.6.27.

定义 4.6.27 设 X 是拓扑空间. 若 $\forall x$ 及 x 的任一邻域 U, 总存在开集 V 和紧集 K 使 $x \in V \subseteq K \subseteq U$, 则称 X 为 **II 型局部紧空间** .

II 型局部紧空间是局部紧空间, 但一般两者不等价. 定理 4.6.28 表明 T_2 空间是局部紧的当且仅当它是 II 型局部紧的.

定理 4.6.28 设 X 是 T_2 空间. 则 X 是局部紧的当且仅当它是 II 型局部紧的.

证明 充分性是显然的. 仅需证明必要性. 设 X 在点 x_0 处存在 x_0 的紧邻域 K. 设 U 是 x_0 的任一开邻域. 则 $W = U \cap K^\circ \subseteq K$ 也是 x_0 的一个开邻域. 作为 X 的子空间, K 是紧致 T_2 空间, 从而由推论 4.6.15 得 K 是 T_4 空间. 因 $W = U \cap K^\circ$ 是子空间 K 中 x_0 的一个开邻域, 故由 K 是 T_4 空间及定理 4.5.11 知, 存在 K 中开集 V 使 $x_0 \in V \subseteq \mathrm{cl}_K(V) \subseteq W = U \cap K^\circ \subseteq U$, 其中 $\mathrm{cl}_K(V)$ 表示 V 在 K 中的闭包. 因 V 是 K 中的开集且 $V \subseteq W \subseteq K$, 故 V 是 K 的子空间 W 的开集, 从而 V 也是 X 的开集. 由 K 为 T_2 空间 X 的紧集及定理 4.6.12(2) 知 K 为 X 的闭集, 从而 $\mathrm{cl}_K(V) = \mathrm{cl}_X(V) = \overline{V}$. 作为紧 T_2 空间 K 的闭集, $\overline{V} = \mathrm{cl}_K(V)$ 是紧致的, 于是存在开集 V 和紧集 $\overline{V}$ 使 $x_0 \in V \subseteq \overline{V} \subseteq U$ 成立. 由 x_0 的任意性得 X 是 II 型局部紧的. □

推论 4.6.29 (1) 局部紧 T_2 空间的每一点具有闭的紧邻域基;

(2) 局部紧 T_2 空间的开子空间是局部紧的 T_2 空间.

证明 由定理 4.6.28 直接可得. □

定理 4.6.30 设 $(X^*, \mathcal{T}^*)$ 是拓扑空间 $(X, \mathcal{T})$ 的单点紧化. 则 X^* 是 T_2 空间当且仅当 X 是局部紧的 T_2 空间.

证明 必要性: 若拓扑空间 $(X, \mathcal{T})$ 的单点紧化 $(X^*, \mathcal{T}^*)$ 是 T_2 空间, 则 X^* 是局部紧的 T_2 空间. 从而由定理 4.6.22 和推论 4.6.29(2) 知, X 作为 X^* 的开子空间是局部紧的 T_2 空间.

充分性: 设 X 是局部紧的 T_2 空间, $x, y \in X^*$ 且 $x \neq y$.

(i) 若 $x, y \in X$, 则由 X 是 T_2 的知, 分别存在 x 与 y 在 X 中的开邻域 U 和 V 使 $U \cap V = \varnothing$.

(ii) 若 $x, y \in X$ 之一为 ∞, 不妨设 $y = \infty$, 则由 X 是局部紧 T_2 空间及定理 4.6.28 知, 存在 x 在 X 中的开邻域 U 使 $\mathrm{cl}_X(U)$ 紧致. 由定理 4.6.22 知, $X^* - \mathrm{cl}_X(U)$ 是点 ∞ 在 X^* 中的开邻域且 $U \cap (X^* - \mathrm{cl}_X(U)) = \varnothing$. 综合 (i)(ii) 知 X^* 是 T_2 空间. □

推论 4.6.31 *空间 X 是局部紧的 T_2 空间当且仅当 X 同胚于一个紧 T_2 空间的开子空间.*

证明 由定理 4.6.30 直接可得. □

定理 4.6.32 *局部紧的 T_2 空间是 Tychonoff 空间.*

证明 设 X 是局部紧的 T_2 空间, 则由定理 4.6.30 知, X 的单点紧化 X^* 是紧致 T_2 空间且以 X 为开子空间. 此时, 由推论 4.6.15 知 X^* 是 T_4 空间, 从而是 $T_{3\frac{1}{2}}$ 空间, 即 Tychonoff 空间. 于是作为 Tychonoff 空间 X^* 的子空间, X 是 Tychonoff 空间. □

习题 4.6

1. 设 X 是紧空间, $f: X \to \mathbb{R}$ 是 X 上的连续函数. 证明: $f: X \to \mathbb{R}$ 存在最大值和最小值.

2. 设 $\mathcal{B}$ 是拓扑空间 X 的一个基. 证明: X 是紧致空间当且仅当由 $\mathcal{B}$ 中的元构成的 X 的任意覆盖都有有限子覆盖.

3. (紧 T_2 拓扑的恰当性) 若集 X 关于拓扑 $\mathcal{T}$ 和 $\mathcal{T}'$ 都是紧的 T_2 空间. 证明: $\mathcal{T} = \mathcal{T}'$ 或者 $\mathcal{T}, \mathcal{T}'$ 不可比较.

4. 证明: 欧氏空间 $\mathbb{R}^n$ 中子集 K 是紧的当且仅当 K 是有界闭集.

5. 设 X, Y 是拓扑空间, A 和 B 分别是 X, Y 的紧致集, W 是 $A \times B$ 在 $X \times Y$ 中的开邻域. 证明: 存在 A 在 X 中的开邻域 U 和 B 在 Y 中的开邻域 V 使 $U \times V \subseteq W$.

6. 证明: (II 型) 局部紧空间的闭子空间都是 (II 型) 局部紧的.

7. 证明: 若 X 和 Y 是 (II 型) 局部紧致空间, 则积空间 $X \times Y$ 是 (II 型) 局部紧致空间.

8. 设 $f: X \to Y$ 是连续、满的开映射. 证明: 若 X 是 (II 型) 局部紧空间, 则 Y 也是 (II 型) 局部紧空间.

9. 证明: 平面 $\mathbb{R}^2$ 的单点紧化同胚于球面 $S^2 = \{(x, y, z) \in \mathbb{R}^3 \mid x^2 + y^2 + z^2 = 1\}$.

10. 证明: 同一拓扑空间的有限多个紧致集的并还是紧致集.

11. 证明: 说明 T_2 空间的两个紧致集的交是紧致集.

12. 证明: Sorgenfrey 直线的每个紧子空间是可数集.

13. 证明: 若空间 X 与 Y 同胚, 则它们的单点紧化也同胚. 举例说明逆命题不成立.

14*. 设 X 是紧 T_2 空间, $f: X \to Y$ 是商映射, $f_e = \{(x_1, x_2) \in X \times X \mid f(x_1) = f(x_2)\}$. 证明: 商空间 Y 是 T_2 空间当且仅当 f 是闭映射, 也当且仅当 f_e 是 $X \times X$ 的闭集.

15. 设 X 是紧空间, Y 是 T_2 空间, $f: X \to Y$ 是连续映射. 证明: 对每一 $A \subseteq X$, 都有 $f(\overline{A}) = \overline{f(A)}$.

16*. 证明: 若拓扑空间 X 的每个紧致子集都是闭集, 则 X 中收敛序列的极限是唯一的.

4.7 仿紧性与仿紧空间*

前面我们从局部考虑, 将紧致性推广到了局部紧致性, 并发现非紧致的局部紧 T_2 空间均可稠密地嵌入一个只比该空间多一个点的紧致 T_2 空间 (单点紧化) 中. 本节要从整体上推广紧致性, 得到仿紧性概念. 先介绍几个相关概念.

定义 4.7.1 设 $\mathscr{A}$ 和 $\mathscr{B}$ 都是拓扑空间 X 的集族, 如果 $\mathscr{A}$ 中的每一个成员都包含于 $\mathscr{B}$ 中的某一个成员之中, 则称 $\mathscr{A}$ 是 $\mathscr{B}$ 的一个**加细**. 如果 $\mathscr{A}$ 是 $\mathscr{B}$ 的一个加细且 $\mathscr{A}$ 的成员都是开集 (闭集), 则称 $\mathscr{A}$ 是 $\mathscr{B}$ 的一个**开加细** (**闭加细**).

显然, 如果 $\mathscr{A}$ 是 $\mathscr{B}$ 的一个子覆盖, 则 $\mathscr{A}$ 是 $\mathscr{B}$ 的一个加细.

定义 4.7.2 设 X 是一个拓扑空间. $\mathscr{A}$ 是 X 的一个集族. 如果对 X 的每一点 x, 都存在 x 的一个开邻域 V 使得 V 仅与 $\mathscr{A}$ 中有限个成员相交不空, 则称 $\mathscr{A}$ 是 X 的一个**局部有限**集族. 如果 $\mathscr{A}$ 可表示为可数个局部有限集族的并, 则称 $\mathscr{A}$ 是 σ **局部有限**集族.

有限集族当然是局部有限集族, 局部有限集族是 σ 局部有限的, 可数集族是 σ 局部有限的.

注 4.7.3 设 $\mathscr{A}=\{A_j\}_{j\in I}$ 是拓扑空间 X 的局部有限集族, 则 $\overline{\mathscr{A}}=\{\overline{A_j}\}_{j\in I}$ 也是局部有限集族, 且有 $\overline{\bigcup A_j}=\bigcup\overline{A_j}$.

证明 因对任一 $x\in X$ 有开邻域 V_x 仅与 $\mathscr{A}$ 中有限个成员相交, 故除这有限个元外的每一元 A_j, 有 $V_x\cap A_j=\varnothing$, 从而 $V_x\cap\overline{A_j}=\varnothing$. 于是 V_x 仅与 $\overline{\mathscr{A}}$ 中有限个成员相交, 这说明 $\overline{\mathscr{A}}$ 局部有限.

显然 $\overline{\bigcup A_j}\supseteq\bigcup\overline{A_j}$. 又设 $x\notin\bigcup\overline{A_j}$, 则由 $\{A_j\}_{j\in I}$ 局部有限知, 存在 x 的开邻域 V_x 和有限集 $F\subseteq I$ 使 $\forall j\in I-F, V_x\cap A_j=\varnothing$, 从而 $V_x\cap(\bigcup_{j\in I-F}A_j)=\varnothing$. 又因 $x\notin\bigcup_{j\in F}\overline{A_j}=\overline{\bigcup_{j\in F}A_j}$, 故存在 x 的开邻域 W_x 使 $W_x\cap(\bigcup_{j\in F}A_j)=\varnothing$. 令 $U_x=V_x\cap W_x$, 则 U_x 是 x 的开邻域且 $U_x\cap(\bigcup_{j\in I}A_j)=\varnothing$. 这说明 $x\notin\overline{\bigcup A_j}$, 从而 $\overline{\bigcup A_j}\subseteq\bigcup\overline{A_j}$, 进而 $\overline{\bigcup A_j}=\bigcup\overline{A_j}$. □

定义 4.7.4 设 X 是一个拓扑空间. 如果 X 的任一开覆盖都存在局部有限开加细覆盖, 则称 X 是一个**仿紧空间**.

显然紧致空间是仿紧的. 因离散空间中由所有单点集组成的开覆盖是局部有限的且是任一覆盖的加细, 故离散空间也是仿紧的.

定理 4.7.5 说明仿紧性也有加强分离性的功效.

定理 4.7.5 仿紧的正则空间都是正规空间.

证明 设 X 是仿紧的正则空间. 对 X 的任一闭集 A 及 A 的开邻域 U, 由 X 的正则性知, 对每一 $a\in A$, 存在开集 V_a 使得 $a\in V_a\subseteq\overline{V_a}\subseteq U$. 从而集族

$\mathscr{V}=\{V_a \mid a\in A\}\cup\{X-A\}$ 是 X 的一个开覆盖, 它有一个局部有限的开加细覆盖, 设为 $\mathscr{B}$. 令 $\mathscr{C}=\{C\in\mathscr{B}\mid C\cap A\neq\varnothing\}$. 则 $\mathscr{C}$ 是 A 的局部有限的开覆盖, 于是 $W=\bigcup_{C\in\mathscr{C}}C$ 是 A 的开邻域. 下面说明 $\overline{W}\subseteq U$.

对任一元 $C\in\mathscr{C}$, 由 $\mathscr{B}$ 加细 $\mathscr{V}$ 知有某元 V_a 使得 $C\subseteq V_a$, 从而 $\overline{C}\subseteq U$. 对 $x\in\overline{W}$, 由 $\mathscr{C}$ 局部有限知, x 存在一个开邻域 V 只与 $\mathscr{C}$ 中有限个元 $C_1,C_2,\cdots,C_n$ 有非空的交. 故

$$x\notin\overline{W-\bigcup_{i=1}^{n}C_i}.$$

由 $x\in\overline{W}=\overline{W-\bigcup_{i=1}^{n}C_i}\cup\overline{\bigcup_{i=1}^{n}C_i}$ 知 $x\in\overline{\bigcup_{i=1}^{n}C_i}=\bigcup_{i=1}^{n}\overline{C_i}\subseteq U$. 由 $x\in\overline{W}$ 的任意性得 $\overline{W}\subseteq U$. 由定理 4.5.11 得 X 是正规空间. □

定理 4.7.6 仿紧的 T_2 空间是正则空间, 从而是正规空间, 进而是 T_4 空间.

证明 设 X 是仿紧的 T_2 空间. 下证 X 是正则空间. 对 X 的任一点 a 及 a 的任一开邻域 U, 由 X 的 T_2 性知, 对每一 $b\in X-U$, 存在 a 的开邻域 V_a^b 和 b 的开邻域 W_b 使得 $V_a^b\cap W_b=\varnothing$. 从而集族 $\mathscr{V}=\{W_b\mid b\in X-U\}\cup\{U\}$ 是 X 的一个开覆盖, 它有一个局部有限的开加细覆盖设为 $\mathscr{B}$. 令 $\mathscr{C}=\{C\in\mathscr{B}\mid \exists b\in X-U, C\subseteq W_b\}$. 则 $\mathscr{C}$ 是 $X-U$ 的局部有限的开覆盖, 于是 $W=\bigcup_{C\in\mathscr{C}}C$ 是 $X-U$ 的开邻域. 下面说明 $a\in(X-W)^\circ\subseteq X-W=\overline{X-W}\subseteq U$. 因 W 是开集且覆盖 $X-U$, 故 $X-W=\overline{X-W}\subseteq U$. 又由 $\mathscr{C}$ 局部有限知, a 存在一个开邻域 V 只与 $\mathscr{C}$ 中有限个元 $C_1,C_2,\cdots,C_n$ 有非空的交. 对 $C_i\in\mathscr{C}$, 有某元 W_{b_i} 使 $C_i\subseteq W_{b_i}$ $(i=1,2,\cdots,n)$. 取 a 的开邻域 $G=V\cap(\bigcap_{i=1}^{n}V_a^{b_i})$, 则由 $V_a^{b_i}\cap W_{b_i}=\varnothing$ $(i=1,2,\cdots,n)$ 知 $\forall C\in\mathscr{C}$, 有 $G\cap C=\varnothing$, 从而 $G\cap W=\varnothing$, $G\subseteq X-W$. 于是 $a\in G\subseteq(X-W)^\circ\subseteq X-W=\overline{X-W}\subseteq U$. 由定理 4.5.10 得 X 是正则空间. 由定理 4.7.5 得 X 还是正规空间, 进而是 T_4 空间. □

引理 4.7.7 对于正则空间 X, 下列各条等价:

(1) X 是仿紧空间;

(2) X 的任一开覆盖都存在 σ 局部有限开加细覆盖;

(3) X 的任一开覆盖都存在局部有限加细覆盖;

(4) X 的任一开覆盖都存在局部有限闭加细覆盖.

证明 (1) $\Longrightarrow$ (2) 平凡的.

(2) $\Longrightarrow$ (3) 设 $\mathscr{C}$ 是 X 的开覆盖, $\mathscr{V}=\bigcup_{n=1}^{\infty}\mathscr{V}_n$ 是 $\mathscr{C}$ 的 σ 局部有限开加细覆盖, 其中每一 $\mathscr{V}_n$ 是局部有限的. 对每一 $n\in\mathbb{Z}_+$, 作开集 $V_n=\bigcup\mathscr{V}_n\subseteq X$. 再作 $\mathscr{W}_1=\mathscr{V}_1$, $\mathscr{W}_{n+1}=\{V-\bigcup_{i=1}^{n}V_i\mid V\in\mathscr{V}_{n+1}\}$. 令 $\mathscr{W}=\bigcup_{n=1}^{\infty}\mathscr{W}_n$. 则可直接验证 $\mathscr{W}$ 是 X 的覆盖且加细 $\mathscr{C}$. 下面证明 $\mathscr{W}$ 局部有限.

对每一 $x \in X$, 存在 $n \in \mathbb{Z}_+$ 使得 $x \in V_n$. 对每一 $i \leqslant n$, 因 $\mathscr{V}_i$ 是局部有限的, 故存在 x 的开邻域 W_i 只与 $\mathscr{V}_i$ 中有限个元有非空的交. 令 $G = V_n \cap (\bigcap_{i=1}^n W_i)$. 注意到当 $j > 0$ 时, 任一 $A \in \mathscr{W}_{n+j}, A \cap V_n = \varnothing$, 可知 G 是 x 的开邻域且仅与 $\mathscr{W}$ 中有限个元有非空的交. 由 x 的任意性得 $\mathscr{W}$ 局部有限且加细 $\mathscr{C}$.

(3) $\Longrightarrow$ (4) 设 $\mathscr{C}$ 是 X 的开覆盖. 对每一 $x \in X$, 存在 $C_x \in \mathscr{C}$ 使得 $x \in C_x$. 由正则性, 存在 x 的开邻域 V_x 使得 $x \in V_x \subseteq \overline{V_x} \subseteq C_x$. 则 X 的开覆盖 $\{V_x \mid x \in X\}$ 有局部有限的加细覆盖 $\{W_j\}_{j \in J}$. 于是由注 4.7.3, $\{\overline{W_j}\}_{j \in J}$ 是 $\mathscr{C}$ 的局部有限闭加细覆盖.

(4) $\Longrightarrow$ (1) 设 $\mathscr{C}$ 是 X 的开覆盖, $\mathscr{F} = \{F_j\}_{j \in J}$ 是 $\mathscr{C}$ 的局部有限闭加细覆盖. 对每一 $x \in X$, 存在 x 的开邻域 V_x 仅与 $\mathscr{F}$ 中有限个元有非空的交. 于是 X 的开覆盖 $\{V_x\}_{x \in X}$ 也有局部有限闭加细覆盖 $\mathscr{P}$. 对于每个 $j \in J$, 令 $W_j = X - \bigcup\{A \in \mathscr{P} \mid A \cap F_j = \varnothing\}$. 易见 $F_j \subseteq W_j$. 且对于每一 $H \in \mathscr{P}$, 有

$$(*) \qquad H \cap W_j \neq \varnothing \Leftrightarrow H \cap F_j \neq \varnothing.$$

由 $\mathscr{P}$ 是局部有限闭集族及注 4.7.3 知 $\bigcup\{A \in \mathscr{P} \mid A \cap F_j = \varnothing\}$ 是闭集, 从而 W_j 是开集.

取 $U_j \in \mathscr{C}$ 使得 $F_j \subseteq U_j$ 且令 $G_j = W_j \cap U_j$. 则 $\{G_j\}_{j \in J}$ 是 $\mathscr{C}$ 的开加细. 又 $\forall x \in X$, 存在 $F_j \in \mathscr{F}$ 使得 $x \in F_j \subseteq W_j \cap U_j$, 于是 $\{G_j\}_{j \in J}$ 还是一个覆盖. 由于每一 $x \in X$ 有开邻域 O 仅与 $\mathscr{P}$ 中有限个元 $H_1, H_2, \cdots, H_n$ 有非空的交, 于是 $O \subseteq \bigcup_{i=1}^n H_i$, 而每一个 H_i 总是含于某个 V_x, 从而仅与有限个 F_j 有非空的交. 由上面 (*) 式, H_i 仅与有限个 W_j 有非空的交. 从而 O 仅与有限个 $G_j \subseteq W_j$ 有非空的交. 故 $\{G_j\}_{j \in J}$ 是局部有限的, 因而 $\{G_j\}_{j \in J}$ 是 $\mathscr{C}$ 的局部有限开加细覆盖. 故 X 是仿紧空间. □

定理 4.7.8 每一正则的 Lindelöf 空间都是仿紧空间, 特别地, 每一 A_2 的局部紧 T_2 空间都是仿紧空间.

证明 设 X 是正则的 Lindelöf 空间, 则 X 的任一开覆盖有可数子覆盖, 从而有 σ 局部有限开加细覆盖. 由引理 4.7.7 得 X 是仿紧空间. 因局部紧 T_2 空间都是正则的, A_2 空间都是 Lindelöf 的, 故每一 A_2 的局部紧 T_2 空间都是仿紧空间. □

由该定理可知欧氏空间及其任一子空间均是仿紧空间. 其实, 在承认选择公理的前提下, 可以证明每一度量空间也都是仿紧空间 (见 [2]). 因证明较繁, 这里从略.

定理 4.7.9 仿紧空间的闭子空间是仿紧空间.

证明 设 F 是仿紧空间 X 的闭子空间. 设 $\mathscr{V} = \{V_j\}_{j \in J}$ 为 F 的任一开覆盖. 对任一 $j \in J$, 存在 X 的开集 U_j 使得 $V_j = F \cap U_j$. 令 $\mathscr{U} = \{U_j\}_{j \in J} \cup \{X - F\}$,

则 $\mathscr{U}$ 是 X 的开覆盖. 于是 $\mathscr{U}$ 存在局部有限开加细覆盖 $\mathscr{W}$. 这样 $\mathscr{W}|_F$(限制到 F) 便是 $\mathscr{V}$ 的局部有限开加细覆盖. 所以, F 是仿紧空间. □

习题 4.7

1. 设 X 是拓扑空间, $\{A_n\}_{n\in\mathbb{Z}_+}$ 是 X 的一族递降集列. 证明: 若 $\bigcap_{n\in\mathbb{Z}_+}\overline{A_n}=\varnothing$, 则 $\{A_n\}_{n\in\mathbb{Z}_+}$ 是局部有限的.
2. 设 $\mathscr{F}=\{F_j\}_{j\in J}$ 是拓扑空间 X 的局部有限闭集族. 证明: $\bigcup\mathscr{F}$ 是 X 的闭集.
3. 证明: 仿紧空间与紧空间的积空间是仿紧空间.
4. 证明: 任一空间的每个可数开覆盖都有局部有限的加细覆盖.
5. 设 $\mathcal{B}$ 为拓扑空间 X 的一个基. 证明: 若由 $\mathcal{B}$ 的元组成的 X 的覆盖都有局部有限开加细, 则 X 是仿紧的.
6. 若拓扑空间 X 的每点都存在邻域是有限集, 问 X 是否为仿紧空间? 请说明你的结论.

4.8 度量空间的拓扑性质

本节着重考虑度量空间中某些拓扑性质的特殊刻画.

命题 4.8.1 设 (X,d) 是度量空间. 对任意 $x, y\in X$, 令 $d^*(x,y)=\min\{1, d(x,y)\}$. 则 d^* 是 X 上的度量并且与 d 等价, 其中 d^* 称为相应于 d 的**标准有界度量**.

证明 易见 d^* 满足定义 2.1.1 中的正定性和对称性. 下证 d^* 满足三角不等式. 对任意 $x, y, z\in X$, 若 $d(x,y)\geqslant 1$ 或 $d(y,z)\geqslant 1$, 则 $d^*(x,z)\leqslant d^*(x,y)+d^*(y,z)$. 若 $d(x,y)<1$ 且 $d(y,z)<1$, 则 $d^*(x,z)\leqslant d(x,z)\leqslant d(x,y)+d(y,z)=d^*(x,y)+d^*(y,z)$. 故 d^* 满足三角不等式. 从而由定义 2.1.1 知 d^* 是 X 上的度量.

注意到当 $0<\varepsilon<1$ 时, $\forall x\in X$ 有 $B_d(x,\varepsilon)=B_{d^*}(x,\varepsilon)$, 从而由例 2.6.2 和定理 2.6.3 知度量 d^* 与 d 等价. □

定理 4.8.2 设 (X,d) 是度量空间. 则下列条件等价:

(1) $(X,\mathcal{T}_d)$ 是 A_2 空间;

(2) $(X,\mathcal{T}_d)$ 是 Lindelöf 空间;

(3) $(X,\mathcal{T}_d)$ 是可分空间.

证明 (1) $\Longrightarrow$ (2) 由定理 4.2.15可得.

(2) $\Longrightarrow$ (3) 设 (X,d) 是 Lindelöf 度量空间. 因 $\forall n\in\mathbb{Z}_+, \mathcal{U}_n=\left\{B\left(x,\frac{1}{n}\right)\middle| x\in X\right\}$ 是 X 的一个开覆盖, 故存在 $\mathcal{U}_n$ 的可数子覆盖

$$\mathcal{V}_n=\left\{B\left(x_{n,k},\frac{1}{n}\right)\middle| k\in\mathbb{Z}_+\right\}.$$

令 $A=\{x_{n,k}\in X \mid n,k\in\mathbb{Z}_+\}$. 则 A 是一个可数集. 下证 A 是 X 的稠密子集, 即证 $\overline{A}=X$. 对任意 $x\in X$ 及包含 x 的开邻域 U, 存在 $\varepsilon>0$ 使 $B(x,\varepsilon)\subseteq U$. 取 $n_0\in\mathbb{Z}_+$ 使 $\dfrac{1}{n_0}<\varepsilon$. 由 $\mathcal{V}_{n_0}$ 是 X 的覆盖知, 存在 $k_0\in\mathbb{Z}_+$ 使 $x\in B\left(x_{n_0,k_0},\dfrac{1}{n_0}\right)$. 从而 $d(x_{n_0,k_0},x)<\dfrac{1}{n_0}<\varepsilon$. 这说明 $x_{n_0,k_0}\in A\cap U$. 于是 $x\in\overline{A}$. 故 $\overline{A}=X$.

(3) $\Longrightarrow$ (1) 设 A 是 $(X,\mathcal{T}_d)$ 的可数稠密集. 令 $\mathcal{B}=\{B(x,r)\mid x\in A, r\in\mathbb{Q}$ 且 $r>0\}$. 显然, $\mathcal{B}$ 是 (X,d) 的可数开集族. 下证 $\mathcal{B}$ 是 (X,d) 的一个拓扑基. 对任意 $x\in X$ 及 x 的任意开邻域 U_x, 存在有理数 $r=\dfrac{1}{n}>0(n\in\mathbb{Z}_+)$ 使 $x\in B(x,r)\subseteq U_x$. 从而由 A 是稠密子集及命题 4.1.2 知 $A\cap B\left(x,\dfrac{r}{3}\right)\neq\varnothing$. 取 $a\in A\cap B\left(x,\dfrac{r}{3}\right)$. 由定义 2.1.1(3) 易证 $x\in B\left(a,\dfrac{r}{3}\right)\subseteq B(x,r)\subseteq U_x$ 且 $B\left(a,\dfrac{r}{3}\right)\in\mathcal{B}$. 于是由定理 2.6.3 知 $\mathcal{B}$ 是 (X,d) 的一个可数基. 从而 $(X,\mathcal{T}_d)$ 是 A_2 空间. □

推论 4.8.3 可分度量空间的任一子空间都是可分空间.

证明 由定理 4.8.2、定理 4.2.4 及定理 4.2.7 立得. □

定义 4.8.4 设 A 是度量空间 (X,d) 中的非空集. 定义点 $x\in X$ **到集** A **的距离** $d(x,A)$为

$$d(x,A)=\inf\{d(x,y)\mid y\in A\}.$$

引理 4.8.5 设 (X,d) 是度量空间, $\varnothing\neq A\subseteq X$, $x\in X$. 则 $x\in\overline{A}$ 当且仅当 $d(x,A)=0$.

证明 *必要性*: 设 $x\in\overline{A}$. 对任意 $\varepsilon>0$, 有 $B(x,\varepsilon)\cap A\neq\varnothing$. 故存在 $y\in B(x,\varepsilon)\cap A$ 使 $d(x,y)<\varepsilon$. 从而 $d(x,A)=\inf\{d(x,y)\mid y\in A\}=0$.

充分性: 设 $d(x,A)=0$, U 为 x 的任一开邻域. 则由例 4.2.3(4) 知, 存在某 $\varepsilon>0$ 使得 $B(x,\varepsilon)\subseteq U$. 因 $d(x,A)=\inf\{d(x,y)\mid y\in A\}=0$, 则对该 $\varepsilon>0$, 存在 $y\in A$ 使 $d(x,y)<\varepsilon$. 这说明 $y\in B(x,\varepsilon)\cap A$. 从而 $U\cap A\neq\varnothing$, $x\in\overline{A}$. □

定理 4.8.6 度量空间都是正规空间, 从而是 T_4 空间.

证明 设 (X,d) 是度量空间. 由例 4.5.4(4) 知 $(X,\mathcal{T}_d)$ 是 T_2 空间. 不妨设 A, B 是 X 中两个不相交的非空闭集. 由引理 4.8.5 知, 对任意 $x\in A$ 及 $y\in B$, 有 $d(x,B)>0$ 且 $d(y,A)>0$. 令 $\varepsilon_x=\dfrac{1}{2}d(x,B)$, $\delta_y=\dfrac{1}{2}d(y,A)$. 又令 $U=\bigcup_{x\in A}B(x,\varepsilon_x)$, $V=\bigcup_{y\in B}B(y,\delta_y)$. 易见 U, V 分别是 A 和 B 的开邻域. 下证 $U\cap V=\varnothing$. 用反证法. 假设 $U\cap V\neq\varnothing$. 则存在 $z\in U\cap V$. 从而存在 $x_0\in A$, $y_0\in B$ 使 $z\in B(x_0,\varepsilon_{x_0})\cap B(y_0,\delta_{y_0})$. 不妨设 $\varepsilon_{x_0}\geqslant\delta_{y_0}$. 于

是由定义 2.1.1 (3) 知 $d(x_0,y_0)\leqslant d(x_0,z)+d(z,y_0)<2\varepsilon_{x_0}=d(x_0,B)$, 这与 $d(x_0,B)=\inf\{d(x_0,y)\mid y\in B\}$ 矛盾! 故 $U\cap V=\varnothing$. 从而由定义 4.5.8 知 (X,d) 是正规空间. □

度量空间 (X,d) 上的度量 d 可以诱导拓扑 $\mathcal{T}_d$, 因此度量空间是特殊类型的拓扑空间, 并且度量空间具有良好的拓扑性质. 从而自然会提出如下问题: 怎样的拓扑空间存在度量, 使该度量诱导的拓扑恰好是原来的拓扑? 这就是拓扑空间的可度量化问题. 下面的 Urysohn 度量化定理将作出部分回答.

定义 4.8.7　设 $(X,\mathcal{T})$ 是拓扑空间. 若 X 上存在度量 d 使由 d 诱导的拓扑就是 X 上的拓扑 $\mathcal{T}$, 则称空间 $(X,\mathcal{T})$ 为**可度量化空间**.

例 4.8.8　(1) 离散空间都是可度量化空间.

(2) 因 Sorgenfrey 直线 $\mathbb{R}_l$ 可分但不是 A_2 的, 故由定理 4.8.2 知 $\mathbb{R}_l$ 不可度量化.

(3) 由定理 4.8.6 知非 T_4 空间都不可度量化.

引理 4.8.9　Hilbert 空间 $\mathbb{H}$ 是可分空间.

证明　令 $A=\{z=\{z_n\}_{n\in\mathbb{Z}_+}\in\mathbb{H}\mid z_n$ 是有理数, 且只有有限个不是 $0\}$. 显然 A 是可数集. 下证 A 是 $\mathbb{H}$ 中的稠密子集, 即证 $\overline{A}=\mathbb{H}$. 对任意 $x=\{x_n\}_{n\in\mathbb{Z}_+}\in\mathbb{H}$ 及包含 x 的开邻域 U, 存在 $\varepsilon>0$ 使 $x\in B(x,\varepsilon)\subseteq U$. 对 $\varepsilon>0$, 由 $\sum\limits_{n=1}^{\infty}x_n^2<\infty$ 知, 存在 $N\in\mathbb{Z}_+$ 使 $\sum\limits_{n=N+1}^{\infty}x_n^2<\dfrac{\varepsilon^2}{2}$. 对任意 $n=1,2,\cdots,N$, 由有理数集 $\mathbb{Q}$ 在实直线 $\mathbb{R}$ 中稠密知, 存在 $z_n\in\mathbb{Q}$ 使 $|x_n-z_n|<\dfrac{\varepsilon}{\sqrt{2N}}$. 令 $z=(z_1,z_2,\cdots,z_N,0,0,\cdots)$. 则 $z\in A$ 且

$$
\begin{aligned}
d_{\mathbb{H}}(x,z)&=\sqrt{\sum_{n=1}^{\infty}(x_n-z_n)^2}=\sqrt{\sum_{n=1}^{N}(x_n-z_n)^2+\sum_{n=N+1}^{\infty}x_n^2}\\
&<\sqrt{\left(\frac{\varepsilon}{\sqrt{2N}}\right)^2\cdot N+\frac{\varepsilon^2}{2}}=\varepsilon.
\end{aligned}
$$

这说明 $z\in A\cap B(x,\varepsilon)$. 从而 $A\cap U\neq\varnothing$, $x\in\overline{A}$. 于是 $\overline{A}=\mathbb{H}$. □

定理 4.8.10 (Urysohn 嵌入定理)　A_2 的 T_3 空间均同胚于 Hilbert 空间 $\mathbb{H}$ 的一个子空间.

证明　设 X 是 A_2 的 T_3 空间. 由定理 4.2.15 和定理 4.5.25 知 X 是正规空间. 设 $\mathcal{B}$ 为 X 的一个可数基. 不妨设 $\varnothing\notin\mathcal{B}$. 令 $\mathcal{A}=\{(U,V)\in\mathcal{B}\times\mathcal{B}\mid\overline{U}\subseteq V\}$. 易见 $\mathcal{A}$ 是可数的. 因此 $\mathcal{A}$ 中的成员可排列为
$(U_1,V_1),(U_2,V_2),\cdots,(U_n,V_n),\cdots$ (当 $\mathcal{A}$ 是有限集时, 可无限重复它的任一成员).

对任意 $n \in \mathbb{Z}_+$, 由 X 是正规空间、$\overline{U_n} \subseteq V_n$ 及引理 4.5.16 (Urysohn 引理) 知, 存在连续映射 $f_n : X \to [0,1]$ 使对任意 $x \in \overline{U_n}$ 有 $f_n(x) = 0$ 且对任意 $y \in X - V_n$ 有 $f_n(y) = 1$. 定义映射 $f : X \to \mathbb{H}$ 为对任意 $x \in X$,

$$f(x) = \left(f_1(x), \frac{1}{2} f_2(x), \cdots, \frac{1}{n} f_n(x), \cdots \right).$$

因为对任意 $n \in \mathbb{Z}_+$, $0 \leqslant f_n(x) \leqslant 1$, 故 $\sum\limits_{n=1}^{\infty} \left(\frac{1}{n} f_n(x) \right)^2 \leqslant \sum\limits_{n=1}^{\infty} \frac{1}{n^2} < +\infty$. 从而 $f(x) \in \mathbb{H}$. 这说明映射 f 的定义合理. 下证 $f : X \to \mathbb{H}$ 是一个同胚嵌入.

(i) f 是单射.

设 $x, y \in X$. 若 $x \neq y$, 由 X 是 T_1 的知, 存在 $V \in \mathcal{B}$ 使 $x \in V$ 且 $y \notin V$. 再由 X 是正则空间及定理 4.5.10 知, 存在 x 的开邻域 W 使 $x \in W \subseteq \overline{W} \subseteq V$. 因为 $\mathcal{B}$ 为 X 的基, 由定理 2.6.3 知, 存在 $U \in \mathcal{B}$ 使 $x \in U \subseteq W$. 从而 $\overline{U} \subseteq \overline{W} \subseteq V$. 这说明 $(U, V) \in \mathcal{A}$. 不妨设 $(U, V) = (U_k, V_k)$, $k \in \mathbb{Z}_+$. 根据映射 f_k 的定义有 $f_k(x) = 0$, $f_k(y) = 1$. 从而 $f(x) \neq f(y)$. 这说明 f 是单射.

(ii) f 是连续映射.

设 $x_0 \in X$, W 为 $f(x_0)$ 在 $\mathbb{H}$ 中的开邻域. 则存在 $\varepsilon > 0$ 使 $B(f(x_0), \varepsilon) \subseteq W$. 对上述 $\varepsilon > 0$, 存在 $N \in \mathbb{Z}_+$ 使 $\sum\limits_{n=N+1}^{\infty} \frac{1}{n^2} < \frac{\varepsilon^2}{2}$. 对任意 $n = 1, 2, \cdots, N$, 由 $f_n : X \to [0,1]$ 连续知, 存在 x_0 在 X 中的开邻域 U_n 使 $f_n(U_n) \subseteq B\left(f_n(x_0), \frac{\varepsilon}{\sqrt{2N}} \right)$. 则对任意 $y \in U_n$, 有 $|f_n(y) - f_n(x_0)| < \frac{\varepsilon}{\sqrt{2N}}$. 令 $U = \bigcap_{n=1}^{N} U_n$. 易见 U 是 x_0 在 X 中的一个开邻域. 且对任意 $y \in U$,

$$\begin{aligned} d_{\mathbb{H}}(f(y), f(x_0)) &= \sqrt{\sum_{n=1}^{N} \frac{(f_n(y) - f_n(x_0))^2}{n^2} + \sum_{n=N+1}^{\infty} \frac{(f_n(y) - f_n(x_0))^2}{n^2}} \\ &< \sqrt{\left(\frac{\varepsilon}{\sqrt{2N}} \right)^2 \cdot N + \sum_{n=N+1}^{\infty} \frac{1}{n^2}} \\ &< \sqrt{\frac{\varepsilon^2}{2} + \frac{\varepsilon^2}{2}} = \varepsilon. \end{aligned}$$

这说明 $f(y) \in B(f(x_0), \varepsilon)$. 从而 $f(U) \subseteq B(f(x_0), \varepsilon) \subseteq W$, 即 $x_0 \in U \subseteq f^{-1}(W)$. 由定义 2.7.1 知 f 在点 x_0 处连续. 再由 $x_0 \in X$ 的任意性知 f 是连续映射.

(iii) $f^{-1} : f(X) \to X$ 是连续映射.

设 $y_0 \in f(X)$. 由 f 是单射知存在唯一的 $x_0 \in X$ 使 $y_0 = f(x_0)$. 记 $x_0 = f^{-1}(y_0)$. 设 W 是 x_0 在 X 中的任一开邻域. 由 $\mathcal{B}$ 为 X 的基知, 存在 $V \in \mathcal{B}$ 使 $x \in V \subseteq W$. 因为 X 是正则空间, 由定理 4.5.10 知, 存在 x_0 的开邻域 H 使 $x_0 \in H \subseteq \overline{H} \subseteq V$. 又由定理 2.6.3 知, 存在 $U \in \mathcal{B}$ 使 $x_0 \in U \subseteq H$. 故 $\overline{U} \subseteq \overline{H} \subseteq V$. 这说明 $(U,V) \in \mathcal{A}$. 不妨设 $(U,V) = (U_k, V_k)$, $k \in \mathbb{Z}_+$. 根据映射 f_k 的定义有 $f_k(x_0) = 0$. 令 $B_{d_{\mathbb{H}}|_{f(X)\times f(X)}}\left(y_0, \dfrac{1}{k}\right)$ 为 $f(X)$ 中以 y_0 为中心, $\dfrac{1}{k}$ 为半径的球形邻域. 则对任意 $z \in B_{d_{\mathbb{H}}|_{f(X)\times f(X)}}\left(y_0, \dfrac{1}{k}\right)$, 存在唯一的 $\widetilde{x} \in X$ 使 $z = f(\widetilde{x})$. 记 $\widetilde{x} = f^{-1}(z)$. 由

$$d_{\mathbb{H}}(z, y_0) = d_{\mathbb{H}}(f(\widetilde{x}), f(x_0)) = \sqrt{\sum_{n=1}^{\infty} \frac{(f_n(\widetilde{x}) - f_n(x_0))^2}{n^2}} < \frac{1}{k}$$

及映射 f_k 的定义知 $f_k(\widetilde{x}) \neq 1$. 根据映射 f_k 的定义知 $\widetilde{x} \notin X - V_k$. 故 $\widetilde{x} = f^{-1}(z) \in V_k = V \subseteq W$. 这说明 $f^{-1}\left(B_{d_{\mathbb{H}}|_{f(X)\times f(X)}}\left(y_0, \dfrac{1}{k}\right)\right) \subseteq W$. 由命题 3.1.8 及定义 2.7.1 知 f^{-1} 在点 y_0 处连续. 再由 $y_0 \in f(X)$ 的任意性知 f^{-1} 是连续映射.

综合 (i)—(iii) 知 $f: X \to \mathbb{H}$ 是嵌入. 故 X 同胚于 Hilbert 空间的一个子空间. □

定理 4.8.11 (Urysohn 度量化定理) *设 X 是拓扑空间. 则下列条件等价:*

(1) X 是 A_2 的 T_3 空间;

(2) X 同胚于 Hilbert 空间 $\mathbb{H}$ 的一个子空间;

(3) X 是可分的可度量化空间.

证明 (1) $\Longrightarrow$ (2) 由定理 4.8.10 可得.

(2) $\Longrightarrow$ (3) 由命题 3.1.8、推论 4.8.3 和引理 4.8.9 知 Hilbert 空间 $\mathbb{H}$ 的子空间均是可分可度量化的. 又若 X 同胚于 Hilbert 空间 $\mathbb{H}$ 的某子空间, 则 X 是可分可度量化空间.

(3) $\Longrightarrow$ (1) 由定理 4.8.2 和定理 4.8.6 可得. □

习题 4.8

1. 证明: 紧致度量空间一定是有界的, 但反之不成立.

2. 举例说明: 度量空间不必是局部紧致空间.

3. 设 (X, d_X), (Y, d_Y) 是度量空间, $f: (X, \mathcal{T}_{d_X}) \to (Y, \mathcal{T}_{d_Y})$ 为映射. 证明: f 连续当且仅当 $\forall x \in X, \forall \varepsilon > 0$, 存在 $\delta > 0$ 使 $f(B_{d_X}(x, \delta)) \subseteq B_{d_Y}(f(x), \varepsilon)$.

4. 证明: 可数个可度量化空间的积空间是可度量化空间.

5. 证明: 拓扑空间的可度量化性质是拓扑不变性质.

6. 设 X 是紧致 T_2 空间, $f: X \to X$ 连续. 证明: 存在非空闭集 $A \subseteq X$ 使得 $f(A) = A$.

7*. 证明: 良序集 $\overline{S_\Omega} = S_\Omega \cup \{\Omega\}$ 在序拓扑下是不可度量化的.

8. 设 (X, d) 是度量空间. 证明: 对 X 的任意非空子集 A, 以及任意 $x, y \in X$ 有

$$|d(x, A) - d(y, A)| \leqslant d(x, y).$$

第 5 章　收敛理论与拓扑概念刻画

前面我们已看到在 A_1 空间中, 利用序列的收敛可刻画一些拓扑概念. 对于一般的拓扑空间, 序列收敛就不能完全刻画相关的拓扑概念. 于是本章介绍更一般的网和滤子的收敛理论, 利用这些理论可刻画更多拓扑概念和特殊拓扑空间类.

5.1　网的收敛理论

5.1.1　网及其收敛

在拓扑空间中, 有些逼近状态无法用序列的极限来描述, 因此有必要将序列概念加以推广, 建立更为一般的网的收敛理论.

定义 5.1.1　设 X 是集合, J 是定向集. 每个映射 $\xi: J \to X$ 称为 X 内的一个网. 若对任意 $j \in J$, 记 $\xi(j) = x_j$, 则网 ξ 可记作 $(x_j)_{j\in J}$.

显然, 当定向集 $J = \mathbb{Z}_+$ 时, 一个网就是一个序列. 故网是序列概念的推广.

例 5.1.2　设 $(X,\mathcal{T})$ 是拓扑空间, $x \in X, \mathcal{U}_x$ 是点 x 的邻域系. 定义 $\mathcal{U}_x$ 上的偏序关系 $\leqslant$ 为集合的反包含序, 即对任意 $U, V \in \mathcal{U}_x, U \leqslant V \Longleftrightarrow U \supseteq V$. 由定理 2.3.3(2) 知 $(\mathcal{U}_x,\leqslant)$(或记作 $(\mathcal{U}_x,\supseteq)$) 是定向集. 从而对任意 $U \in \mathcal{U}_x$, 取 $x_U \in U$, 易见 $\{x_U\}_{U\in\mathcal{U}_x}$ 是一个网, 其中 $x_U \in U$ 的取法是任意的, 不同的取法可以得到不同的网.

定义 5.1.3　设 $\xi = (x_j)_{j\in J}$ 是拓扑空间 X 内的一个网, $A \subseteq X, p \in X$.

(1) 若对任意 $j \in J$, 有 $x_j \in A$, 则称网 $(x_j)_{j\in J}$ **在集 A 内**.

(2) 若存在 $j_0 \in J$ 使当 $j \in J$ 且 $j \geqslant j_0$ 时有 $x_j \in A$, 则称网 $(x_j)_{j\in J}$ **最终在集 A 内**.

(3) 若对任意 $j \in J$, 存在 $k \in J$ 使 $k \geqslant j$ 且 $x_k \in A$, 则称网 $(x_j)_{j\in J}$ **常在集 A 内**.

(4) 若对点 p 的任意邻域 U, 网 $(x_j)_{j\in J}$ 最终在集 U 内, 即存在 $j_U \in J$ 使当 $j\in J$ 且 $j \geqslant j_U$ 时有 $x_j \in U$, 则称点 p 是 $(x_j)_{j\in J}$ **的一个极限**, 或称$(x_j)_{j\in J}$ **收敛于** p, 记作 $(x_j)_{j\in J}\to p$. 有极限的网称**收敛网**, 否则称**发散网**. 网 $(x_j)_{j\in J}$ 的所有极限构成的集合记作 $\lim(x_j)_{j\in J}$.

(5) 若对点 p 的任意邻域 U, 网 $(x_j)_{j\in J}$ 常在集 U 内, 则称点 p 是**网 $(x_j)_{j\in J}$ 的一个聚点**. 网 $(x_j)_{j\in J}$ 的所有聚点构成的集合记作 $\mathrm{adh}(x_j)_{j\in J}$. 易见, 网 $(x_j)_{j\in J}$ 均最终在集 U 内必常在 U 内, 故 $\lim(x_j)_{j\in J} \subseteq\mathrm{adh}(x_j)_{j\in J}$.

例 5.1.4 (1) 拓扑空间中的常值网均收敛, 即若网 $\xi=(x_j)_{j\in J}$ 满足对任意 $j\in J$, $x_j=s$, 则网 $\xi=(x_j)_{j\in J}\to s$.

(2) 设 $X=\{a,b\}$, $\mathcal{T}=\{X,\varnothing,\{a\}\}$ 为 Sierpinski 空间. 则常值网 $(x_j=a)_{j\in J}$ 既收敛到 a 也收敛到 b. 故收敛网的极限不必唯一.

定理 5.1.5 拓扑空间 X 是 T_2 空间当且仅当 X 中每个收敛网有唯一极限.

证明 必要性: 设 $(x_j)_{j\in J}$ 是拓扑空间 X 的一个收敛网. 假设 $(x_j)_{j\in J}$ 收敛到两个不同的点 x, y. 则对于 x 的任意开邻域 U, y 的任意开邻域 V, 网 $(x_j)_{j\in J}$ 均最终在集 U 和 V 内. 从而 $U\cap V\neq\varnothing$. 这说明 x, y 没有不相交的开邻域, 与 X 是 T_2 空间矛盾! 故 X 中每个收敛网有唯一极限.

充分性: 假设 X 不是 T_2 空间. 则存在 X 中两个不同的点 x, y 使对任意 $U\in\mathcal{U}_x$, $V\in\mathcal{U}_y$, 有 $U\cap V\neq\varnothing$, 其中 $\mathcal{U}_x$ 和 $\mathcal{U}_y$ 分别是点 x 和 y 的邻域系. 由例 5.1.2 知 $\mathcal{U}_x$ 和 $\mathcal{U}_y$ 赋予集合的反包含序形成定向集 $D_1=(\mathcal{U}_x,\supseteq)$ 和 $D_2=(\mathcal{U}_y,\supseteq)$. 令 $D=D_1\times D_2$ 为定向集 D_1 和 D_2 的乘积. 由定义 1.2.31 易见 D 也是一个定向集. 从而对任意 $(U,V)\in D$, 取 $x_{(U,V)}\in U\cap V$. 可以直接验证 $\{x_{(U,V)}\}_{(U,V)\in D}$ 是一个同时收敛于 x 和 y 的网, 这与 X 中每个收敛网有唯一极限矛盾! 故 X 是 T_2 空间. □

推论 5.1.6 T_2 空间中的任意一个收敛序列只有一个极限点.

证明 直接由定理 5.1.5 可得. □

利用网的收敛可以刻画集合的聚点和闭包, 从而事实上也就描述了空间的拓扑.

定理 5.1.7 设 X 为拓扑空间, $A\subseteq X$, $p\in X$. 则

(1) 点 p 为 A 的聚点, 即 $p\in A^d$ 当且仅当存在 $A-\{p\}$ 内的网收敛于 p;

(2) 点 p 属于 A 的闭包, 即 $p\in\overline{A}$ 当且仅当存在 A 内的网收敛于 p.

证明 (1) 设 $p\in A^d$. 则对 p 的任意邻域 U, $U\cap(A-\{p\})\neq\varnothing$. 取 $x_U\in U\cap(A-\{p\})$. 由例 5.1.2 知 $\{x_U\}_{U\in\mathcal{U}_p}$ 是 $A-\{p\}$ 内的网且收敛于点 p, 其中 $\mathcal{U}_p$ 是点 $p\in X$ 的邻域系. 反之, 若存在 $A-\{p\}$ 内的网 $(x_j)_{j\in J}$ 收敛于 p, 则对 p 的任意邻域 U, 存在 $j_U\in J$ 使当 $j\in J$ 且 $j\geqslant j_U$ 时有 $x_j\in U$. 从而 $U\cap(A-\{p\})\neq\varnothing$. 这说明 $p\in A^d$.

(2) 设 $p\in\overline{A}=A\cup A^d$. 由 (1) 知仅需证 $p\in A-A^d$ 的情形. 此时取常值网 $x_j\equiv p(\forall j\in J)$. 易见 $(x_j)_{j\in J}$ 是 A 内的网且收敛于 p. 反之, 若存在 A 内的网 $(y_k)_{k\in K}$ 收敛于 p. 则对 p 的任意邻域 U, 存在 $k_U\in K$ 使当 $k\in K$ 且 $k\geqslant k_U$ 时有 $y_k\in U$. 从而 $U\cap A\neq\varnothing$. 这说明 $p\in\overline{A}$. □

对于 A_1 空间, 凡用网收敛表述的概念或命题均可改用序列收敛表述, 从而可以简化问题. 定理 4.2.10 和推论 4.2.11 就是定理 5.1.7 的简化表达.

命题 5.1.8 设 $\xi: J\to X$ 为空间 X 内的一个网. 对任意 $j\in J$, 令

$A_j = \{\xi(m) \mid m \in J \text{ 且 } m \geqslant j\}$. 则 $\mathrm{adh}\xi = \bigcap_{j\in J} \overline{A_j}$.

证明 由定义 5.1.3(3) 和 (5) 直接验证. □

定理 5.1.9 设 J 是定向集, $\{E_j\}_{j\in J}$ 是一族定向集, $\prod_{j\in J} E_j = \{f : J \to \bigcup_{j\in J} E_j \mid \text{对于任意 } j \in J, f(j) \in E_j\}$. 在 $J \times \prod_{j\in J} E_j$ 中规定

$$(i, f) \leqslant (k, g) \Longleftrightarrow i \leqslant k, \text{且对任意} j \in J, f(j) \leqslant g(j).$$

(1) 偏序集 $(J \times \prod_{j\in J} E_j, \leqslant)$ 是定向集;

(2) 设 $\xi : J \to X$ 为拓扑空间 X 内的网, $\{\eta_j : E_j \to X\}_{j\in J}$ 为一族 X 内的网. 若网 ξ 收敛于 x, 且对任意 $j \in J$, 网 η_j 收敛于 $\xi(j)$, 则网

$$\mu : \left(J \times \prod_{j\in J} E_j, \leqslant\right) \to X, \quad (j, f) \mapsto \eta_j(f(j))$$

收敛于 x. 网 μ 称为由 $\xi : J \to X$ 和 $\{\eta_j : E_j \to X\}_{j\in J}$ 确定的**对角网**.

证明 (1) 对任意 $(i, f), (k, g) \in J \times \prod_{j\in J} E_j$, 由 $i, k \in J$ 及 J 定向知, 存在 $m \in J$ 使 $i, k \leqslant m$. 又由 $f, g \in \prod_{j\in J} E_j$ 知, 对任意 $j \in J$, 有 $f(j), g(j) \in E_j$. 从而由 E_j 定向知, 存在 $h_j \in E_j$ 使 $f(j), g(j) \leqslant h_j$. 令 $h : J \to \bigcup_{j\in J} E_j$ 满足对于任意 $j \in J$, $h(j) = h_j$. 则 $h \in \prod_{j\in J} E_j$ 且 $f, g \leqslant h$. 从而 $(m, h) \in J \times \prod_{j\in J} E_j$ 使 $(i, f), (k, g) \leqslant (m, h)$. 这说明偏序集 $(J \times \prod_{j\in J} E_j, \leqslant)$ 是定向集.

(2) 对点 x 的任意邻域 U, 由网 ξ 收敛于 x 知, 存在 $j_U \in J$ 使对任意 $j \in J$ 且 $j \geqslant j_U$, 有 $\xi(j) \in U$. 又由网 $\eta_j : E_j \to X$ 收敛于 $\xi(j)$ 知, 存在 $f_j \in E_j$ 使对任意 $n \in E_j$ 且 $n \geqslant f_j$, 有 $\eta_j(n) \in U$. 定义 $f_U : J \to \bigcup_{j\in J} E_j$ 如下:

$$f_U(j) = \begin{cases} f_j, & j \geqslant j_U, \\ E_j \text{ 的任意元}, & j \ngeqslant j_U. \end{cases}$$

显然 $(j_U, f_U) \in J \times \prod_{j\in J} E_j$. 于是对任意 $(j, g) \in J \times \prod_{j\in J} E_j$ 且 $(j, g) \geqslant (j_U, f_U)$, 有 $j \geqslant j_U$ 且 $g(j) \geqslant f_U(j) = f_j$. 从而 $\mu(j, g) = \eta_j(g(j)) \in U$. 这说明网 μ 收敛于 x. □

定义 5.1.10 设 $\xi = (x_j)_{j\in J}$, $\eta = (y_e)_{e\in E}$ 均为集 X 内的网. 若存在映射 $h : E \to J$ 满足下列两个条件:

(1) $\eta = \xi \circ h$, 即对任意 $e \in E$, $y_e = \eta(e) = (\xi \circ h)(e) = x_{h(e)}$;

(2) 对任意 $j \in J$, 存在 $e_j \in E$ 使对任意 $p \in E$ 且 $p \geqslant e_j$, 有 $h(p) \geqslant j$,

则称 $\eta = (y_e)_{e\in E}$ 为 $\xi = (x_j)_{j\in J}$ 的**子网**.

例 5.1.11 设 $\xi = (x_j)_{j\in J}$ 是集 X 内的网, E 为 J 的一个共尾子集. 取映射 $h : E \to J$ 为包含映射, 则 $\eta = \xi \circ h = (x_e)_{e\in E}$ 为 $\xi = (x_j)_{j\in J}$ 的一个子网.

定理 5.1.12 设 $\xi=(x_j)_{j\in J}$ 是拓扑空间 X 内的一个网, $x_0\in X$.

(1) 若 $\xi=(x_j)_{j\in J}$ 收敛于 x_0, 则它的任意子网也收敛于 x_0;

(2) 若 $\xi=(x_j)_{j\in J}$ 不收敛于 x_0, 则存在 ξ 的子网 $\eta=(y_e)_{e\in E}$ 使 η 的任意子网都不收敛于 x_0.

证明 (1) 由网 $\xi=(x_j)_{j\in J}$ 收敛于 x_0 知, 对点 x_0 的任意邻域 U, 存在 $j_U\in J$ 使当 $j\in J$ 且 $j\geqslant j_U$ 时有 $x_j\in U$. 若 $\eta=(y_e)_{e\in E}$ 为 $\xi=(x_j)_{j\in J}$ 的一个子网, 由定义 5.1.10 知, 存在映射 $h:E\to J$, 对于 $j_U\in J$, 存在 $e_{j_U}\in E$ 使对任意 $p\in E$ 且 $p\geqslant e_{j_U}$, 有 $h(p)\geqslant j_U$, 从而 $y_p=\eta(p)=(\xi\circ h)(p)=x_{h(p)}\in U$. 由定义 5.1.3(4) 知子网 $\eta=(y_e)_{e\in E}$ 也收敛于 x_0.

(2) 若 $\xi=(x_j)_{j\in J}$ 不收敛于 x_0, 则存在 x_0 的邻域 U 使对任意 $j\in J$, 存在 $k_j\in J$ 使 $k_j\geqslant j$ 且 $x_{k_j}\in X-U$. 令 $E=\{k_j\mid j\in J\}$. 由定义 1.2.25 知 E 是 J 的共尾子集. 取映射 $h:E\to J$ 为包含映射. 由例 5.1.11 知 $\eta=\xi\circ h=(x_{k_j})_{k_j\in E}$ 为网 ξ 的一个子网. 又因为对任意 $k_j\in E$, $x_{k_j}\in X-U$, 故 η 的任意子网都不收敛于 x_0. □

命题 5.1.13 设 $\xi:D\to X,\eta:D\to X$ 均是集 X 内的网. 对任意 $d\in D$, 令 $B_d=\{n\in D\mid n\geqslant d\}$, $A_d=\{\xi(n)\mid n\in B_d\}$ 且 $\phi_d:E_d\to A_d$ 为 A_d 内的网. 则由 $\eta:D\to X$ 和 $\{\phi_d:E_d\to A_d\}_{d\in D}$ 确定的对角网 μ 为 ξ 的一个子网, 其中 $\mu:(D\times\prod_{d\in D}E_d,\leqslant)\to X$ 满足对任意 $(d,f)\in D\times\prod_{d\in D}E_d$, $\mu(d,f)=\phi_d(f(d))$.

证明 对任意 $(d,f)\in D\times\prod_{d\in D}E_d$, 由 $\mu(d,f)=\phi_d(f(d))\in A_d$ 及 $A_d=\{\xi(n)\mid n\in B_d\}$ 知集 $\xi^{-1}(\phi_d(f(d)))$ 非空. 令映射 $h:D\times\prod_{d\in D}E_d\to D$ 为对任意 $(d,f)\in D\times\prod_{d\in D}E_d$, $h(d,f)$ 为非空集 $\xi^{-1}(\phi_d(f(d)))$ 的任意元. 易见 $\mu=\xi\circ h$. 设 $d_0\in D$. 取 $f_0\in\prod_{d\in D}E_d$. 则 $(d_0,f_0)\in D\times\prod_{d\in D}E_d$. 对任意 $(d,f)\in D\times\prod_{d\in D}E_d$, 若 $(d,f)\geqslant(d_0,f_0)$, 则 $d\geqslant d_0$. 从而 $B_d\subseteq B_{d_0}$, $A_d\subseteq A_{d_0}$. 于是由 h 的定义知 $h(d,f)\in B_d\subseteq B_{d_0}$. 这说明 $h(d,f)\geqslant d_0$. 由定义 5.1.10 知 μ 为 ξ 的一个子网. □

定义 5.1.14 设 $\xi=(x_j)_{j\in J}$ 是拓扑空间 X 内的一个网. 若对任意 $A\subseteq X$, $(x_j)_{j\in J}$ 最终在集 A 或 $X-A$ 内, 则称 $(x_j)_{j\in J}$ 是 X 内的一个**超网**.

显然, 拓扑空间内的每个常值网都是超网.

定理 5.1.15 设 $\xi=(x_j)_{j\in J}$ 是拓扑空间 X 内的一个超网. 则

(1) $\lim(x_j)_{j\in J}=\mathrm{adh}(x_j)_{j\in J}$.

(2) 对任意映射 $f:X\to Y$, 有 $f\circ\xi$ 为拓扑空间 Y 内的一个超网.

证明 用定义 5.1.3 和定义 5.1.14 直接验证. □

引理 5.1.16 设 $\xi=(x_j)_{j\in J}$ 是拓扑空间 X 内的一个网. 则存在集族 $\mathscr{B}\subseteq\mathcal{P}(X)$ 满足下列三个条件:

(1) $\mathscr{B}\neq\varnothing$ 且网 ξ 常在 $\mathscr{B}$ 的每个元内;

(2) $\mathscr{B}$ 内任意两个元之交属于 $\mathscr{B}$;

(3) 对 X 的任意子集 A, 有 $A\in\mathscr{B}$ 或 $X-A\in\mathscr{B}$.

证明 令 $\mathscr{A}=\{\mathscr{D}\subseteq\mathcal{P}(X)\mid\mathscr{D}$ 满足条件 (1) 和 (2)$\}$. 则 $\{X\}\in\mathscr{A}$. 故 $\mathscr{A}\neq\varnothing$. 设 $\{\mathscr{D}_\lambda\}_{\lambda\in\Gamma}$ 是偏序集 $(\mathscr{A},\subseteq)$ 的全序子集. 易见 $\bigcup_{\lambda\in\Gamma}\mathscr{D}_\lambda\in\mathscr{A}$. 故由 Zorn 引理知 $(\mathscr{A},\subseteq)$ 中存在极大元 $\mathscr{B}$. 下证 $\mathscr{B}$ 满足条件 (3).

为此, 先证明断言: 若 $U\subseteq X$ 使对任意 $B\in\mathscr{B}$, 网 ξ 常在 $B\cap U$ 内, 则 $U\in\mathscr{B}$. 事实上, 令 $\mathscr{B}^*=\mathscr{B}\cup\{U\}\cup\{B\cap U\mid B\in\mathscr{B}\}$. 则 $\mathscr{B}^*\in\mathscr{A}$ 且 $\mathscr{B}^*\supseteq\mathscr{B}$. 从而由 $\mathscr{B}$ 的极大性知 $\mathscr{B}^*=\mathscr{B}$. 故 $U\in\mathscr{B}$, 即断言成立.

下证 $\mathscr{B}$ 满足条件 (3). 对 X 的任意子集 A, 若 $A\notin\mathscr{B}$, 则由断言知, 存在 $B_0\in\mathscr{B}$ 使网 ξ 不常在 $B_0\cap A$ 内. 从而网 ξ 最终在 $X-(B_0\cap A)=(X-B_0)\cup(X-A)$ 内. 对任意 $B\in\mathscr{B}$, 由网 ξ 常在 B 内知 ξ 常在 $B\cap((X-B_0)\cup(X-A))$ 内. 于是由断言知 $(X-B_0)\cup(X-A)\in\mathscr{B}$. 则由 $\mathscr{B}$ 满足条件 (2) 知 $B_0\cap((X-B_0)\cup(X-A))=B_0\cap(X-A)\in\mathscr{B}$. 从而再由 $\mathscr{B}$ 满足条件 (2) 知, 对任意 $B\in\mathscr{B}$, $B\cap(B_0\cap(X-A))\in\mathscr{B}$. 故由 $\mathscr{B}$ 满足条件 (1) 知网 ξ 常在 $B\cap(B_0\cap(X-A))\subseteq(B\cap(X-A))$ 内. 于是由断言知 $X-A\in\mathscr{B}$. 这说明 $\mathscr{B}$ 满足条件 (3). □

引理 5.1.17 设 $\xi=(x_j)_{j\in J}$ 是拓扑空间 X 内的网. 若 $\mathscr{B}\subseteq\mathcal{P}(X)$ 满足下列两条:

(1) $\mathscr{B}\neq\varnothing$ 且网 ξ 常在 $\mathscr{B}$ 的每个元内;

(2) $\mathscr{B}$ 内任意两个元之交包含 $\mathscr{B}$ 的一个元,

则 ξ 有一个子网最终在 $\mathscr{B}$ 的每个元内.

证明 令 $E=\{(j,B)\in J\times\mathscr{B}\mid\xi(j)\in B\}$. 由网 ξ 常在 $\mathscr{B}$ 的每个元内知 $E\neq\varnothing$. 在 E 上定义二元关系如下: 对任意$(i,A),(j,B)\in E$, $(i,A)\leqslant(j,B)$当且仅当 $i\leqslant j, B\subseteq A$. 则由条件 (2) 易见 $(E,\leqslant)$ 为定向集. 定义映射 $h:E\to J$ 为对任意 $(j,B)\in E$, $h(j,B)=j$. 令 $\eta=\xi\circ h$. 下证 η 是 ξ 的一个子网且 η 最终在 $\mathscr{B}$ 的每个元内.

(i) 对任意 $j\in J$, 任取 $B\in\mathscr{B}$. 由条件 (1) 知网 ξ 常在 B 中. 故存在 $k\in J$ 使 $k\geqslant j$ 且 $\xi(k)\in B$. 由 E 的定义知 $(k,B)\in E$. 则对任意 $(i,A)\in E$ 且 $(i,A)\geqslant(k,B)$, 有 $h(i,A)=i\geqslant k\geqslant j$. 从而由定义 5.1.10 知 η 是 ξ 的一个子网.

(ii) 对任意 $B\in\mathscr{B}$. 由 (i) 的证明过程知, 存在 $k\in J$ 使 $(k,B)\in E$. 则对任意 $(i,A)\in E$ 且 $(i,A)\geqslant(k,B)$, 有 $\eta(i,A)=(\xi\circ h)(i,A)=\xi(i)\in A\subseteq B$. 这说明 η 最终在 $\mathscr{B}$ 的每个元内. □

定理 5.1.18 任意拓扑空间 X 内的任一网都有一个子网为超网.

证明 设 ξ 是拓扑空间 X 内的一个网. 由引理 5.1.16 知, 存在集族 $\mathscr{B}\subseteq\mathcal{P}(X)$ 满足下列三个条件: ① $\mathscr{B}\neq\varnothing$ 且网 ξ 常在 $\mathscr{B}$ 的每个元内; ② $\mathscr{B}$ 内任意两

个元之交属于 $\mathscr{B}$; ③ 对 X 的任意子集 A, 有 $A\in\mathscr{B}$ 或 $X-A\in\mathscr{B}$. 从而由引理 5.1.17 知 ξ 有一个子网 η 最终在 $\mathscr{B}$ 的每个元内. 因为对 X 的任意子集 A, 有 $A\in\mathscr{B}$ 或 $X-A\in\mathscr{B}$, 则子网 η 最终在集 A 或 $X-A$ 内. 由定义 5.1.14 知 η 是 ξ 的超子网. □

5.1.2 收敛类和拓扑

下面考虑如下问题: 设 X 是集合, $\mathscr{C}$ 是由 (ξ,x) 组成的类, 其中 ξ 为 X 内的网, x 为 X 的点. 则何时存在 X 的拓扑 $\mathcal{T}$ 使 $(\xi,x)\in\mathscr{C}$ 当且仅当网 ξ 关于拓扑 $\mathcal{T}$ 收敛于 x?

定义 5.1.19 设 X 是集合, $\mathscr{C}$ 是由若干序对 (ξ,x) 组成的类, 其中 ξ 为 X 内的网, x 为 X 的点. $\mathscr{C}$ 称为关于 X 的**收敛类**, 若 $\mathscr{C}$ 满足

(1) 若 ξ 是取值 x 的常值网, 则 $(\xi,x)\in\mathscr{C}$;

(2) 若 $(\xi,x)\in\mathscr{C}$, 则对 ξ 的任意子网 η, 有 $(\eta,x)\in\mathscr{C}$;

(3) 若 $(\xi,x)\notin\mathscr{C}$, 则存在 ξ 的子网 η 使对 η 的任意子网 ζ, 有 $(\zeta,x)\notin\mathscr{C}$;

(4) 设 $\xi:J\to X$ 为集 X 内的网, $\{\eta_j:E_j\to X\}_{j\in J}$ 为 X 内的一族网. 若 $(\xi,x)\in\mathscr{C}$, 且对任意 $j\in J$, $(\eta_j,\xi(j))\in\mathscr{C}$, 则 $(\mu,x)\in\mathscr{C}$, 其中 μ 为由 $\xi:J\to X$ 和 $\{\eta_j:E_j\to X\}_{j\in J}$ 确定的对角网, 即 $\mu:(J\times\prod_{j\in J}E_j,\leqslant)\to X$ 满足对任意 $(j,f)\in J\times\prod_{j\in J}E_j$, $\mu(j,f)=\eta_j(f(j))$.

定理 5.1.20 设 X 是集合, $\mathscr{C}$ 是由若干 (ξ,x) 组成的类, 其中 ξ 为 X 内的网, x 为 X 的点. 则下列条件等价:

(1) 存在 X 上的拓扑 $\mathcal{T}$ 使 $(\xi,x)\in\mathscr{C}$ 当且仅当网 ξ 关于拓扑 $\mathcal{T}$ 收敛于 x;

(2) $\mathscr{C}$ 为关于 X 的收敛类.

证明 (1)$\Longrightarrow$(2) 由例 5.1.4(1)、定理 5.1.9 和定理 5.1.12 可得.

(2)$\Longrightarrow$(1) 设 $\mathscr{C}$ 为关于 X 的收敛类. 对 X 的任意子集 A, 令 $\mathrm{cl}(A)=\{x\in X\mid$ 存在 A 内的网 ξ 使$(\xi,x)\in\mathscr{C}\}$. 下证映射 $\mathrm{cl}:\mathcal{P}(X)\to\mathcal{P}(X)$ 为集 X 上的闭包运算.

(i) 因为网是定义在非空定向集上的, 故由算子 cl 的定义易知 $\mathrm{cl}(\varnothing)=\varnothing$.

(ii) 由定义 5.1.19(1) 知, 对任意 $a\in A$, 存在 A 内的取值为 a 的常值网 ξ 使 $(\xi,a)\in\mathscr{C}$. 故 $a\in\mathrm{cl}(A)$. 从而 $A\subseteq\mathrm{cl}(A)$.

(iii) 对 X 的任意子集 A, B, 因为集 A 内的网也是集 $A\cup B$ 内的网, 故由算子 cl 的定义知 $\mathrm{cl}(A)\subseteq\mathrm{cl}(A\cup B)$. 同理, $\mathrm{cl}(B)\subseteq\mathrm{cl}(A\cup B)$. 从而 $\mathrm{cl}(A)\cup\mathrm{cl}(B)\subseteq\mathrm{cl}(A\cup B)$. 设 $x\in\mathrm{cl}(A\cup B)$. 则存在集 $A\cup B$ 内的网 $\xi:J\to A\cup B$ 使 $(\xi,x)\in\mathscr{C}$. 令 $J_A=\{j\in J\mid\xi(j)\in A\}$, $J_B=\{j\in J\mid\xi(j)\in B\}$. 则 $J=J_A\cup J_B$. 由 J 定向知 J_A 或 J_B 为 J 的共尾子集. 不妨设 J_A 为 J 的共尾子集. 取映射 $h:J_A\to J$ 为包含映射, 则由例 5.1.11 知 $\eta=\xi\circ h$ 为 ξ 的一个子网. 从而由定义 5.1.19(2)

知 $(\eta,x)\in\mathscr{C}$. 易见 η 为集 A 内的一个网, 故 $x\in \mathrm{cl}(A)\subseteq \mathrm{cl}(A)\cup \mathrm{cl}(B)$. 这说明 $\mathrm{cl}(A\cup B)\subseteq \mathrm{cl}(A)\cup \mathrm{cl}(B)$. 从而 $\mathrm{cl}(A\cup B)=\mathrm{cl}(A)\cup \mathrm{cl}(B)$.

(iv) 由 (ii) 知 $\mathrm{cl}(A)\subseteq \mathrm{cl}(\mathrm{cl}(A))$. 设 $x\in \mathrm{cl}(\mathrm{cl}(A))$. 则存在集 $\mathrm{cl}(A)$ 内的网 $\xi: J\to \mathrm{cl}(A)$ 使 $(\xi,x)\in\mathscr{C}$. 因为对任意 $j\in J$, $\xi(j)\in \mathrm{cl}(A)$, 故存在集 A 内的网 $\eta_j: E_j\to A$ 使 $(\eta_j,\xi(j))\in\mathscr{C}$. 从而由 $\mathscr{C}$ 为收敛类及定义 5.1.19(4) 知存在集 A 内的网 $(\mu,x)\in\mathscr{C}$, 其中 $\mu:(J\times\prod_{j\in J}E_j,\leqslant)\to A$ 满足对任意 $(j,f)\in J\times\prod_{j\in J}E_j$, $\mu(j,f)=\eta_j(f(j))$. 故 $x\in \mathrm{cl}(A)$. 这说明 $\mathrm{cl}(\mathrm{cl}(A))\subseteq \mathrm{cl}(A)$. 于是有 $\mathrm{cl}(\mathrm{cl}(A))=\mathrm{cl}(A)$.

综合 (i)—(iv) 知映射 $\mathrm{cl}:\mathcal{P}(X)\to\mathcal{P}(X)$ 满足定义 2.4.11 中的条件, 故为集 X 上的闭包运算. 从而由定理 2.4.12 知, X 上存在唯一拓扑 $\mathcal{T}$ 使得对于任意 $A\subseteq X$, $\mathrm{cl}(A)$ 恰是子集 A 在拓扑空间 $(X,\mathcal{T})$ 中的闭包.

下证 $(\xi,x)\in\mathscr{C}$ 当且仅当网 ξ 关于拓扑 $\mathcal{T}$ 收敛于 x.

(a) 假设存在 $(\xi,x)\in\mathscr{C}$ 使网 $\xi: J\to X$ 关于拓扑 $\mathcal{T}$ 不收敛于 x. 则存在 x 的开邻域 U 使对任意 $j\in J$, 存在 $k_j\in J$ 满足 $k_j\geqslant j$ 且 $\xi(k_j)\in(X-U)$. 令 $E=\{k_j\mid j\in J\}$. 易见 E 为 J 的共尾子集. 设 $h:E\to J$ 为包含映射. 由例 5.1.11 知 $\eta=\xi\circ h:E\to X$ 为 ξ 的一个子网. 于是由定义 5.1.19 (2) 知 $(\eta,x)\in\mathscr{C}$. 因为对任意 $k_j\in E$, $\eta(k_j)=(\xi\circ h)(k_j)=\xi(k_j)\in(X-U)$, 故 η 为集 $X-U$ 内的一个网. 从而由算子 cl 的定义知 $x\in \mathrm{cl}(X-U)=X-U$, 矛盾!

(b) 假设存在网 ξ 关于拓扑 $\mathcal{T}$ 收敛于 x 使 $(\xi,x)\notin\mathscr{C}$. 则由定义 5.1.19(3) 知, 存在 ξ 的子网 $\eta: D\to X$ 使对 η 的任意子网 ζ, 有 $(\zeta,x)\notin\mathscr{C}$. 并由定理 5.1.12(1) 知 η 关于拓扑 $\mathcal{T}$ 收敛于 x. 令网 $\varphi: D\to X$ 为取值 x 的常值网. 对任意 $m\in D$, 令 $B_m=\{n\in D\mid n\geqslant m\}$, $A_m=\{\eta(n)\mid n\in B_m\}$. 由定理 5.1.7(2) 知 $x\in\overline{A_m}=\mathrm{cl}(A_m)$. 则由算子 cl 的定义知, 对任意 $m\in D$, 存在集 A_m 内的网 $\phi_m: E_m\to A_m$ 使 $(\phi_m,x)\in\mathscr{C}$. 故由命题 5.1.13 和定义 5.1.19(4) 知, 由 $\varphi: D\to X$ 和 $\{\phi_m: E_m\to A_m\}_{m\in D}$ 确定的对角网 μ 是 η 的一个子网且满足 $(\mu,x)\in\mathscr{C}$, 矛盾!

综合 (a) 和 (b) 知 $(\xi,x)\in\mathscr{C}$ 当且仅当网 ξ 关于拓扑 $\mathcal{T}$ 收敛于 x. □

定理 5.1.20 建立了集 X 上的拓扑与收敛类之间的一一对应.

习题 5.1

1. 设 $\xi=(x_j)_{j\in J}$ 是拓扑空间 X 内的一个网, $x_0\in X$. 证明: x_0 为 ξ 的聚点当且仅当存在 ξ 的子网收敛于 x_0.

2. 证明: 离散空间 X 的网 $\xi=(x_j)_{j\in J}$ 收敛当且仅当存在 $j_0\in J$ 使对 $j\geqslant j_0$ 有 x_j 为常值.

3. 设 A 是拓扑空间 $(X,\mathcal{T}_X)$ 的子集, $\xi=(x_j)_{j\in J}$ 是 A 内的网. 证明:

(1) $\lim_A\xi = \lim\xi \cap A$, 其中 $\lim_A\xi$ 表示网 ξ 在子空间 $(A, \mathcal{T}_A)$ 的极限集合;

(2) $\mathrm{adh}_A\xi = \mathrm{adh}\xi \cap A$, 其中 $\mathrm{adh}_A\xi$ 表示网 ξ 在子空间 $(A, \mathcal{T}_A)$ 的聚点集合.

4. 设 $\mathscr{C}_1, \mathscr{C}_2$ 是集 X 上的收敛类, $\mathcal{T}_1, \mathcal{T}_2$ 是对应的拓扑. 证明: $\mathscr{C}_1 \subseteq \mathscr{C}_2$ 当且仅当 $\mathcal{T}_2 \subseteq \mathcal{T}_1$.

5. 设 $\mathscr{C}_1, \mathscr{C}_2$ 是集 X 上的收敛类. 证明: $\mathscr{C}_1 \cap \mathscr{C}_2$ 是集 X 上的收敛类.

6. 设 X 是拓扑空间, A 为 X 的子空间, $\xi = (x_j)_{j\in J}$ 是 A 内的一个网. 证明: ξ 在 A 中收敛于 $x_0 \in A$ 当且仅当 ξ 在 X 中收敛于 x_0.

5.2 集合滤子及其收敛理论

与网的收敛理论类似, 用集合滤子也可以刻画收敛性.

定义 5.2.1 集 X 的一个**集合滤子**, 简称**滤子**, 是指满足如下三个条件的非空子集族 $\mathcal{F} \subseteq \mathcal{P}(X)$:

(1) $\varnothing \notin \mathcal{F}$;

(2) 若 $A, B \in \mathcal{F}$, 则 $A \cap B \in \mathcal{F}$;

(3) 若 $A \in \mathcal{F}$ 及 $A \subseteq C \subseteq X$, 则 $C \in \mathcal{F}$.

集 X 的全体滤子之集关于集族的包含序构成一个非空偏序集. 易知由滤子构成的链的并集还是滤子, 故由 Zorn 引理知 X 的全体滤子之集存在极大元, 这样的极大元均称为 X 的**极大滤子**或**超滤子**.

例 5.2.2 拓扑空间 X 中每一点 x 的邻域系 $\mathcal{U}_x$ 均是 X 的滤子 (参见定理 2.3.3).

集 X 的滤子与满足有限交性质的子集族有紧密联系. 由定义 5.2.1 知 X 的滤子均满足有限交性质. 更一般地, 可将有限交性质加以推广引入如下定义.

定义 5.2.3 集 X 的一个**滤子基**是指满足如下两个条件的非空子集族 $\mathcal{B} \subseteq \mathcal{P}(X)$:

(1) $\varnothing \notin \mathcal{B}$;

(2) 若 $B_1, B_2 \in \mathcal{B}$, 则存在 $B_3 \in \mathcal{B}$ 使 $B_3 \subseteq B_1 \cap B_2$.

命题 5.2.4 设 $\mathcal{B}$ 为集 X 的一个滤子基. 则 $\mathcal{F} = \{C \subseteq X \mid 存在\ B \in \mathcal{B}\ 使\ B \subseteq C\}$ 是 X 的滤子, 称为由**滤子基** $\mathcal{B}$ **生成的滤子**.

证明 利用定义 5.2.1 和定义 5.2.3 直接验证. □

若 $\mathcal{M}$ 是集 X 的满足有限交性质的子集族, 则由定义 5.2.3 知

$$\mathcal{B} = \left\{\bigcap \mathcal{A} \mid \mathcal{A}\ 是\ \mathcal{M}\ 的有限子族\right\}$$

是 X 的一个滤子基. 由命题 5.2.4 知 $\mathcal{B}$ 可生成 X 的一个滤子.

定义 5.2.5 设 $\mathcal{F}$ 是拓扑空间 X 的滤子, $x \in X$.

(1) 若 x 的任一邻域均属于 $\mathcal{F}$, 即 x 的邻域系 $\mathcal{U}_x \subseteq \mathcal{F}$, 则称 x 是滤子$\mathcal{F}$ **的一个极限点**或滤子$\mathcal{F}$ **收敛于** x, 记作 $\mathcal{F} \to x$. 滤子 $\mathcal{F}$ 的所有极限点构成的集合记

作 $\lim\mathcal{F}$;

(2) 若对任意 $A\in\mathcal{F}$, 有 $x\in\overline{A}$, 即 $x\in\bigcap\{\overline{A}\mid A\in\mathcal{F}\}$, 则称 x 是滤子 $\mathcal{F}$ 的**一个聚点**. 滤子 $\mathcal{F}$ 的所有聚点构成的集合记作 $\mathrm{adh}\mathcal{F}$. 易见 $\lim\mathcal{F}\subseteq\mathrm{adh}\mathcal{F}$.

一般来说, 滤子的极限不必唯一.

例 5.2.6 设 $X=\{a,b\}$, $\mathcal{T}=\{X,\varnothing,\{a\}\}$ 为 Sierpinski 空间. 取滤子 $\mathcal{F}=\{X,\{a\}\}$, 易见 $\mathcal{F}\to a$ 且 $\mathcal{F}\to b$. 故滤子 $\mathcal{F}$ 的极限不唯一.

定理 5.2.7 拓扑空间 X 是 T_2 空间当且仅当 X 中每个滤子至多有一个极限点.

证明 必要性: 设 X 是 T_2 空间. 假设 X 的滤子 $\mathcal{F}$ 收敛到两个不同的点 x, y. 则由定义 5.2.5(1) 知 $\mathcal{U}_x,\mathcal{U}_y\subseteq\mathcal{F}$, 其中 $\mathcal{U}_x,\mathcal{U}_y$ 分别是点 x 和 y 的邻域系. 于是由滤子定义知, 对任意 $U\in\mathcal{U}_x$, $V\in\mathcal{U}_y$ 有 $U\cap V\neq\varnothing$, 这与 X 是 T_2 空间矛盾!

充分性: 设 X 中每个滤子至多有一个极限点. 假设 X 不是 T_2 空间. 则 X 中存在两个不同的点 x, y 使对任意 $U\in\mathcal{U}_x$, $V\in\mathcal{U}_y$ 有 $U\cap V\neq\varnothing$. 令 $\mathcal{F}=\{A\subseteq X\mid$ 存在 $U\in\mathcal{U}_x, V\in\mathcal{U}_y$ 使 $U\cap V\subseteq A\}$. 易见 $\mathcal{F}$ 为滤子, 且 $\mathcal{F}\to x$, $\mathcal{F}\to y$, 这与 X 中每个滤子至多有一个极限点矛盾! 故 X 是 T_2 空间. □

命题 5.2.8 设 $\mathcal{F},\mathcal{G}$ 是拓扑空间 X 的滤子.

(1) 若 $\mathcal{F}\subseteq\mathcal{G}$, 则 $\lim\mathcal{F}\subseteq\lim\mathcal{G}$, $\mathrm{adh}\mathcal{G}\subseteq\mathrm{adh}\mathcal{F}$;

(2) 若 $\mathcal{F}$ 是 X 的极大滤子, 则 $\lim\mathcal{F}=\mathrm{adh}\mathcal{F}$.

证明 (1) 由定义 5.2.5 直接验证.

(2) 设 $\mathcal{F}$ 是 X 的极大滤子. 只需证明 $\mathrm{adh}\mathcal{F}\subseteq\lim\mathcal{F}$. 设 $p\in\mathrm{adh}\mathcal{F}$. 由定义 5.2.5 知 $p\in\bigcap\{\overline{A}\mid A\in\mathcal{F}\}$. 设 U 是点 p 的任一邻域. 则对任意 $A\in\mathcal{F}$, 有 $U\cap A\neq\varnothing$. 令 $\mathcal{B}=\mathcal{F}\cup\{U\cap A\mid A\in\mathcal{F}\}$. 易见 $\mathcal{B}$ 为 X 的一个滤子基. 从而由命题 5.2.4 知 $\mathcal{B}$ 可生成 X 的滤子 $\mathcal{F}^*$ 满足 $U\in\mathcal{F}^*$ 且 $\mathcal{F}^*\supseteq\mathcal{F}$. 因为 $\mathcal{F}$ 是 X 的极大滤子, 故 $\mathcal{F}=\mathcal{F}^*$. 于是 $U\in\mathcal{F}$. 则由定义 5.2.5 知 $p\in\lim\mathcal{F}$. 故 $\mathrm{adh}\mathcal{F}\subseteq\lim\mathcal{F}$. □

定理 5.2.9 说明利用滤子收敛可刻画闭包, 从而能够确定拓扑空间的结构.

定理 5.2.9 设 X 为拓扑空间, $A\subseteq X$, $p\in X$. 则点 $p\in\overline{A}$ 当且仅当存在 X 的滤子 $\mathcal{F}$ 使 $A\in\mathcal{F}$ 且 $\mathcal{F}$ 收敛于 p.

证明 必要性: 设 $p\in\overline{A}$. 则对 p 的任意邻域 U, $U\cap A\neq\varnothing$. 令 $\mathcal{F}=\{C\subseteq X\mid$ 存在 $U\in\mathcal{U}_p$ 使 $U\cap A\subseteq C\}$, 其中 $\mathcal{U}_p$ 为 p 的邻域系. 易见 $\mathcal{F}$ 为滤子, $A\in\mathcal{F}$ 且 $\mathcal{F}$ 收敛于 p.

充分性: 设 $\mathcal{F}$ 是 X 的收敛于 p 的滤子且 $A\in\mathcal{F}$. 由定义 5.2.5(1) 知 p 的邻域系 $\mathcal{U}_p\subseteq\mathcal{F}$. 则由滤子定义知, 对 p 的任意邻域 U, $U\cap A\in\mathcal{F}$, 从而 $U\cap A\neq\varnothing$. 这说明 $p\in\overline{A}$. □

定理 5.2.10 设 X,Y 是拓扑空间, $f:X\to Y$ 为映射. 则

(1) 若 $\mathcal{F}$ 是 X 的滤子, 则 $\mathcal{F}_f=\{B\subseteq Y\mid \exists A\in\mathcal{F}, f(A)\subseteq B\}$ 是 Y 的滤子;

(2) $f:X\to Y$ 连续当且仅当对 X 的任意一个滤子 $\mathcal{F}$, 有 $f(\lim\mathcal{F})\subseteq\lim\mathcal{F}_f$.

证明 (1) 设 $\mathcal{F}$ 是 X 的滤子, 令 $\mathcal{F}_f=\{B\subseteq Y\mid \exists A\in\mathcal{F}, f(A)\subseteq B\}$. 显然, $\mathcal{F}_f$ 非空且 $\varnothing\notin\mathcal{F}_f$. 若 $B_1, B_2\in\mathcal{F}_f$, 则存在 $A_1, A_2\in\mathcal{F}$ 使 $f(A_1)\subseteq B_1$, $f(A_2)\subseteq B_2$. 由 $\mathcal{F}$ 是 X 的滤子知 $A_1\cap A_2\in\mathcal{F}$. 从而由 $f(A_1\cap A_2)\subseteq f(A_1)\cap f(A_2)\subseteq B_1\cap B_2$ 知 $B_1\cap B_2\in\mathcal{F}_f$. 设 $B\in\mathcal{F}$ 且 $B\subseteq C\subseteq Y$. 则存在 $A\in\mathcal{F}$ 使 $f(A)\subseteq B\subseteq C$. 故 $C\in\mathcal{F}$. 于是由定义 5.2.1 知 $\mathcal{F}_f$ 是 Y 的滤子.

(2) 必要性: 设 $x_0\in\lim\mathcal{F}$. 则对 $f(x_0)$ 在空间 Y 中的任意邻域 W, 由 $f:X\to Y$ 连续及定义 2.7.1 知 $f^{-1}(W)$ 为 x_0 在 X 中的邻域. 从而由 $x_0\in\lim\mathcal{F}$ 及定义 5.2.5(1) 知 $f^{-1}(W)\in\mathcal{F}$. 因 $f(f^{-1}(W))\subseteq W$, 故由 $\mathcal{F}_f$ 的定义知 $W\in\mathcal{F}_f$. 于是由定义 5.2.5(1) 知 $f(x_0)\in\lim\mathcal{F}_f$. 这说明 $f(\lim\mathcal{F})\subseteq\lim\mathcal{F}_f$.

充分性: 设对 X 的任意一个滤子 $\mathcal{F}$, 有 $f(\lim\mathcal{F})\subseteq\lim\mathcal{F}_f$. 则对任意 $x_0\in X$, 由例 5.2.2 知 x_0 在 X 中的邻域系 $\mathcal{F}=\mathcal{U}_x$ 是 X 的一个滤子且 $x_0\in\lim\mathcal{F}$. 故 $f(x_0)\in\lim\mathcal{F}_f$. 从而对 $f(x_0)$ 在空间 Y 中的任意邻域 W, 有 $W\in\mathcal{F}_f$. 于是由 $\mathcal{F}_f$ 的定义知, 存在 $U\in\mathcal{F}=\mathcal{U}_x$ 使 $f(U)\subseteq W$, 即 $U\subseteq f^{-1}(W)$. 这说明 f 在 x_0 处连续. 从而由 $x_0\in X$ 的任意性知 f 是连续映射. □

下面考虑网与滤子之间的对应关系.

设 $\xi=(x_j)_{j\in J}$ 是空间 X 内的一个网. 对任意 $i\in J$, 令 $A_i=\{x_j\mid j\in J$ 且 $j\geqslant i\}$. 则易见 $\{A_i\mid i\in J\}$ 为集 X 的一个滤子基. 从而由命题 5.2.4 知 $\{A_i\mid i\in J\}$ 可生成 X 的滤子 $\mathcal{F}_\xi=\{C\subseteq X\mid$ 存在 $i\in J$ 使 $A_i\subseteq C\}$, 称 $\mathcal{F}_\xi$ 为**由网 ξ 诱导的滤子**. 反之, 设 $\mathcal{F}$ 是 X 的一个滤子, 令 $J_\mathcal{F}=\{(x,A)\mid x\in A\in\mathcal{F}\}$. 则 $J_\mathcal{F}$ 关于序关系:

$$(x,A)\leqslant(y,B)\Longleftrightarrow B\subseteq A$$

构成一个定向集. 从而映射

$$\xi_\mathcal{F}:J_\mathcal{F}\to X,\quad (x,A)\mapsto x$$

是空间 X 内的一个网, 称 $\xi_\mathcal{F}$ 为由**滤子 $\mathcal{F}$ 诱导的网**.

定理 5.2.11 设 $\xi=(x_j)_{j\in J}$ 是拓扑空间 X 内的网, $\mathcal{F}$ 为 X 的滤子. 则

(1) $\lim\xi=\lim\mathcal{F}_\xi$, $\mathrm{adh}\xi=\mathrm{adh}\mathcal{F}_\xi$;

(2) $\lim\mathcal{F}=\lim\xi_\mathcal{F}$, $\mathrm{adh}\mathcal{F}=\mathrm{adh}\xi_\mathcal{F}$.

证明 仅证明 $\lim\xi=\lim\mathcal{F}_\xi$. 其余等式的证明类似. 设 $p\in\lim\xi$. 则对点 p 的任意邻域 U, 网 $\xi=(x_j)_{j\in J}$ 均最终在集 U 内, 即存在 $j_U\in J$ 使当 $j\in J$ 且 $j\geqslant j_U$ 时有 $x_j\in U$. 故 $A_{j_U}=\{x_j\mid j\in J$ 且 $j\geqslant j_U\}\subseteq U$. 从而由 $\mathcal{F}_\xi$ 的定义知 $U\in\mathcal{F}_\xi$. 由定义 5.2.5(1) 知 $p\in\lim\mathcal{F}_\xi$. 反之, 设 $p\in\lim\mathcal{F}_\xi$. 由定义 5.2.5(1) 知对

点 p 的任意邻域 U, 有 $U \in \mathcal{F}_\xi$. 从而由 $\mathcal{F}_\xi$ 的定义知存在 $A_{j_U} = \{x_j \mid j \in J$ 且 $j \geqslant j_U\} \subseteq U$, 故网 $\xi = (x_j)_{j\in J}$ 最终在集 U 内. 于是 $p \in \lim\xi$. □

定理 5.2.11 说明网收敛与滤子收敛有异曲同工之妙. 其实这两种收敛是等价的.

利用网收敛和滤子收敛可得连续映射的如下刻画定理.

定理 5.2.12　设 X, Y 是拓扑空间, $f: X \to Y$ 为映射. 则下列条件等价:

(1) f 是连续映射;

(2) 对 X 的任一收敛于点 $x \in X$ 的网 ξ, Y 的网 $f \circ \xi$ 收敛于 $f(x)$;

(3) 对 X 的任一网 ξ, 有 $f(\lim\xi) \subseteq \lim(f \circ \xi)$;

(4) 对 X 的任一滤子 $\mathcal{F}$, 有 $f(\lim\mathcal{F}) \subseteq \lim\mathcal{F}_f$, 其中 $\mathcal{F}_f$ 的定义见定理 5.2.10.

证明　(1) $\Longrightarrow$ (2) 设 X 的网 $\xi: J \to X$ 收敛于点 $x \in X$. 则对 $f(x)$ 在 Y 中的任意邻域 W, 由 f 是连续映射知 $f^{-1}(W)$ 是 x 在 X 中的邻域. 从而由网 $\xi: J \to X$ 收敛于点 x 知存在 $j_W \in J$ 使当 $j \in J$ 且 $j \geqslant j_W$ 时有 $\xi(j) \in f^{-1}(W)$, 即 $(f \circ \xi)(j) \in W$. 这说明 Y 的网 $f \circ \xi$ 收敛于 $f(x)$.

(2) $\Longrightarrow$ (3) 显然.

(3) $\Longrightarrow$ (1) 对 X 的任一子集 A, 若 $p \in \overline{A}$, 则由定理 5.1.7(2) 知, 存在 A 内的网 ξ 收敛于 p. 从而由 (3) 知存在 $f(A)$ 内的网 $\xi \circ f$ 收敛于 $f(p)$. 故由定理 5.1.7(2) 知 $f(p) \in \overline{f(A)}$. 这说明 $f(\overline{A}) \subseteq \overline{f(A)}$. 故 f 是连续映射.

(1) $\Longleftrightarrow$ (4) 由定理 5.2.10(2) 可得. □

习题 5.2

1. 设 X 是非空集, 令 $\mathcal{F}(X)$ 为 X 的全体滤子之集. 证明:

(1) 若 $\{\mathcal{F}_i \mid i \in J\}$ 是 X 的一族滤子, $J \neq \varnothing$, 则 $\bigcap_{i\in J}\mathcal{F}_i$ 是 X 的滤子;

(2) 若 $\mathcal{D}$ 是偏序集 $(\mathcal{F}(X), \subseteq)$ 的定向子集, 则 $\bigcup_{\mathcal{F}\in\mathcal{D}}\mathcal{F}$ 是 X 的滤子.

2. 设 $\mathcal{F}$ 是 X 的滤子. 证明下列条件等价:

(1) $\mathcal{F}$ 是极大滤子;

(2) 若 $C \subseteq X$ 满足对任意 $A \in \mathcal{F}$, $C \cap A \neq \varnothing$, 则 $C \in \mathcal{F}$;

(3) 对任意 $A, B \subseteq X$, 若 $A \cup B \in \mathcal{F}$, 则 $A \in \mathcal{F}$ 或 $B \in \mathcal{F}$;

(4) 对任意 $C \subseteq X$, 有 $C \in \mathcal{F}$ 或 $X - C \in \mathcal{F}$.

3. 证明: 若 η 是 ξ 的子网, 则 $\mathcal{F}_\xi \subseteq \mathcal{F}_\eta$.

4. 设 ξ 是拓扑空间 X 内的一个网, $\mathcal{F}$ 是 X 的滤子. 证明:

(1) 若 ξ 是超网, 则 $\xi_{\mathcal{F}}$ 是极大滤子;

(2) 若 $\mathcal{F}$ 是极大滤子, 则 $\mathcal{F}_\xi$ 是超网.

5.3　紧致性的收敛式刻画和序列紧性

利用网收敛和滤子收敛可得紧空间的下述综合性刻画定理.

定理 5.3.1 设 X 是拓扑空间. 则下列条件等价:

(1) X 是紧空间;

(2) (Alexander 子基引理) 拓扑空间 X 的任一子基 $\mathcal{W}$ 中的元构成的 X 的任意覆盖都有有限子覆盖;

(3) X 的任一超网都有极限;

(4) X 的任一网都有收敛子网;

(5) X 的任一网都有聚点;

(6) X 的任一极大滤子都有极限;

(7) X 的任一滤子都有聚点.

证明 (1) $\Longrightarrow$ (2) 显然.

(2) $\Longrightarrow$ (3) 用反证法. 假设 X 有一个超网 ξ 无极限, 即对任意 $x \in X$, 网 ξ 不收敛于 x. 则存在 x 的邻域 U_x 使 ξ 不最终在集 U_x 内. 又由 $\mathcal{W}$ 为 X 的子基知, 存在 $S_1, S_2, \cdots, S_n (n \in \mathbb{Z}_+)$ 使 $x \in S_1 \cap S_2 \cap \cdots \cap S_n \subseteq U$. 从而存在 $S_{i(x)} (1 \leqslant i(x) \leqslant n)$ 使 ξ 不最终在集 $S_{i(x)}$ 内. 于是由 ξ 为超网知 ξ 最终在集 $X - S_{i(x)}$ 内. 因为 $\{S_{i(x)} \mid x \in X\}$ 是由 $\mathcal{W}$ 中的元构成的 X 的覆盖, 则由 (2) 知, 存在 $x_1, x_2, \cdots, x_m \in X (m \in \mathbb{Z}_+)$ 使 $X = \bigcup_{k=1}^m S_{i(x_k)}$. 从而 ξ 最终在集 $\bigcap_{k=1}^m (X - S_{i(x_k)}) = X - \bigcup_{k=1}^m S_{i(x_k)} = \varnothing$ 内, 矛盾! 故 X 的任一超网都有极限.

(3) $\Longrightarrow$ (4) 由定理 5.1.18 知 X 的任一网 ξ 有超子网 η. 从而由 (3) 知 η 是收敛的.

(4) $\Longrightarrow$ (5) 设 $\xi : J \to X$ 为 X 的任一网. 则由 (4) 知存在 ξ 的收敛于 x 的子网 $\eta : E \to X$. 下证 x 是网 ξ 的聚点. 对 x 在 X 中的任意邻域 U, 由 $\eta \to x$ 知存在 $e_U \in E$ 使对任意 $e \in E$ 且 $e \geqslant e_U$, 有 $\eta(e) \in U$. 因为 η 是 ξ 的子网, 则由定义 5.1.10 知, 存在映射 $h : E \to J$ 使 $\eta = \xi \circ h$ 且对任意 $j \in J$, 存在 $e_j \in E$ 使对任意 $p \in E$ 且 $p \geqslant e_j$, 有 $h(p) \geqslant j$. 于是由 E 定向知, 存在 $\widetilde{e} \in E$ 使 e_U, $e_j \leqslant \widetilde{e}$. 从而 $h(\widetilde{e}) \geqslant j$ 且 $\xi(h(\widetilde{e})) = \eta(\widetilde{e}) \in U$. 由定义 5.1.3 知 x 是网 ξ 的聚点.

(5) $\Longrightarrow$ (6) 设 $\mathcal{F}$ 是 X 的一个极大滤子, $\xi_{\mathcal{F}}$ 为由滤子 $\mathcal{F}$ 诱导的网. 则由 (5)、命题 5.2.8 和定理 5.2.11 知 $\lim\mathcal{F} = \mathrm{adh}\mathcal{F} = \mathrm{adh}\xi_{\mathcal{F}} \neq \varnothing$.

(6) $\Longrightarrow$ (7) 设 $\mathcal{F}$ 是 X 的一个滤子. 则 X 的包含 $\mathcal{F}$ 的全体滤子之集以集族包含序构成一个非空偏序集且满足 Zorn 引理, 从而存在极大元 $\mathcal{G}$, 即 $\mathcal{G}$ 是包含 $\mathcal{F}$ 的一个极大滤子. 从而由 (6) 和命题 5.2.8 知 $\mathrm{adh}\mathcal{F} \supseteq \mathrm{adh}\mathcal{G} = \lim\mathcal{G} \neq \varnothing$.

(7) $\Longrightarrow$ (1) 由定理 4.6.6 知, 只需证 X 的任意满足有限交性质的闭集族 $\mathscr{A} = \{A_\alpha\}_{\alpha\in\Gamma}$ 有非空的交. 令 $\mathcal{A}^* = \{\bigcap\mathcal{B} \mid \mathcal{B}\text{是}\mathcal{A}\text{的有限子族}\}$. 则 $\mathcal{A}^*$ 是集 X 的一个滤子基. 从而由命题 5.2.4 知 $\mathcal{A}^*$ 可生成 X 的一个滤子 $\mathcal{F} = \{C \subseteq X \mid \text{存在} \bigcap\mathcal{B} \in \mathcal{A}^* \text{使} \bigcap\mathcal{B} \subseteq C\}$. 于是由 (7) 和定义 5.2.5 知 $\bigcap\mathscr{A} \supseteq \bigcap_{C\in\mathcal{F}} \overline{C} = \mathrm{adh}\mathcal{F} \neq \varnothing$. □

引理 5.3.2 设 $f: X \to Y$ 是一映射, $\mathcal{F}$ 是 X 的极大滤子. 则 $\mathcal{F}_f = \{B \subseteq Y \mid \exists A \in \mathcal{F}, f(A) \subseteq B\}$ 是 Y 的极大滤子.

证明 由定理 5.2.10(1) 知 $\mathcal{F}_f$ 是 Y 的滤子. 任给 $B \subseteq Y$, 由 $f^{-1}(B) \cup f^{-1}(Y-B) = X \in \mathcal{F}$ 及 $\mathcal{F}$ 是 X 的极大滤子知 $f^{-1}(B) \in \mathcal{F}$ 或 $f^{-1}(Y-B) \in \mathcal{F}$. 从而 $f(f^{-1}(B)) \in \mathcal{F}_f$ 或 $f(f^{-1}(Y-B)) \in \mathcal{F}_f$. 又因为 $f(f^{-1}(B)) \subseteq B$, $f(f^{-1}(Y-B)) \subseteq Y-B$, 所以 $B \in \mathcal{F}_f$ 或 $Y-B \in \mathcal{F}_f$. 这说明 $\mathcal{F}_f$ 是 Y 的极大滤子. □

定理 5.3.3 (Tychonoff 乘积定理) 任意一族紧致空间的积空间是紧致空间.

证明 设 $\{X_\alpha\}_{\alpha\in\Gamma}$ 是一族紧致空间. 记 $X = \prod_{\alpha\in\Gamma} X_\alpha$ 为积空间. 下证 X 的任意极大滤子 $\mathcal{F}$ 收敛. 对任意 $\alpha \in \Gamma$, 令 $p_\alpha : \prod_{\alpha\in\Gamma} X_\alpha \to X_\alpha$ 为积空间 $X = \prod_{\alpha\in\Gamma} X_\alpha$ 的第 α 个投影. 由引理 5.3.2 知, 对任意 $\alpha \in \Gamma$, $\mathcal{F}_{p_\alpha}$ 是 X_α 的极大滤子. 因为 X_α 是紧的, 故由定理 5.3.1 知 $\mathcal{F}_{p_\alpha}$ 有极限. 任取 $\mathcal{F}_{p_\alpha}$ 的一个极限点 x_α, 且令 $x = (x_\alpha)_{\alpha\in\Gamma}$. 可断言 $\mathcal{F}$ 收敛于 x. 若 $p_\alpha^{-1}(U_\alpha)$ 是积空间 X 中包含 x 的一个子基元, 则 U_α 是 $x_\alpha = p_\alpha(x)$ 在 X_α 中的开邻域. 故由 x_α 是 $\mathcal{F}_{p_\alpha}$ 的极限点知 $U_\alpha \in \mathcal{F}_{p_\alpha}$. 于是存在 $A \in \mathcal{F}$ 使 $p_\alpha(A) \subseteq U_\alpha$, 即 $A \subseteq p_\alpha^{-1}(U_\alpha)$. 因此 $p_\alpha^{-1}(U_\alpha) \in \mathcal{F}$. 任给积空间 X 中包含 x 的一个开邻域 U, 由乘积拓扑的定义, 存在 X 的一个基本开集 $\bigcap_{\alpha\in I} p_\alpha^{-1}(U_\alpha)$ 满足 $x \in \bigcap_{\alpha\in I} p_\alpha^{-1}(U_\alpha) \subseteq U$, 其中 I 是 Γ 的某有限子集, U_α 是 X_α 的某开集. 从而由前面的论证及 $\mathcal{F}$ 是滤子知 $\bigcap_{\alpha\in I} p_\alpha^{-1}(U_\alpha) \in \mathcal{F}$. 于是 $U \in \mathcal{F}$. 这说明 $\mathcal{F}$ 收敛于 x. 故由定理 5.3.1 知 $X = \prod_{\alpha\in\Gamma} X_\alpha$ 是紧致空间. □

注 5.3.4 Tychonoff 乘积定理的证明利用了定理 5.3.1的结论, 而定理 5.3.1的证明利用了 Zorn 引理, 该引理与选择公理等价.

定理 5.3.5 良序集 $\overline{S_\Omega} = [0, \Omega]$ 赋予序拓扑是紧空间.

证明 设 $\mathcal{U}$ 是 $\overline{S_\Omega}$ 的任一开覆盖, 由于 $\Omega \in \overline{S_\Omega}$, 故存在 $V \in \mathcal{U}$ 使得 $\Omega \in V$, 从而存在 $\alpha \in S_\Omega$, 使得 $(\alpha, \Omega] \subseteq V$. 记 $A = \{\eta \in S_\Omega \mid \mathcal{U}$ 有有限子覆盖覆盖 $[\eta, \Omega]\}$. 因为 $(\alpha, \Omega] = [\alpha+1, \Omega] \subseteq V$, 所以 $A \neq \varnothing$. 由 S_Ω 的良序性可知, $\min A$ 存在, 设为 α_0. 若 $\alpha_0 \neq 0$, 则由 $\mathcal{U}$ 覆盖 α_0, 存在 $\sigma < \alpha_0$, $\tau > \alpha_0$, $W \in \mathcal{U}$ 使得 $(\sigma, \tau) \subseteq W$. 当 α_0 为极限序数时, 有 $\sigma + 1 < \alpha_0$, 从而 $\mathcal{U}$ 有有限子覆盖覆盖 $[\sigma+1, \Omega]$, $\sigma + 1 \in A$, 这与 $\min A = \alpha_0$ 矛盾. 当 α_0 不为极限序数时, $\alpha_0 - 1$ 存在, 由 $\mathcal{U}$ 有有限子覆盖覆盖 $[\alpha_0, \Omega]$ 可知, $\mathcal{U}$ 也有有限子覆盖覆盖 $[\alpha_0 - 1, \Omega]$, 从而 $\alpha_0 - 1 \in A$, 这与 $\min A = \alpha_0$ 矛盾. 故 $\alpha_0 = 0$, 从而 $\mathcal{U}$ 有有限子覆盖覆盖 $[0, \Omega] = \overline{S_\Omega}$, 于是 $\overline{S_\Omega}$ 是紧的. □

良序集赋予序拓扑称为**良序空间**. 用证明定理 5.3.5 的类似方法可证更一般结果.

定理 5.3.6 对于任意序数 α, 良序空间 $\overline{S_\alpha} = [0, \alpha]$ 是紧空间.

我们已经研究过拓扑空间 X 的一种紧化——单点紧化 (参见定义 4.6.23). 这

是 X 的极小紧化. 作为 Tychonoff 乘积定理的一个重要应用, 下面介绍 Tychonoff 空间的 Stone-Čech 紧化, 它是 X 的极大 (T_2) 紧化.

命题 5.3.7 *拓扑空间 X 有 T_2 紧化当且仅当 X 是 $T_{3\frac{1}{2}}$ 空间.*

证明 *必要性*: 设拓扑空间 X 有 T_2 紧化 (Y, f). 则 X 是紧 T_2 空间 Y 的稠密子空间. 由推论 4.6.15 和定理 4.5.21 可得 X 是 $T_{3\frac{1}{2}}$ 空间.

充分性: 设 X 是 $T_{3\frac{1}{2}}$ 空间. 由定理 4.5.29 知, 存在指标集 J 使 X 拓扑嵌入积空间 $[0,1]^J$, 即存在拓扑嵌入 $f: X \to [0,1]^J$. 令 $Y = \overline{f(X)}$. 则 Y 作为积空间 $[0,1]^J$ 的子空间是紧 T_2 空间. 把 $f: X \to [0,1]^J$ 的值域限制在 Y 上得到的映射记为 $c: X \to Y$. 则 (Y, c) 是 X 的 T_2 紧化. □

对拓扑空间 X 及其紧化 Y, 一个基本的问题是寻求定义在 X 上的连续实值函数可以扩张到其紧化 Y 上的条件. 首先给出有关扩张的一个引理.

引理 5.3.8 *设 X 是拓扑空间, Z 是 T_2 空间, $A \subseteq X$. 若函数 $f: A \to Z$ 是连续的, 则至多存在 f 的一个连续扩张 $g: \overline{A} \to Z$.*

证明 用反证法. 假设 $g_1, g_2: \overline{A} \to Z$ 是 f 的两个不同的连续扩张. 则存在 $x \in \overline{A}$ 使 $g_1(x) \neq g_2(x)$. 于是由 Z 是 T_2 空间知, 存在不相交的开集 U_1, U_2 分别包含 $g_1(x)$ 和 $g_2(x)$. 因为 g_1, g_2 都是连续的, 存在 x 在 $\overline{A}$ 中的开邻域 V 使 $V \subseteq g_1^{-1}(U_1) \cap g_2^{-1}(U_2)$. 显然, $V \cap A \neq \varnothing$. 取 $y \in V \cap A$. 从而 $f(y) = g_1(y) \in g_1(V) \subseteq U_1$ 且 $f(y) = g_2(y) \in g_2(V) \subseteq U_2$, 这与 $U_1 \cap U_2 = \varnothing$ 矛盾! □

定义 5.3.9 *设 X 是 $T_{3\frac{1}{2}}$ 空间. 令 $\{f_\alpha\}_{\alpha\in\Gamma}$ 是 X 上所有实值有界连续函数组成的族. 对任意 $\alpha \in \Gamma$, 令 $a_\alpha = \inf\{f_\alpha(x) \mid x \in X\}$, $b_\alpha = \sup\{f_\alpha(x) \mid x \in X\}$ 且 $I_\alpha = [a_\alpha, b_\alpha]$. 记积空间 $Z = \prod_{\alpha\in\Gamma} I_\alpha$, 并定义映射 $h: X \to Z$ 为对任意 $x \in X$, $h(x) = (f_\alpha(x))_{\alpha\in\Gamma}$. 则由 X 的 $T_{3\frac{1}{2}}$ 性、定理 4.5.29 和定理 5.3.3 知 h 是拓扑嵌入且 Z 是紧 T_2 空间. 令 $\beta X = \overline{h(X)}$. 把 h 的值域限制在 βX 上得到的映射记为 $\eta_X: X \to \beta X$, 则 $(\beta X, \eta_X)$ 是 X 的一个 T_2 紧化, 称为 X 的* **Stone-Čech 紧化**.

引理 5.3.10 *设 X 是 $T_{3\frac{1}{2}}$ 空间, $(\beta X, \eta_X)$ 是 X 的 Stone-Čech 紧化. 则对任意有界实值连续函数 $f: X \to \mathbb{R}$, 存在唯一连续函数 $f^*: \beta X \to \mathbb{R}$ 使 $f = f^* \circ \eta_X$, 即下图可换:*

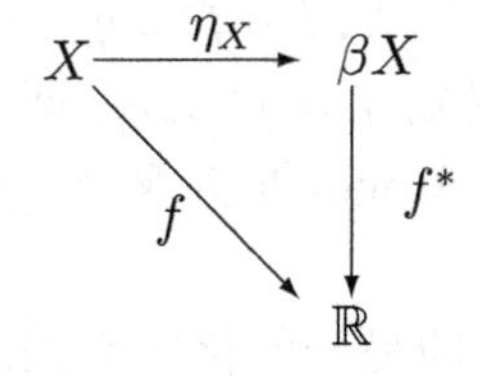

证明 任给有界实值连续函数 $f: X \to \mathbb{R}$, 由定义 5.3.9 知存在 $\alpha \in \Gamma$ 使 $f = f_\alpha$. 令 $f^* = p_\alpha \circ i$, 其中 $i: \beta X \to \prod_{\alpha\in\Gamma} I_\alpha$ 是包含映射, $p_\alpha: \prod_{\alpha\in\Gamma} I_\alpha \to I_\alpha$ 为积空间 $X = \prod_{\alpha\in\Gamma} I_\alpha$ 的第 α 个投影. 则 $f^*: \beta X \to I_\alpha$ 连续, 且对任意 $x \in X$,

$$f^* \circ \eta_X(x) = (p_\alpha \circ i)(\eta_X(x)) = (p_\alpha \circ i)((f_\alpha(x))_{\alpha\in\Gamma}) = f_\alpha(x) = f(x).$$

故 $f = f^* \circ \eta_X$. 因为 $\mathbb{R}$ 是 T_2 空间且 $\eta_X(X)$ 在 βX 中稠密, 所以由引理 5.3.8 知满足条件的 f^* 唯一. □

定理 5.3.11 设 $(\beta X, \eta_X)$ 是 $T_{3\frac{1}{2}}$ 空间 X 的 Stone-Čech 紧化. 则对任意紧 T_2 空间 Y 及连续映射 $f: X \to Y$, 存在唯一连续映射 $f^*: \beta X \to Y$ 使 $f = f^* \circ \eta_X$, 即下图可换:

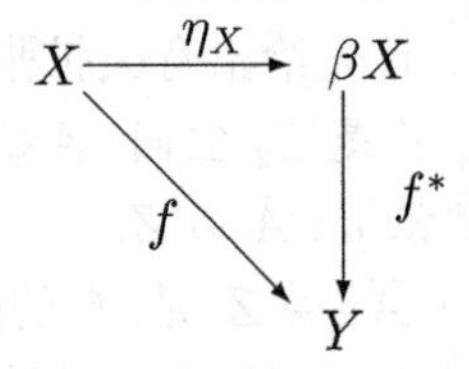

证明 因为 Y 是 T_2 空间且 $\eta_X(X)$ 在 βX 中稠密, 所以由引理 5.3.8 知满足条件的 f^* 唯一. 下证 f^* 的存在性. 因为 Y 是紧 T_2 空间, 由定理 4.5.29 知, 存在指标集 J 使 Y 可拓扑嵌入积空间 $[0,1]^J$, 即存在拓扑嵌入 $h: Y \to [0,1]^J$. 对任意 $j \in J$, 令 $f_j = p_j \circ (h \circ f): X \to [0,1]$, 其中 $p_j: [0,1]^J \to [0,1]$ 为积空间 $[0,1]^J$ 的第 j 个投影. 从而由引理 5.3.10 知存在唯一连续函数 $f_j^*: \beta X \to [0,1]$ 使 $f_j = f_j^* \circ \eta_X$. 令映射 $k: \beta X \to [0,1]^J$ 为对任意 $x \in \beta X$, $k(x) = (f_j^*(x))_{j\in J}$. 则对任意 $j \in J$, $p_j \circ k = f_j^*$. 于是对任意 $j \in J$, $p_j \circ (k \circ \eta_X) = f_j^* \circ \eta_X = f_j = p_j \circ (h \circ f)$. 这说明 $k \circ \eta_X = h \circ f$. 从而

$$\begin{aligned} k(\beta X) &= k(\overline{\eta_X(X)}) \\ &\subseteq \overline{(k \circ \eta_X)(X)} = \overline{(h \circ f)(X)} \\ &= \overline{h(f(X))} = h(\overline{f(X)}) \subseteq h(Y). \end{aligned}$$

因为 $h: Y \to [0,1]^J$ 是拓扑嵌入, 它的值域限制在 $h(Y)$ 上得到的映射 $\widetilde{h}: Y \to h(Y)$ 是同胚映射. $\widetilde{h}$ 的逆映射记为 $\widetilde{h}^{-1}: h(Y) \to Y$. 令 $f^* = \widetilde{h}^{-1} \circ k: \beta X \to Y$. 则 f^* 是连续映射. 又因为对任意 $x \in X$, $h \circ f^* \circ \eta_X(x) = h \circ \widetilde{h}^{-1} \circ k \circ \eta_X(x) = k \circ \eta_X(x) = h \circ f(x)$, 故由 h 是单射知 $f = f^* \circ \eta_X$, 即 f^* 满足条件. □

推论 5.3.12 $T_{3\frac{1}{2}}$ 空间 X 的 Stone-Čech 紧化 $(\beta X, \eta_X)$ 是 X 的极大 T_2 紧化.

证明 由定理 5.3.11 知对 X 的另一紧化 (X, f), 存在唯一连续映射 $f^*: \beta X \to Y$ 使 $f = f^* \circ \eta_X$. 从而由定义 4.6.21(2) 知 $(\beta X, \eta_X)$ 是 X 的极大 T_2

紧化. □

推论 5.3.13 设 $(\beta X, \eta_X)$ 是 $T_{3\frac{1}{2}}$ 空间 X 的 Stone-Čech 紧化. 若 (Y, c) 是 X 的 T_2 紧化使得对任意紧 T_2 空间 Z 及连续映射 $f: X \to Z$, 存在唯一连续映射 $f^*: Y \to Z$ 使 $f = f^* \circ c$, 则 Y 同胚于 βX.

证明 由定理 5.3.11 知, 存在连续映射 $c^*: \beta X \to Y$ 和 $\eta_X^*: Y \to \beta X$ 使下图可换:

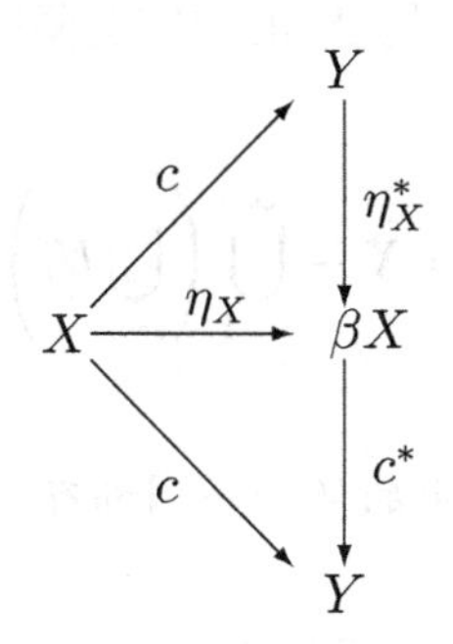

所以 $\mathrm{id}_{\beta X} \circ \eta_X = \eta_X = \eta_X^* \circ c = (\eta_X^* \circ c^*) \circ \eta_X$. 由定理 5.3.11 得 $\mathrm{id}_{\beta X} = \eta_X^* \circ c^*$. 同理根据对 (Y, c) 的假设可得 $\mathrm{id}_Y = c^* \circ \eta_X^*$. 于是 Y 同胚于 βX. □

注 5.3.14 由推论 5.3.13 知 $T_{3\frac{1}{2}}$ 空间 X 的任一极大 T_2 紧化都与 Stone-Čech 紧化等价.

例 5.3.15 (1) 单位闭区间 $[0,1]$ 是 $(0,1]$ 的单点紧化, 但不是 $(0,1]$ 的 Stone-Čech 紧化. 因为定义在 $(0,1]$ 上到 T_2 紧空间 $[-1,1]$ 上的函数 $x \mapsto \sin\dfrac{1}{x}$, 不能连续扩张到 $[0,1]$.

(2) 良序空间 $[0,\Omega)$ 的单点紧化和 Stone-Čech 紧化都是 $\overline{S_\Omega} = [0,\Omega]$.

下面讨论比紧空间弱的两类常见的拓扑空间: 可数紧空间与列紧空间.

定义 5.3.16 若拓扑空间 X 的任一可数开覆盖具有有限子覆盖, 则称 X 是**可数紧致空间**或简称**可数紧空间**.

显然, 任一紧致空间都是可数紧的.

定理 5.3.17 设 X 是 Lindelöf 空间. 则 X 为紧致空间当且仅当 X 为可数紧致空间. 特别地, A_2 空间的紧性与可数紧性是等价的.

证明 由定义 4.2.14、定理 4.2.15 和定义 5.3.16 可得. □

类比紧致性, 可数紧具有类似于定理 4.6.6 的等价刻画.

定理 5.3.18 拓扑空间 X 是可数紧致空间当且仅当 X 的任意非空递降闭集列 $\{F_n\}_{n\in\mathbb{Z}_+}$ 有非空的交, 即 $\bigcap_{n=1}^\infty F_n \neq \varnothing$.

证明 必要性: 设 X 是可数紧致空间, $\{F_n\}_{n\in\mathbb{Z}_+}$ 是 X 的非空递降闭集列. 用反证法. 假设 $\bigcap_{n=1}^\infty F_n = \varnothing$. 则 $X = X - \bigcap_{n=1}^\infty F_n = \bigcup_{n=1}^\infty (X - F_n)$. 故

$\{X-F_n\}_{n\in\mathbb{Z}_+}$ 为 X 的一个可数开覆盖, 从而由 X 的可数紧性知存在有限子覆盖 $\{X-F_{n_1}, X-F_{n_2}, \cdots, X-F_{n_k}\}(k\in\mathbb{Z}_+)$. 不妨设 $n_1<n_2<\cdots<n_k$. 则 $X=\bigcup_{i=1}^{k}(X-F_{n_i})=X-\bigcap_{i=1}^{k}F_{n_i}=X-F_{n_k}$. 故 $F_{n_k}=\varnothing$, 这与 F_{n_k} 非空矛盾!

充分性: 设 X 的任意非空递降闭集列有非空的交, $\{U_n\}_{n\in\mathbb{Z}_+}$ 为 X 的任意可数开覆盖. 用反证法. 假设 $\{U_n\}_{n\in\mathbb{Z}_+}$ 没有 X 的有限子覆盖. 则对任意 $n\in\mathbb{Z}_+$, 令 $F_n=X-\bigcup_{i=1}^{n}U_i$. 易见 $\{F_n\}_{n\in\mathbb{Z}_+}$ 是 X 的非空递降闭集列, 从而 $\bigcap_{n=1}^{\infty}F_n\neq\varnothing$. 另一方面,

$$\bigcap_{n=1}^{\infty}F_n=\bigcap_{n=1}^{\infty}\left(X-\bigcup_{i=1}^{n}U_i\right)=X-\bigcup_{n=1}^{\infty}\left(\bigcup_{i=1}^{n}U_i\right)=X-\bigcup_{n=1}^{\infty}U_n=\varnothing,$$

这与 $\bigcap_{n=1}^{\infty}F_n\neq\varnothing$ 矛盾! □

定义 5.3.19　若拓扑空间 X 中的任一序列都有收敛的子序列, 则称 X 是**序列紧致空间**, 或简称**列紧空间**.

定理 5.3.20　序列紧致空间都是可数紧致空间.

证明　设 X 是序列紧致空间, $\{F_n\}_{n\in\mathbb{Z}_+}$ 是 X 的任一非空递降闭集列. 则对任意 $n\in\mathbb{Z}_+$, 取 $x_n\in F_n$. 由 X 是序列紧致空间知序列 $\{x_n\}_{n\in\mathbb{Z}_+}$ 存在收敛的子序列 $\{x_{n_k}\}_{k\in\mathbb{Z}_+}$. 设 $\lim\limits_{k\to\infty}x_{n_k}=a\in X$. 因 $\forall i\in\mathbb{Z}_+$, 当 $k\geqslant i$ 时, $x_{n_k}\in F_{n_k}\subseteq F_{n_i}\subseteq F_i$, 故由 $\lim\limits_{k\to\infty}x_{n_k}=a$ 及定理 5.1.7 知 $a\in\overline{F_i}=F_i$. 这说明 $a\in\bigcap_{n=1}^{\infty}F_n\neq\varnothing$. 由定理 5.3.18 知 X 可数紧致. □

定理 5.3.21　设 X 是 A_1 空间. 则 X 为序列紧致空间当且仅当 X 为可数紧致空间.

证明　必要性: 由定理 5.3.20 可得.

充分性: 设 X 是可数紧致的 A_1 空间, $\{x_n\}_{n\in\mathbb{Z}_+}$ 是 X 中的一个序列. 对任意 $n\in\mathbb{Z}_+$, 令 $B_n=\{x_i\mid i\geqslant n\}$. 则 $\{\overline{B_n}\}_{n\in\mathbb{Z}_+}$ 是 X 的非空递降闭集列. 故由定理 5.3.18 知 $\bigcap_{n=1}^{\infty}\overline{B_n}\neq\varnothing$. 取 $x\in\bigcap_{n=1}^{\infty}\overline{B_n}$. 下证序列 $\{x_n\}_{n\in\mathbb{Z}_+}$ 有一个子序列 $\{x_{n_k}\}_{k\in\mathbb{Z}_+}$ 收敛于 x. 因为 X 是 A_1 空间, 故由引理 4.2.9 知, 存在 x 的一个可数邻域基 $\{U_n\}_{n\in\mathbb{Z}_+}$ 使对任意 $n\in\mathbb{Z}_+$, $U_{n+1}\subseteq U_n$. 则由 $x\in\overline{B_1}$ 知 $U_1\cap B_1\neq\varnothing$. 取 $x_{n_1}\in U_1\cap B_1$. 因 $x\in\overline{B_{n_1+1}}$, 故 $U_2\cap B_{n_1+1}\neq\varnothing$. 取 $x_{n_2}\in U_2\cap B_{n_1+1}$. 由 B_{n_1+1} 的定义知 $n_2\geqslant n_1+1>n_1$. 又因 $x\in\overline{B_{n_2+1}}$, 故 $U_3\cap B_{n_2+1}\neq\varnothing$. 取 $x_{n_3}\in U_3\cap B_{n_2+1}$. 则 $n_3>n_2$. 这样继续下去, 可得 $\{x_n\}_{n\in\mathbb{Z}_+}$ 的子序列 $\{x_{n_k}\}_{k\in\mathbb{Z}_+}$. 易见该子序列 $\{x_{n_k}\}_{k\in\mathbb{Z}_+}$ 收敛于 x. 从而由定义 5.3.19 知 X 为序列紧致空间. □

推论 5.3.22　设 X 是 A_2 空间. 则下列条件等价:

(1) X 是紧致空间;

(2) X 是可数紧致空间;

(3) X 是序列紧致空间.

证明 由命题 4.2.2、定理 5.3.17 和定理 5.3.21 可得. □

例 5.3.23 (1) 存在 (可数) 紧致而不序列紧致的拓扑空间. 设 $I=[0,1]$ 为单位闭区间, 并在 I 上取通常的拓扑. 则由 Tychonoff 乘积定理 (定理 5.3.3) 知积空间 $X=I^I$ 是紧致空间. 下证 X 不是序列紧致的. 对任意 $n\in\mathbb{Z}_+$, 定义 $\alpha_n: I\to I$ 为对任意 $x\in I$, $\alpha_n(x)$ 是 x 的二进制表示中的第 n 个数字. 下面说明序列 $\{\alpha_n\}_{n\in\mathbb{Z}_+}$ 不存在收敛子列. 用反证法. 假设 $\{\alpha_n\}_{n\in\mathbb{Z}_+}$ 有子序列 $\{\alpha_{n_k}\}_{k\in\mathbb{Z}_+}$ 收敛于 α. 则由于乘积空间中序列的收敛性是按坐标收敛, 故对任意 $x\in I$, $\{\alpha_{n_k}(x)\}_{k\in\mathbb{Z}_+}$ 收敛于 $\alpha(x)$. 取 $x_0\in I$ 使对任意 $k\in\mathbb{Z}_+$,

$$\alpha_{n_k}(x_0)=\begin{cases}0, & \text{当 } k \text{ 为奇数},\\ 1, & \text{当 } k \text{ 为偶数}.\end{cases}$$

这说明序列 $\{\alpha_{n_k}(x_0)\}_{k\in\mathbb{Z}_+}$ 是 $0,1,0,1,\cdots$, 从而是发散的, 矛盾!

(2) 存在序列紧致而不紧致的拓扑空间. 设 Ω 为最小的不可数序数 (见定理 1.4.19). 令 $X=S_\Omega\cup\{\Omega\}=[0,\Omega]$, $Y=[0,\Omega)=S_\Omega$. 则全序集 X 上赋予序拓扑是紧致空间, Y 作为 X 的子空间是序列紧致但非紧致的.

由例 4.2.3(4) 知度量空间都是 A_1 空间, 但未必是 Lindelöf 空间. 虽然如此, 在度量空间中, 紧致性、可数紧致性与序列紧致性仍然是等价的.

定义 5.3.24 设 A 为度量空间 (X,d) 的子集. 若 A 是有界子集, 记 $D(A)=\sup\{d(x,y)\mid x,y\in A\}$, 称为 A 的**直径**. 若 A 是无界子集, 称 A 的**直径为无穷大**, 并记 $D(A)=\infty$.

定义 5.3.25 设 $\mathscr{U}=\{U_\alpha\mid\alpha\in J\}$ 是度量空间 (X,d) 的一个开覆盖. 实数 $\lambda>0$ 称为覆盖 $\mathscr{U}$ 的 **Lebesgue 数**, 如果对每一 $A\subseteq X$, 只要 $D(A)<\lambda$, 就存在 $\alpha\in J$ 使 $A\subseteq U_\alpha$.

注 5.3.26 覆盖的 Lebesgue 数未必存在. 若存在也不必唯一. 设 $\mathscr{U}=\left\{\left(n-\dfrac{1}{|n|},n+1+\dfrac{1}{|n|}\right)\middle| n\in\mathbb{Z}-\{0\}\right\}$ 是实直线 $\mathbb{R}$ 的一个开覆盖. 但任一实数 $\lambda>0$ 均不是 $\mathscr{U}$ 的 Lebesgue 数.

定理 5.3.27 设 (X,d) 是序列紧致的度量空间. 则 X 的任意开覆盖都有 Lebesgue 数.

证明 设 (X,d) 是序列紧致的度量空间, $\mathscr{U}=\{U_\alpha\mid\alpha\in J\}$ 是 X 的一个开覆盖. 假设 $\mathscr{U}$ 没有 Lebesgue 数. 则对于任意 $\lambda=\dfrac{1}{n}(n=1,2,\cdots,)$, 存在 $A_n\subseteq X$ 且 $D(A_n)<\dfrac{1}{n}$ 使对任意 $\alpha\in J$, $A_n\nsubseteq U_\alpha$. 取 $x_n\in A_n$. 则 $\{x_n\}_{n\in\mathbb{Z}_+}$ 是 X 的一个序列. 由 X 的序列紧性知 $\{x_n\}_{n\in\mathbb{Z}_+}$ 有收敛的子序列 $\{x_{n_k}\}_{k\in\mathbb{Z}_+}$. 设

$\lim\limits_{k\to\infty} x_{n_k} = a \in X$. 则由 $\mathscr{U}$ 是 X 的开覆盖知, 存在 $\alpha_0 \in J$ 使 $a \in U_{\alpha_0}$. 从而由例 4.2.3(4) 知, 存在 $\varepsilon > 0$ 使 $a \in B(a,\varepsilon) \subseteq U_{\alpha_0}$. 因为 $\lim\limits_{k\to\infty} x_{n_k} = a$, 故存在 $M_1 \in \mathbb{Z}_+$ 使当 $k > M_1$ 时, 有 $d(x_{n_k}, a) < \dfrac{\varepsilon}{2}$. 又由 $\lim\limits_{k\to\infty} \dfrac{1}{k} = 0$ 知, 存在 $M_2 \in \mathbb{Z}_+$ 使当 $k > M_2$ 时, 有 $\dfrac{1}{k} < \dfrac{\varepsilon}{2}$. 从而由 $n_k \geqslant k$ 知 $D(A_{n_k}) < \dfrac{1}{n_k} \leqslant \dfrac{1}{k} < \dfrac{\varepsilon}{2}$. 令 $m = M_1 + M_2$. 则对任意 $y \in A_{n_m}$, $d(y,a) \leqslant d(y, x_{n_m}) + d(x_{n_m}, a) < \varepsilon$. 故 $y \in B(a,\varepsilon) \subseteq U_{\alpha_0}$. 从而 $A_{n_m} \subseteq U_{\alpha_0}$, 这与对任意 $\alpha \in J$, $A_{n_m} \nsubseteq U_\alpha$ 矛盾! □

定理 5.3.28 设 (X,d) 是度量空间. 则下列条件等价:

(1) X 是紧致空间;

(2) X 是可数紧致空间;

(3) X 是序列紧致空间.

证明 (1) $\Longrightarrow$ (2) 显然.

(2) $\Longrightarrow$ (3) 由例 4.2.3(4) 和定理 5.3.21 可得.

(3) $\Longrightarrow$ (1) 设 (X,d) 是序列紧致的度量空间, $\mathscr{U} = \{U_\alpha \mid \alpha \in J\}$ 是 X 的一个开覆盖. 则由定理 5.3.27 知 $\mathscr{U}$ 有 Lebesgue 数 $\lambda > 0$. 令 $\widetilde{\mathscr{U}} = \left\{ B\left(x, \dfrac{\lambda}{3}\right) \middle| x \in X \right\}$. 先用反证法证明 X 的开覆盖 $\widetilde{\mathscr{U}}$ 有有限子覆盖. 假设 $\widetilde{\mathscr{U}}$ 没有有限子覆盖. 任取 $x_1 \in X$. 因为 $B\left(x_1, \dfrac{\lambda}{3}\right)$ 不是 X 的开覆盖, 故存在 $x_2 \in X$ 使 $x_2 \notin B\left(x_1, \dfrac{\lambda}{3}\right)$. 因为 $B\left(x_1, \dfrac{\lambda}{3}\right) \cup B\left(x_2, \dfrac{\lambda}{3}\right)$ 不是 X 的开覆盖, 故存在 $x_3 \in X$ 使 $x_3 \notin \left(B\left(x_1, \dfrac{\lambda}{3}\right) \cup B\left(x_2, \dfrac{\lambda}{3}\right)\right)$. 这样继续下去可得 X 的一个序列 $\{x_n\}_{n\in\mathbb{Z}_+}$ 满足对任意 $n \in \mathbb{Z}_+$, 有 $x_{n+1} \notin \bigcup_{i=1}^n B\left(x_i, \dfrac{\lambda}{3}\right)$. 可以断言序列 $\{x_n\}_{n\in\mathbb{Z}_+}$ 没有收敛的子序列. 否则设 $\{x_n\}_{n\in\mathbb{Z}_+}$ 有子序列收敛于 $a \in X$. 则点 a 的球形邻域 $B\left(a, \dfrac{\lambda}{6}\right)$ 中含有序列 $\{x_n\}_{n\in\mathbb{Z}_+}$ 的无穷多点, 但 $B\left(a, \dfrac{\lambda}{6}\right)$ 中任意两点的距离均小于 $\dfrac{\lambda}{3}$, 这与序列 $\{x_n\}_{n\in\mathbb{Z}_+}$ 的定义矛盾! 从而序列 $\{x_n\}_{n\in\mathbb{Z}_+}$ 没有收敛的子序列, 这又与 X 的序列紧性矛盾! 故 X 的开覆盖 $\widetilde{\mathscr{U}}$ 有有限子覆盖 $\left\{B\left(y_1, \dfrac{\lambda}{3}\right), B\left(y_2, \dfrac{\lambda}{3}\right), \cdots, B\left(y_m, \dfrac{\lambda}{3}\right)\right\} (m \in \mathbb{Z}_+)$. 因 $\mathscr{U}$ 的 Lebesgue 数为 λ, 故由定义 5.3.25 知, 对任意 $i = 1, 2 \cdots, m$, 存在 $U_i \in \mathscr{U}$ 使 $B\left(y_i, \dfrac{\lambda}{3}\right) \subseteq U_i$. 从而 $\{U_1, U_2, \cdots, U_m\}$ 是 $\mathscr{U}$ 的有限子覆盖. 于是 (X,d) 是紧致空间. □

定义 5.3.29 度量空间的一个网 $\{x_i\}_{i\in J}$ 称为一个 **Cauchy 网**, 如果对任一

$\varepsilon > 0$, 存在 $k \in J$ 使当 $j \in J$ 且 $j \geqslant k$ 时, 有 $d(x_k, x_j) < \varepsilon$. 当一个 Cauchy 网是 (X,d) 中一个序列 $\{x_n\}_{n\in\mathbb{Z}_+}$ 时, 则称该序列为 Cauchy **序列**.

注 5.3.30 由度量满足三角不等式易知度量空间中的每个收敛序列均是 Cauchy 序列, 但是 Cauchy 序列却未必收敛. 例如 $\left\{\dfrac{1}{n}\right\}_{n\in\mathbb{Z}_+}$ 是实直线 $\mathbb{R}$ 中子空间 $(0,1)$ 关于通常度量的 Cauchy 序列, 但是它在 $(0,1)$ 中不收敛.

定义 5.3.31 称度量空间 (X,d) 中子集 A 是**完备集**, 如果 A 中任一 Cauchy 序列均收敛于 A 中的点. 当 X 在 (X,d) 中完备时, 称度量空间 (X,d) 是**完备度量空间** .

易见, 集合 A 是度量空间 (X,d) 中完备集当且仅当 A 作为度量子空间是完备的.

例 5.3.32 (1) n 维欧氏空间 $(\mathbb{R}^n, d)$ 是完备度量空间;

(2) Hilbert 空间 $(\mathbb{H}, d_{\mathbb{H}})$ 是完备度量空间.

定义 5.3.33 度量空间 (X,d) 中集合 A 称为是**全有界集**, 如果对任一 $\varepsilon > 0$, 存在有限集 $\{x_1, x_2, \cdots, x_n\} \subseteq X$ 使得 $A \subseteq \bigcup_{i=1}^{n} B(x_i, \varepsilon)$. 当 X 在 (X,d) 中全有界时, 称度量空间 (X,d) 是**全有界空间**.

易见, 集 A 是度量空间 (X,d) 中全有界集当且仅当 A 作为度量子空间是全有界空间.

定理 5.3.34 度量空间 (X,d) 是紧的当且仅当它是全有界的完备度量空间.

证明 必要性显然. 下证充分性. 设 (X,d) 是全有界的完备度量空间, 由定理 5.3.28 知只需证 X 是序列紧的. 为此, 设 $\{x_n\}_{n\in\mathbb{Z}_+}$ 为 X 中任一序列, 由 X 全有界, 用归纳法可构造该序列的一个 Cauchy 子序列 $\{x_{n_k}\}_{k\in\mathbb{Z}_+}$. 再由 X 是完备的知该子序列收敛. 这说明序列 $\{x_n\}_{n\in\mathbb{Z}_+}$ 有收敛子列, 故 (X,d) 是序列紧的.

□

推论 5.3.35 度量空间 (X,d) 的子集 A 是紧的当且仅当它是全有界的完备集.

注意到全有界和完备均不是拓扑性质, 但由定理 5.3.34 知两者叠加后获得了紧性这一拓扑性质, 这是一个非常有趣的现象, 我们可从中获得更多启发.

习题 5.3

1. 举例说明: 可数紧致空间未必是紧致空间.
2. 证明: 可数紧致空间的闭子空间是可数紧致空间.
3. 设 X, Y 是拓扑空间, $f: X \to Y$ 是连续映射. 证明: 若 X 是可数紧致空间, 则 $f(X)$ 也是可数紧致空间.
4. 证明: 序列紧致空间的闭子空间是序列紧致的.
5. 证明: 序列紧致空间在连续映射下的像是序列紧致的.

6. 证明: 拓扑空间 X 是可数紧致的当且仅当 X 中每个序列有聚点.

7. 证明: 序列紧致空间与可数紧致空间的乘积空间是可数紧致的.

8. 证明: 度量空间是完备的当且仅当该空间中任一 Cauchy 网均收敛.

9. 设 X 是 Tychonoff 空间. 证明: X 连通当且仅当 X 的 Stone-Čech 紧化 βX 连通.

10. 拓扑空间 X 称为**极不连通空间**, 若 X 的每个开集的闭包是开集. 证明: Tychonoff 空间 X 极不连通当且仅当 X 的 Stone-Čech 紧化 βX 极不连通.

11. 任给 $x, y \in (0,1]$, 令 $d(x,y) = \left|\frac{1}{x} - \frac{1}{y}\right|$. 证明:

(1) d 是 $(0,1]$ 上的度量并且诱导 $(0,1]$ 上的通常拓扑;

(2) $((0,1], d)$ 是完备度量空间.

12. 设 (X,d) 是度量空间. 任给 $x, y \in X$, 令 $d^*(x,y) = \dfrac{d(x,y)}{1+d(x,y)}$. 证明:

(1) d^* 是 X 上的度量并且与 d 等价;

(2) (X,d) 是完备度量空间当且仅当 (X,d^*) 是完备度量空间.

13. 证明: 全有界的度量空间可分.

14. 证明: 度量空间 (X,d) 的子集 A 全有界当且仅当 A 的闭包 $\overline{A}$ 全有界.

15*. 设 X 是紧 T_2 空间, $f: X \to X$ 是连续映射. 证明: 存在非空闭集 $A \subseteq X$ 使得 $f(A) = A$.

16*. 证明: 每一可数紧致的 A_1 的 T_2 空间都是 T_3 空间.

17*. 设 X 是 T_1 空间, $\mathcal{F}$ 是 X 的局部有限子集族. 证明:

(1) 如果 X 是可数紧的, 则存在有限子族 $\mathcal{F}_1 \subseteq \mathcal{F}$ 使得 $\bigcup \mathcal{F}_1 = \bigcup \mathcal{F}$;

(2) X 是紧的当且仅当 X 是可数紧的仿紧空间.

第 6 章　序结构与内蕴拓扑

从拓扑空间可诱导多种相关的序结构，如空间的开集格、闭集格以及特殊化序等. 借助于序结构也可用适当的一般方法定义序集上的**内蕴拓扑**，序集上有多种内蕴拓扑，这些内蕴拓扑以及序与拓扑的交叉研究在理论计算机中有较为广泛的应用.

6.1　拓扑空间的特殊化序与 Sober 空间

拓扑空间可能同时又是偏序集，我们称之为**拓扑偏序集**. 当要求序与拓扑有某些紧密联系时，人们会得到一些特殊类型的拓扑空间.

定义 6.1.1　若拓扑偏序集 X 的偏序 $\leqslant$ 是积空间 $X \times X$ 的闭子集，即 $G(\leqslant) := \{(x, y) \mid x, y \in X, x \leqslant y\}$ 关于 $X \times X$ 的积拓扑为闭集，则称 X 是**序 Hausdorff 空间**.

例 6.1.2　(1) 实数空间依通常拓扑和序是序 Hausdorff 空间.

(2) 设 X 是 T_2 空间，则 X 带有离散序，是序 Hausdorff 空间.

定理 6.1.3　拓扑偏序集 X 是序 Hausdorff 的当且仅当对任意 $x, y \in X$，$x \not\leqslant y$，存在 x 的邻域 U，y 的邻域 V 使 $U \cap V = \varnothing$ 且 U 是上集，V 是下集.

证明　必要性：设 X 是序 Hausdorff 的，则 $\forall x, y \in X$，$x \not\leqslant y$，有 $(x, y) \notin G(\leqslant)$. 因 $G(\leqslant)$ 是闭集，故 (x, y) 有开邻域与 $G(\leqslant)$ 不交. 由积拓扑的定义知，存在 x 的开邻域 U_x 和 y 的开邻域 V_y 使得 $(U_x \times V_y) \cap G(\leqslant) = \varnothing$. 令 $U = \uparrow U_x$，$V = \downarrow V_y$，则易验证 $U \cap V = \varnothing$.

充分性：设 X 满足所给条件，则 $\forall (x, y) \in (X \times X) - G(\leqslant)$，存在 x, y 的不相交邻域 U, V 且 U 是上集，V 是下集.

令 $W_{(x,y)} = U^{\circ} \times V^{\circ}$ 为 (x, y) 的开邻域，则 $W_{(x,y)} \cap G(\leqslant) = \varnothing$，从而得 $W_{(x,y)} \subseteq (X \times X) - G(\leqslant)$. 由此得 $G(\leqslant)$ 是积空间 $X \times X$ 的闭集，X 是序 Hausdorff 的. □

一个拓扑空间可自然获得一个特殊的由拓扑诱导的序，即有如下定义.

定义 6.1.4　设 $(X, \mathcal{T}(X))$ 为拓扑空间. 对任意 $x, y \in X$，规定 $x \leqslant_s y \Longleftrightarrow x \in \overline{\{y\}}$. 则 $\leqslant_s$ 为 X 上的预序，称为拓扑空间 X 的**特殊化序**，也称由拓扑 $\mathcal{T}(X)$ 诱导的**特殊化序**.

注 6.1.5 (1) 设 $\leqslant_s$ 为拓扑空间 $(X,\mathcal{T}(X))$ 的特殊化序. 则对任意 $x\in X$, 有 $\overline{\{x\}}=\downarrow x$, 从而 X 的闭集均为下集, 开集均为上集; 若 X 是 T_0 空间, 则 $\leqslant_s$ 是偏序.

(2) 拓扑空间之间的连续映射保持特殊化序.

(3) 拓扑空间 $(X,\mathcal{T}(X))$ 是 T_1 空间当且仅当其特殊化序是离散序.

证明 直接验证可得. □

定义 6.1.6 设 $(X,\mathcal{T}(X))$ 为拓扑空间, $A\subseteq X$.

(1) 若 A 可表示为若干开集的交, 则称 A 为 X 的**饱和集**;

(2) 对于 $A\subseteq X$, 记 $\mathscr{F}_A=\{U\in\mathcal{T}(X)\mid A\subseteq U\}$, 则 $\mathscr{F}_A$ 是 $(\mathcal{T}(X),\subseteq)$ 的滤子, 称 $\mathrm{sat}(A)=\bigcap\mathscr{F}_A=\bigcap\{U\in\mathcal{T}(X)\mid A\subseteq U\}$ 为集 A 的**饱和化**.

注 6.1.7 设 $(X,\mathcal{T}(X))$ 为拓扑空间, $A\subseteq X$, 则

(1) A 是拓扑空间 X 的饱和集当且仅当 $A=\mathrm{sat}(A)$;

(2) X 的一个开集族 $\mathscr{U}$ 覆盖 A 当且仅当 $\mathscr{U}$ 覆盖 $\mathrm{sat}(A)$;

(3) A 是饱和集当且仅当在特殊化序下 A 是上集.

证明 (1) 必要性: 设 A 是饱和集, 则 $A\supseteq\mathrm{sat}(A)\supseteq A$, 从而 $A=\mathrm{sat}(A)$.

充分性: 显然.

(2) 必要性: 设 $\mathscr{U}$ 覆盖 A, 则 $A\subseteq\bigcup\mathscr{U}$, 从而 $\mathrm{sat}(A)\subseteq\bigcup\mathscr{U}$, 这说明 $\mathscr{U}$ 覆盖 $\mathrm{sat}(A)$.

充分性: 显然.

(3) 必要性: 开集是上集, 饱和集为开集的交, 故是上集.

充分性: 设 A 是在特殊化序下的上集, 因 $\downarrow x$ 是闭集且 $A=\uparrow A=\bigcap_{x\notin\uparrow A}(X-\downarrow x)$, 故得 A 是饱和集. □

定义 6.1.8 设 $(X,\mathcal{T})$ 为拓扑空间. 若非空闭集 F 不能表示成两个非空真闭子集的并, 则称 F 为 X 的**既约闭集**. 若对 X 的任意既约闭集 F, 存在唯一 $x\in X$ 使 $F=\overline{\{x\}}$, 则称 X 为一个 **Sober 空间**.

命题 6.1.9 每个 T_2 空间都是 Sober 空间, 每个 Sober 空间都是 T_0 空间.

证明 设 X 为 T_2 空间, F 为 X 的任意既约闭集. 假设 F 至少包含两个不同的点 x, y, 则由 X 为 T_2 空间知, 存在 x 的开邻域 U 及 y 的开邻域 V 使 $U\cap V=\varnothing$. 故

$$F=F\cap X=F\cap(X-(U\cap V))=(F\cap(X-U))\cup(F\cap(X-V)).$$

从而由 F 为既约闭集知 $F\cap(X-U)=F$ 或 $F\cap(X-V)=F$, 这与 $x,y\in F$ 矛盾! 因此存在唯一 $x\in X$ 使 $F=\{x\}=\overline{\{x\}}$. 由定义 6.1.8 知 X 为 Sober 空间.

又设 Y 为 Sober 空间, 则非空既约闭集是唯一一点的闭包, 故任意 $a,b\in Y$, 若 $a\neq b$ 有 $\overline{\{a\}}\neq\overline{\{b\}}$, 这说明 Y 为 T_0 空间. □

例 6.1.10 (1) 设 X 是无限集, $\mathcal{T}_f = \{U \subseteq X \mid X - U \text{ 为有限集 }\} \cup \{\varnothing\}$ 是 X 上的有限余拓扑. 则空间 $(X, \mathcal{T}_f)$ 的任一有限子集都是闭集. 从而 $(X, \mathcal{T}_f)$ 是 T_1 空间. 注意到 X 是既约闭集但不是某点的闭包, 故 $(X, \mathcal{T}_f)$ 不是 Sober 的. 这说明 T_1 空间未必是 Sober 空间.

(2) 设 $X = \{a, b\}$ 赋予 $\mathcal{T} = \{\varnothing, \{a, b\}, \{a\}\}$ 为 Sierpinski 空间. 则 X 的全体既约闭集为 $\{b\}$ 和 $\{a, b\}$. 因为 $\{b\} = \overline{\{b\}}$, $\{a, b\} = \overline{\{a\}}$, 故由定义 6.1.8 知 X 为 Sober 空间, 但显然 X 不是 T_1 空间. 这说明 Sober 空间未必是 T_1 空间.

命题 6.1.11 设 $(X, \mathcal{T})$ 为拓扑空间. 若 $D \subseteq X$ 是特殊化序下的定向集, 则闭包 $\overline{D}$ 是一个既约闭集.

证明 首先因 D 定向, 故 $\overline{D}$ 是非空闭集. 又假设 A, B 为非空闭集使得 $\overline{D} = A \cup B$. 则 A, B 中必有一个与 D 共尾, 不妨设 A 与 D 共尾. 注意到 A 是闭集, 在特殊化序下是下集, 从而由共尾性得 $D \subseteq A$, 于是 $A = \overline{D}$ 不是 $\overline{D}$ 的真子集. 这说明 $\overline{D}$ 是一个既约闭集. □

习题 6.1

1. 证明: 若 X 是序 Hausdorff 空间, K 是 X 的紧子集, 则 $\downarrow K$ 和 $\uparrow K$ 均是闭集.
2. 设 X 是紧的序 Hausdorff 拓扑空间. 证明:

(1) 若 $D \subseteq X$ 是定向集, 则 D 作为 X 中的网收敛于唯一的极限 $\sup D$;

(2) 若 $S \subseteq X$ 是滤向集, 则 S 作为 X 中的网收敛于唯一的极限 $\inf S$.

3. 证明一个 T_0 空间是 Hausdorff 空间当且仅当它赋予特殊化序是序 Hausdorff 空间.
4. 设 X 为拓扑空间, $A \subseteq X$. 证明 A 是紧集当且仅当 $\mathrm{sat}(A)$ 是紧集.
5. 证明: Sober 空间的闭子空间、开子空间均是 Sober 的; Sober 空间的收缩核是 Sober 的.

6.2 分配格、dcpo 和完备格

定义 6.2.1 设 L 为偏序集.

(1) 若 L 中任意非空有限子集都有下确界, 则称 L 为**交半格**, 简称**半格**.

(2) 若 L 中任意非空有限子集都有上确界, 则称 L 为**并半格**.

(3) 若 L 既是交半格又是并半格, 则称 L 是一个**格**. 若格 L 存在最大元 1 和最小元 0, 则称 L 是**有界格**.

(4) 若 L 中任意定向集均有上确界, 则称 L 是**定向完备偏序集** (directed complete partially ordered set) 或简称 **dcpo**.

例 6.2.2 (1) 全序集 (即链) 都是格, 故实数集、有理数集、整数集在通常序下都是格. 但实数集、有理数集、整数集在通常序下都不是 dcpo.

(2) 设 X 是非空集合, 则 X 的幂集 $\mathcal{P}(X)$ 在集合包含序下构成一个格, 称为**幂集格**.

命题 6.2.3 若 X 是一个 Sober 空间, 则在特殊化序下, $(X, \leqslant_s)$ 是一个 dcpo.

证明 设 $D \subseteq X$ 是 X 的特殊化序下的定向集. 则由命题 6.1.11 知 $\overline{D}$ 是一个既约闭集. 故存在唯一 $x \in X$ 使得 $\overline{D} = \overline{\{x\}} = \downarrow x$. 这样一方面 x 是 D 的一个上界; 另一方面, 若 y 也是 D 的一个上界, 则有 $D \subseteq \downarrow y = \overline{\{y\}}$, 从而 $\downarrow x \subseteq \downarrow y$, 进而有 $x \leqslant y$. 这说明 x 是 D 的最小上界, 即上确界. 由任一定向集存在上确界得 $(X, \leqslant_s)$ 是一个 dcpo. □

定义 6.2.4 设 L 是格, $S \subseteq L$. 若 S 对 L 的非空有限并与交都封闭, 则称 S 是 L 的**子格**.

注 6.2.5 (1) 空集可认为是任一格的子格;

(2) 若 S 是格 L 的子格, 则 S 作为 L 的子偏序集本身也是格;

(3) 格 L 的任意多个子格的交集还是一个子格.

定义 6.2.6 设 L 是一个格, $a \in L$.

(1) 若 $a \neq 1$ 且 $\forall x, y \in L$, 当 $x \wedge y \leqslant a$ 时有 $x \leqslant a$ 或 $y \leqslant a$, 则称 a 是 L 的**素元**;

(2) 若 $a \neq 1$ 且 $\forall x, y \in L$, 当 $x \wedge y = a$ 时有 $x = a$ 或 $y = a$, 则称 a 是 L 的**交既约元**;

(3) 若 $a \neq 0$ 且 $\forall x, y \in L$, 当 $a \leqslant x \vee y$ 时有 $a \leqslant x$ 或 $a \leqslant y$, 则称 a 是 L 的**余素元**;

(4) 若 $a \neq 0$ 且 $\forall x, y \in L$, 当 $x \vee y = a$ 时有 $x = a$ 或 $y = a$, 则称 a 是 L 的**并既约元**;

(5) 理想格 $(\mathrm{Idl}(L), \subseteq)$ 中的 (余) 素元称为 L 中的 **(余) 素理想**;

(6) 滤子格 $(\mathrm{Filt}(L), \subseteq)$ 中的 (余) 素元称为 L 中的 **(余) 素滤子**.

易见 $a \in L$ 是格 L 的素元当且仅当 a 是 L 的对偶 L^{op} 的余素元.

定义 6.2.7 设 $(L, \leqslant)$ 是一个格. 若对于任意 $a, b, c \in L$, 下列条件成立:

$$a \wedge (b \vee c) = (a \wedge b) \vee (a \wedge c), \tag{6.2.1}$$

$$a \vee (b \wedge c) = (a \vee b) \wedge (a \vee c), \tag{6.2.2}$$

则称 L 是一个**分配格**.

显然, 一个格 L 是分配格当且仅当其对偶 L^{op} 是分配格.

注 6.2.8 定义 6.2.7中的分配律 (6.2.1) 和 (6.2.2) 等价.

证明 以分配律 (6.2.1) 推得分配律 (6.2.2) 为例证之.

设对于任意 $a, b, c \in L$, 分配律 (6.2.1) 成立. 则有

$$\begin{aligned}(a \vee b) \wedge (a \vee c) &= ((a \vee b) \wedge a) \vee ((a \vee b) \wedge c) \\ &= a \vee ((a \vee b) \wedge c) = a \vee (a \wedge c) \vee (b \wedge c)\end{aligned}$$

$$= a \vee (b \wedge c).$$

这推得分配律 (6.2.2) 成立. □

命题 6.2.9 设 $(L, \leqslant)$ 是格, $a \in L$. 则

(1) 若 L 是分配格, 则 a 是 L 的素元当且仅当 a 是 L 的交既约元;

(2) 若 L 是分配格, 则 a 是 L 的余素元当且仅当 a 是 L 的并既约元;

证明 (1) 必要性: 对任意 $x, y \in L$, 当 $x \wedge y = a$ 时, 由 a 是 L 的素元知 $x \leqslant a$ 或 $y \leqslant a$. 又由 $x \wedge y = a$ 知 $a \leqslant x$ 且 $a \leqslant y$. 故 $x = a$ 或 $y = a$. 这说明 a 是 L 的交既约元.

充分性: 对任意 $x, y \in L$, 当 $x \wedge y \leqslant a$ 时, 由 L 是分配格知 $a = a \vee (x \wedge y) = (a \vee x) \wedge (a \vee y)$. 由 a 是 L 的交既约元知 $a \vee x = a$ 或 $a \vee y = a$. 这说明 $x \leqslant a$ 或 $y \leqslant a$.

(2) 这是 (1) 的对偶命题. □

例 6.2.10 (1) 设 $(X, \mathcal{T})$ 是拓扑空间. 则由定义 2.2.1 易知**开集格** $(\mathcal{T}, \subseteq)$ 是分配格. 并且对任意 $x \in X$, $X - \overline{\{x\}}$ 是 $(\mathcal{T}, \subseteq)$ 的素元. 事实上, 对任意 U, $V \in \mathcal{T}$, 若 $U \cap V \subseteq X - \overline{\{x\}}$, 则必有 $U \subseteq X - \overline{\{x\}}$ 或 $V \subseteq X - \overline{\{x\}}$, 否则将有 $x \in U \cap V$, 与 $U \cap V \subseteq X - \overline{\{x\}}$ 矛盾!

(2) 设 $(X, \mathcal{T})$ 是拓扑空间, $\mathcal{T}^*$ 为 X 的全体闭集构成的集. 则由定义 2.4.1 易知**闭集格** $(\mathcal{T}^*, \subseteq)$ 序同构于开集格 $\mathcal{T}$ 的对偶 $\mathcal{T}^{op}$. 从而 $(\mathcal{T}^*, \subseteq)$ 是分配格. 并且由 (1) 和命题 6.2.9 知对任意 $x \in X$, $\overline{\{x\}}$ 是 $(\mathcal{T}^*, \subseteq)$ 的余素元 (或并既约元).

(3) 如图 6.1, 五元钻石格 M_5 和五边形格 N_5 是两个典型的非分配格.

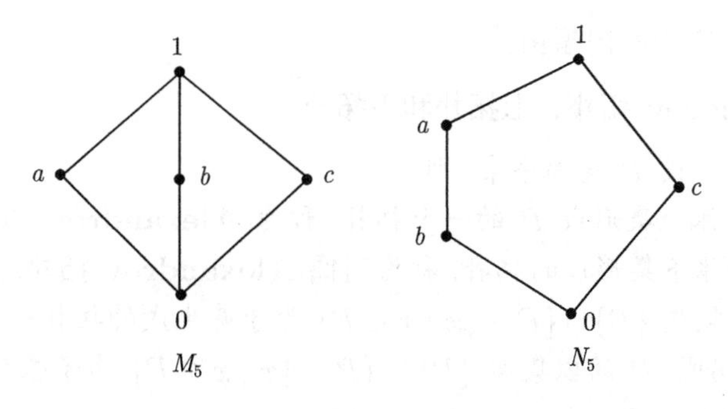

图 6.1 五元钻石格 M_5 和五边形格 N_5

定义 6.2.11 若偏序集 L 中任意子集都有上确界和下确界, 则称 L 是一个**完备格**.

命题 6.2.12 偏序集 L 是完备格当且仅当 L 中的任一子集都有上确界.

证明 必要性: 显然.

充分性: 只需证 L 中任一子集 P 都有下确界. 令 $A=\{x\in L\mid \forall p\in P, x\leqslant p\}$ 为 P 的下界集, 则 $\sup A$ 存在, 下证 $\inf P=\sup A$. 因 $\forall p\in P$ 均是 A 的上界, 故 $\sup A\leqslant p$, 从而 $\sup A$ 是 P 的下界, 即 $\sup A\in A$. 这说明 $\sup A$ 为 P 的最大下界, 即 $\sup A=\inf P$. □

例 6.2.13　(1) 实数集 $\mathbb{R}$ 在通常序下不是完备格.

(2) 设 X 是任意非空集合, 则幂集格 $(\mathcal{P}(X),\subseteq)$ 是完备格.

(3) 含有有限个元素的格 (简称为**有限格**) 都是完备格.

(4) 设 $(X,\mathcal{T})$ 是拓扑空间, 则开集格 $(\mathcal{T},\subseteq)$ 是完备格.

需要注意的是, 在开集格 $(\mathcal{T},\subseteq)$ 中, 一族开集的上确界就是该族集合的并集, 而下确界则是该族集合的交集的内部.

习题 6.2

1. 证明: 一个格是分配格当且仅当该格没有子格与格 M_5 和 N_5(图 6.1) 中任何一个同构.
2. 设 L 是格, $a\in L$. 证明: a 是 L 的素元当且仅当 $\downarrow a$ 是素理想; a 是 L 的余素元当且仅当 $\uparrow a$ 是素滤子.
3. 证明: 偏序集 L 是完备格当且仅当 L 中的任一子集都有下确界.
4. 证明: 对分配格 L 中任意元 a,b,c, 存在至多一个元 $x\in L$ 使 $x\wedge a=b, x\vee a=c$.
5. 设 L 是完备格, $f:L\to L$ 是保序映射. 证明: (Tarski 定理)f 的不动点集 $\{x\in L\mid f(x)=x\}$ 继承 L 的序是一个完备格.
6. 设 $(X,\mathcal{T})$ 是拓扑空间. 证明: $(\mathcal{T},\subseteq)$ 是分配的完备格, 也是 $(\mathcal{P}(X),\subseteq)$ 的子格.

6.3　偏序集的内蕴拓扑

先介绍几个常用的内蕴拓扑.

6.3.1　Alexandrov 拓扑、上拓扑和下拓扑

定义 6.3.1　设 P 是偏序集, 则

(1) P 的全体上集形成 P 的一个拓扑, 称为 **Alexandrov 拓扑**, 记作 $\alpha(P)$. 对偶地, P 的全体下集形成的拓扑, 称为**对偶 Alexandrov 拓扑**, 记作 $\alpha^*(P)$.

(2) P 的以集族 $\{P\}\cup\{P-\downarrow x\mid x\in P\}$ 为子基生成的拓扑称为 P 的**上拓扑**, 记作 $\nu(P)$. 对偶地, P 的以集族 $\{P\}\cup\{P-\uparrow x\mid x\in P\}$ 为子基生成的拓扑称为 P 的**下拓扑**, 记作 $\omega(P)$.

显然, P 的上 (下) 拓扑是使所有 $\downarrow x(\uparrow x)$ 为闭集的最小拓扑; 当 P 为有限偏序集时, 其上的 Alexandrov 拓扑与上拓扑相等. 偏序集上的 Alexandrov 拓扑、上拓扑、下拓扑均为 T_0 拓扑.

定理 6.3.2　设 $(X,\mathcal{T}(X))$ 为 T_0 空间, $\leqslant_s$ 为 $(X,\mathcal{T}(X))$ 的特殊化序, $\leqslant$ 为 X 上任一偏序. 则偏序 $\leqslant=\leqslant_s$ 当且仅当 $\nu(X,\leqslant)\subseteq\mathcal{T}(X)\subseteq\alpha(X,\leqslant)$.

证明 必要性: 设 $(X,\mathcal{T}(X))$ 的特殊化序 $\leqslant_s=\leqslant$. 则由注 6.1.5(1) 知 $\forall x\in X$, 有 $\downarrow x=\overline{\{x\}}$ 为 $\mathcal{T}(X)$-闭集. 故由上拓扑定义知 $\nu(X,\leqslant)\subseteq\mathcal{T}(X)$. 又设 $U\in\mathcal{T}(X)$. 则对任意 $y\in\uparrow U$, 存在 $u\in U$ 使 $u\leqslant y$, 即 $u\in\overline{\{y\}}$. 故 $U\cap\{y\}\neq\varnothing$, 即 $y\in U$. 这说明 U 为上集. 从而 $\mathcal{T}(X)\subseteq\alpha(X,\leqslant)$.

充分性: 设 $\nu(X,\leqslant)\subseteq\mathcal{T}(X)\subseteq\alpha(X,\leqslant)$. 则由 $\nu(X,\leqslant)\subseteq\mathcal{T}(X)$ 知对任意 $x\in X$, 有 $\downarrow x$ 是 $\mathcal{T}(X)$-闭集. 又由 $\mathcal{T}(X)\subseteq\alpha(X,\leqslant)$ 知 $\downarrow x$ 是包含 x 的最小 $\mathcal{T}(X)$-闭集. 从而有 $\downarrow x=\overline{\{x\}}$. 于是由定义 6.1.4 知 $\leqslant$ 是空间 $(X,\mathcal{T}(X))$ 的特殊化序, 即 $\leqslant_s=\leqslant$. □

由于对任一偏序集 P, 有 $\nu(P)\subseteq\alpha(P)$, 所以由定理 6.3.2 知, P 的上拓扑和 Alexandrov 拓扑决定的特殊化序均与 P 的原来的序相同.

6.3.2 Scott 拓扑、Lawson 拓扑和测度拓扑

定义 6.3.3 设 P 是偏序集, $U\subseteq P$. 若

(1) U 是上集, 即 $U=\uparrow U$;

(2) 对 P 中任一定向集 D, 当 $\sup D$ 存在且 $\sup D\in U$ 时, 有 $D\cap U\neq\varnothing$,

则称 U 为 P 上的 **Scott 开集**, P 上 Scott 开集全体记作 $\sigma(P)$. Scott 开集的余集称为 **Scott 闭集**, P 上 Scott 闭集全体记作 $\sigma^*(P)$.

命题 6.3.4 设 P 是偏序集. 则

(1) P 上全体 Scott 开集 $\sigma(P)$形成 P 上的一个拓扑, 称为 **Scott 拓扑**.

(2) $F\subseteq P$ 是 Scott 闭集当且仅当 F 是下集且对存在的定向并封闭, 即对 P 中任一定向集 D, 当 $D\subseteq F$ 且 $\sup D$ 存在时, 有 $\sup D\in F$. 特别地, P 的主理想均是 Scott 闭集.

(3) 上拓扑 $\nu(P)\subseteq\sigma(P)$.

证明 (1) 显然, $\varnothing$, $P\in\sigma(P)$. 设 U, $V\in\sigma(P)$. 易见 $U\cap V$ 是上集. 对 P 中任一定向集 D, 当 $\sup D$ 存在且 $\sup D\in U\cap V$ 时, 由 U 是 Scott 开集知 $U\cap D\neq\varnothing$, 即存在 $d_1\in U\cap D$. 同理存在 $d_2\in V\cap D$. 因为 D 是定向集, 故存在 $d_3\in D$ 使 d_1, $d_2\leqslant d_3$. 从而 $d_3\in(U\cap V)\cap D$. 由定义 6.3.3 知 $U\cap V\in\sigma(P)$. 又设 $\{U_\alpha\}_{\alpha\in\Gamma}\subseteq\sigma(P)$. 易见 $\bigcup_{\alpha\in\Gamma}U_\alpha$ 是上集. 对 P 中任一定向集 D, 当 $\sup D$ 存在且 $\sup D\in\bigcup_{\alpha\in\Gamma}U_\alpha$ 时, 存在 $\alpha_0\in\Gamma$ 使 $\sup D\in U_{\alpha_0}$. 从而由 U_{α_0} 是 Scott 开集知 $U_{\alpha_0}\cap D\neq\varnothing$. 于是有 $(\bigcup_{\alpha\in\Gamma}U_\alpha)\cap D\neq\varnothing$. 这说明 $\bigcup_{\alpha\in\Gamma}U_\alpha\in\sigma(P)$. 综上知 $\sigma(P)$ 是 P 上的拓扑.

(2) 由定义 6.3.3 直接证明.

(3) 由上拓扑定义和 (2) 直接可得. □

定理 6.3.5 设 P 是偏序集, $U\subseteq P$ 为非空 Scott 开集. 则 U 上的 Scott 拓扑与 U 继承的 P 的 Scott 子空间拓扑相等, 即 $\sigma(U)=\{U\cap V\mid V\in\sigma(P)\}$.

证明 设 $V \in \sigma(P)$, $W = U \cap V$, 要证 $W \in \sigma(U)$. 若 $W = \varnothing$, 则 $W \in \sigma(U)$. 下面设 $W \neq \varnothing$. 作为两上集的交, W 自然是上集. 又对 U 的任一定向集 D, 当 $\sup_U D \in W = U \cap V$ 时, $\sup D = \sup_U D \in W = U \cap V$, 其中 $\sup_U D$ 表示 D 在 U 中的上确界. 特别地, $\sup D \in V \in \sigma(P)$. 于是 $D \cap V \neq \varnothing$, 从而由 $D \subseteq U$ 得 $D \cap V = (D \cap U) \cap V = D \cap W \neq \varnothing$. 这说明 $W \in \sigma(U)$, 故 $\sigma(U) \supseteq \{U \cap V \mid V \in \sigma(P)\}$.

反过来, 设 $W \in \sigma(U)$, 要证 $W \in \sigma(P)$. 首先, 由 $U \subseteq P$ 为上集且 $W \subseteq U$ 又为 U 的上集知, W 也为 P 的上集. 又对 P 的任一定向集 D, 当 $\sup D \in W \subseteq U$ 时, 由 $U \in \sigma(P)$ 得 $D \cap U \neq \varnothing$, 从而 $D \cap U$ 为 U 中定向集且有 $\sup(D \cap U) = \sup D \in W$. 因 U 为上集, 故 $\sup_U(D \cap U) = \sup(D \cap U) \in W$. 由 $W \in \sigma(U)$ 得 $(D \cap U) \cap W = D \cap W \neq \varnothing$, 故 Scott 开集条件 (2) 对 W 也成立. 于是 $W \in \sigma(P)$, 从而 $W = U \cap W \in \{U \cap V \mid V \in \sigma(P)\}$.

综合得 $\sigma(U) = \{U \cap V \mid V \in \sigma(P)\}$. □

定义 6.3.6 设 P, Q 是偏序集. 若 f 是拓扑空间 $(P, \sigma(P))$ 和 $(Q, \sigma(Q))$ 之间的连续映射, 则称 f 是 **Scott 连续映射**, 也称 **Scott 连续函数**.

命题 6.3.7 设 P, Q 是偏序集. 则映射 $f: (P, \sigma(P)) \to (Q, \sigma(Q))$ 是 Scott 连续映射当且仅当 f 保存在的定向并, 即当 $D \subseteq P$ 定向且 $\sup D$ 存在时有 $f(\sup D) = \sup f(D)$.

证明 *必要性*: 设 $f: (P, \sigma(P)) \to (Q, \sigma(Q))$ 是 Scott 连续映射. 对任意 x, $y \in P$ 且 $x \leqslant y$, 若 $f(x) \nleqslant f(y)$, 则 $f(x) \in Q - \downarrow f(y)$. 因为 $Q - \downarrow f(y) \in \sigma(Q)$ 且 f 是 Scott 连续映射, 故 $x \in f^{-1}(Q - \downarrow f(y))$ 且 $f^{-1}(Q - \downarrow f(y)) \in \sigma(P)$. 从而由 $x \leqslant y$ 及 $f^{-1}(Q - \downarrow f(y))$ 是上集知 $y \in f^{-1}(Q - \downarrow f(y))$, 矛盾! 故有 $f(x) \leqslant f(y)$. 这说明 f 是保序的. 又对 P 中任一定向集 D, 当 $\sup D$ 存在时, 由 f 保序知 $f(D)$ 是 Q 的定向集且 $f(\sup D)$ 是 $f(D)$ 在 Q 中的上界. 设 z 是 $f(D)$ 在 Q 中的任一上界. 假设 $f(\sup D) \nleqslant z$. 则 $f(\sup D) \in Q - \downarrow z$. 因 $Q - \downarrow z \in \sigma(Q)$ 且 f 是 Scott 连续映射, 故 $f^{-1}(Q - \downarrow z) \in \sigma(P)$ 且 $\sup D \in f^{-1}(Q - \downarrow z)$. 于是存在 $d_0 \in D \cap f^{-1}(Q - \downarrow z)$, 即 $f(d_0) \nleqslant z$, 这与 z 是 $f(D)$ 在 Q 中的上界矛盾! 故 $f(\sup D) \leqslant z$. 从而有 $f(\sup D) = \sup f(D)$.

充分性: 设 $W \in \sigma(Q)$. 则对任意 $z \in \uparrow f^{-1}(W)$, 存在 $x \in f^{-1}(W)$ 使 $x \leqslant z$. 因为 f 保序, 故有 $f(x) \leqslant f(z)$. 从而由 $f(x) \in W$ 及 W 是上集知 $f(z) \in W$, 即 $z \in f^{-1}(W)$. 这说明 $f^{-1}(W)$ 是 P 中的上集. 又对 P 中任一定向集 D, 当 $\sup D$ 存在且 $\sup D \in f^{-1}(W)$ 时, 由 $f(\sup D) = \sup f(D) \in W$ 及 $W \in \sigma(Q)$ 知 $f(D) \cap W \neq \varnothing$. 于是 $D \cap f^{-1}(W) \neq \varnothing$. 则由定义 6.3.3 知 $f^{-1}(W) \in \sigma(P)$. 从而 f 是 Scott 连续映射. □

定义 6.3.8 偏序集 P 上的**区间拓扑** $\theta(P)$是指上拓扑 $\nu(P)$ 和下拓扑 $\omega(P)$

的上确界, 且以子集族 $\{P\}\cup\{P-{\downarrow}x \mid x\in P\}\cup\{P-{\uparrow}x\mid x\in P\}$ 为子基. 偏序集 P 上以 $\sigma(P)\cup\alpha^*(P)$ 为子基生成的拓扑称为**测度拓扑**, 记为 $\mu(P)$, 以 $\sigma(P)\cup\omega(P)$ 为子基生成的拓扑称为 **Lawson 拓扑**, 记作 $\lambda(P)$.

例 6.3.9 设实数集 $\mathbb{R}$ 赋予通常序. 则 $\mathbb{R}$ 上的区间拓扑、序拓扑、通常度量拓扑和 Lawson 拓扑均相同, 但严格粗于 $\mathbb{R}$ 上的测度拓扑. 如果考虑 $\mathbb{R}$ 的对偶 $\mathbb{R}^{op}$, 则 $\mathbb{R}^{op}$ 上的测度拓扑等于 $\mathbb{R}$ 的下限拓扑, 即 $\mu(\mathbb{R}^{op})=\mathcal{T}_{\mathbb{R}_l}$. 这等价于说 $\mathbb{R}$ 上的测度拓扑等于 $\mathbb{R}$ 的上限拓扑.

定义 6.3.8 中的拓扑都是 T_1 的且有关系 $\theta(P)\subseteq\lambda(P)\subseteq\mu(P)$.

命题 6.3.10 设 P 是偏序集. 则

(1) 一个上集 $U\subseteq P$ 是 Lawson 开集当且仅当 U 是 Scott 开集;

(2) 一个下集 $A\subseteq P$ 是 Lawson 闭集当且仅当 A 对存在的定向并封闭.

证明 (1) 显然, $\sigma(P)$ 中元均为上集且是 Lawson 开集. 设 U 是 Lawson 开上集. 下证 $U\in\sigma(P)$. 对 P 中任一定向集 D, 当 $\sup D$ 存在且 $\sup D\in U$ 时, 由 Lawson 拓扑定义知, 存在 $V\in\sigma(P)$ 及有限集 F 使 $\sup D\in V-{\uparrow}F\subseteq U$. 从而存在 $d_0\in D$ 使 $d_0\in V\cap D$. 又由 $\sup D\notin{\uparrow}F$ 知 $d_0\notin{\uparrow}F$. 于是 $d_0\in V-{\uparrow}F\subseteq U$. 这说明 $U\in\sigma(P)$.

(2) 由 (1) 和命题 6.3.4(2) 可得. □

命题 6.3.11 设偏序集 P 是有限上集生成的, 即存在 $x_i\in P\,(i=1,2,\cdots,n)$ 使 $P=\bigcup_{i=1}^{n}{\uparrow}x_1$, 则 $(P,\sigma(P))$ 是紧空间.

证明 对每一 i, ${\uparrow}x_i\ (i=1,2,\cdots,n)$ 都是 P 的 Scott 紧集, 故 P 是有限个紧集的并, 从而 $(P,\sigma(P))$ 是紧空间. □

命题 6.3.12 设 P 是偏序集. 若 P 上的 Lawson 拓扑 $\lambda(P)$ 是紧的, 则 P 是 dcpo.

证明 设 $D\subseteq P$ 是定向集. 则 D 可看作拓扑空间 $(P,\lambda(P))$ 中的网. 因为 P 上的 Lawson 拓扑 $\lambda(P)$ 是紧的, 故由定理 5.3.1 知 D 有聚点. 设 x 为 D 的聚点, 下证 $x=\sup D$. 假设存在 $d_0\in D$ 使 $d_0\not\leqslant x$. 则 $U=P-{\uparrow}d_0$ 是 x 的 Lawson 开邻域. 显然, 对任意 $d\in D$, 若 $d_0\leqslant d$, 则 $d\notin U$, 这与 x 为 D 的聚点矛盾! 从而对任意 $d\in D$, 有 $d\leqslant x$, 即 x 为 D 的上界. 又设 s 为 D 的任一上界. 则 ${\downarrow}s$ 是 Lawson 闭集且 $D\subseteq{\downarrow}s$. 从而由定理 5.1.7 知 $x\in \mathrm{cl}_{\lambda(P)}(D)\subseteq{\downarrow}s$. 于是 $x\leqslant s$, 即 $x=\sup D$. 故 P 是 dcpo. □

命题 6.3.13 设 P 是完备格. 则 P 上的 Lawson 拓扑 $\lambda(P)$ 是紧的.

证明 由 Lawson 拓扑定义和定义 6.3.1知集族 $\mathcal{W}=\sigma(P)\cup\{P-{\uparrow}x\mid x\in P\}$ 为 $\lambda(P)$ 的一个子基. 从而由 Alexander 子基引理 (定理 5.3.1) 知, 只需证 P 的任一由子基 $\mathcal{W}$ 的元构成的覆盖都有有限子覆盖. 设集族 $\mathscr{U}=\{U_j\in\sigma(P)\mid j\in J\}\cup\{P-{\uparrow}x_k\mid x_k\in P,k\in K\}$ 为 P 的任一开覆盖. 令 $x=\sup\{x_k\mid k\in K\}$.

则有

$$\bigcup\{P-\uparrow x_k \mid k\in K\}=P-\bigcap\{\uparrow x_k \mid k\in K\}=P-\uparrow x.$$

因 $x\notin P-\uparrow x$, 故存在 $j_0\in J$ 使 $x\in U_{j_0}$. 又因任意并可表示为有限并的定向并, 故由 $U_{j_0}\in\sigma(P)$ 知, 存在 $k_1,k_2,\cdots,k_n\in K(n\in\mathbb{Z}_+)$ 使 $x_{k_1}\vee x_{k_2}\vee\cdots\vee x_{k_n}\in U_{j_0}$. 从而 $U_{j_0}\cup(P-\uparrow x_{k_1})\cup\cdots\cup(P-\uparrow x_{k_n})$ 是 $\mathscr{U}$ 的有限子覆盖. 于是拓扑 $\lambda(P)$ 是紧的. □

推论 6.3.14 (见定理 5.3.6) 对任意序数 α, 良序空间 $\overline{S_\alpha}=[0,\alpha]$ 是紧空间.

证明 序数集 $\overline{S_\alpha}=[0,\alpha]$ 是完备格, 其上的序拓扑与其上的区间拓扑、Lawson 拓扑一致, 由命题 6.3.13, 它们均是紧致的. □

集合 X 上拓扑 τ 的**b-拓扑**是以集族 $\{O\cap C \mid O, X-C\in\tau\}$ 为基的拓扑. 偏序集 P 上 Scott 拓扑的 b-拓扑记为 $\sigma_b(P)$. 我们有如下结论.

命题 6.3.15 偏序集 P 上的 Scott 拓扑的 b-拓扑 $\sigma_b(P)$ 与测度拓扑 $\mu(P)$ 相等.

证明 易见 $\sigma_b(P)\subseteq\mu(P)$. 设 $t\in U\in\mu(P)$, 则存在 $V\in\sigma(P)$, $C\in\alpha^*(P)$ 使 $t\in V\cap\downarrow t\subseteq V\cap C\subseteq U$. 由 $V\in\sigma(P)$, $\downarrow t\in\sigma^*(P)$ 得 $V\cap\downarrow t\in\sigma_b(P)$, 从而 t 是 U 的 $\sigma_b(P)$ 内点. 由 $t\in U$ 的任意性得 $U\in\sigma_b(P)$, 这说明 $\mu(P)\subseteq\sigma_b(P)$. 于是 $\sigma_b(P)=\mu(P)$. □

命题 6.3.16 设 P 是偏序集, 则下列两条成立:

(1) 一个上集 U 是 $\mu(P)$ 开的当且仅当它是 $\sigma(P)$ 开的;

(2) 每一 $\mu(P)$ 闭集均对定向集的并关闭.

证明 (1) 由定义 6.3.8 知, 仅需证明 $\mu(P)$ 中的上集 U 是 Scott 开集即可. 设 D 为 P 中任一定向集, 当 $\sup D=y$ 存在且 $y=\sup D\in U$ 时, 由 $U\in\mu(P)$ 及定义 6.3.8 知, 存在 $V\in\sigma(P), C\in\alpha^*(P)$ 使 $y=\sup D\in V\cap C\subseteq U$. 由 C 是下集及 $V\in\sigma(P)$ 知 $D\cap V\neq\varnothing$ 且 $D\subseteq C$. 故 $D\cap V\cap C=D\cap V\neq\varnothing$, 从而 $D\cap U\neq\varnothing$. 这说明 U 是 Scott 开集.

(2) 设 F 是 $\mu(P)$ 闭集, $D\subseteq F$ 是定向集且 $\sup D=y$ 在 P 中存在. 如果 y 不在 F 中, 则 $y\in P-F\in\mu(P)$. 由定义 6.3.8 存在 $V\in\sigma(P)$, $C\in\alpha^*(P)$ 使 $y\in V\cap C\subseteq(P-F)$. 从而 $\varnothing\neq D\cap V\cap C\subseteq D\cap(P-F)$, 矛盾于 $D\subseteq F$. □

命题 6.3.17 设 $(X,\mathcal{T}(X))$ 为 Sober 空间, $\leqslant_s$ 为 X 的特殊化序. 则 $\mathcal{T}(X)\subseteq\sigma(X,\leqslant_s)$.

证明 由命题 6.2.3 及定理 6.3.2 知 $(X,\leqslant_s)$ 是一个 dcpo 且 $\mathcal{T}(X)\subseteq\alpha(X,\leqslant_s)$, 于是任一 $U\in\mathcal{T}(X)$, U 为上集. 又对 $(X,\leqslant_s)$ 中任一定向集 D, 当 $\sup D$ 存在且 $x_0:=\sup D\in U$ 时, 由命题 6.2.3 的证明知 $\overline{D}=\downarrow x_0$, 故 $U\cap D\neq\varnothing$. 这说明 $U\in\sigma(X,\leqslant_s)$, $\mathcal{T}(X)\subseteq\sigma(X,\leqslant_s)$. □

定理 6.3.18 设 $(X,\mathcal{T}(X))$ 为 Sober 空间, $(X,\leqslant)$ 是 dcpo. 则偏序 $\leqslant$ 恰为 $(X,\mathcal{T}(X))$ 的特殊化序当且仅当 $\nu(X,\leqslant)\subseteq\mathcal{T}(X)\subseteq\sigma(X,\leqslant)$.

证明 必要性: 设 $(X,\mathcal{T}(X))$ 为 Sober 空间, $(X,\leqslant)$ 是 dcpo 且偏序 $\leqslant$ 为 $\mathcal{T}(X)$ 诱导的特殊化序. 则由定理 6.3.2 和命题 6.3.17 知 $\nu(X,\leqslant)\subseteq\mathcal{T}(X)\subseteq\sigma(X,\leqslant)$.

充分性: 由定理 6.3.2 直接可得. □

习题 6.3

1. 证明: 完备格上的区间拓扑是紧拓扑.
2. 举例说明: 一个拓扑空间中的两个紧集的交不必是紧的.
3. 证明: 对全序集 L, 有 $\sigma(L)=\nu(L)$, $\theta(L)=\lambda(L)$.
4. 证明: 偏序集上的 Scott 拓扑是 T_0 拓扑, 且每点的闭包恰为该点的主理想.
5. 举例说明: 完备链上的保序映射不必是 Scott 连续的.
6. 举一个拓扑空间的例子, 使得其中存在紧致子集, 其闭包不紧致.
7. 称偏序集 P 的以闭区间 $[a,b]=\{x\mid a\leqslant x\leqslant b\}(a,b\in P)$ 为闭集的最小拓扑为**弱区间拓扑**. 证明: 弱区间拓扑粗于区间拓扑, 当偏序集 P 有最大元和最小元时, 两者相等.
8. 举例说明存在全序集, 其上的弱区间拓扑严格粗于区间拓扑.
9. 证明: 有限偏序集上的弱区间拓扑和测度拓扑均为离散拓扑.

6.4 偏序集上内蕴拓扑的连通性

我们先定义偏序集的序连通性.

定义 6.4.1 设 P 是偏序集, $a\in P$. 集列 $I_1^a=\{a\}$, $I_n^a=(\downarrow I_{n-1}^a)\cup(\uparrow I_{n-1}^a)$ $(n>1,n\in\mathbb{N})$ 称为 a 的**步集列**. 令 $I_\infty^a=\bigcup_{i=1}^\infty I_i^a$, 并称 I_∞^a 为 a 在 P 中的**序连通分支**. 如果 $\forall a\in P$, a 的序连通分支 $I_\infty^a=P$, 则称 P 是**序连通**的. 不是序连通的偏序集称为**不序连通偏序集**.

例 6.4.2 (1) 实数集以通常的序是序连通的;

(2) 多于一个点的离散序集不是序连通的.

命题 6.4.3 设 P 是偏序集, $a,b\in P$. 则

(1) I_∞^a 既是上集也是下集.

(2) $I_\infty^a\cap I_\infty^b\neq\varnothing$ 蕴涵 $I_\infty^a=I_\infty^b$.

(3) 偏序集 P 是序连通的充要条件为其对偶偏序集 P^{op} 是序连通的.

(4) 如果偏序集 P 有最小元, 或有最大元, 则 P 是序连通的.

(5) 如果偏序集 P 是一个交半格, 或并半格, 则 P 是序连通的; 特别地, 任一全序集, 任一格均是序连通的.

证明 (1) 设 $x \leqslant z \in I_\infty^a$. 则存在 i 使得 $x \leqslant z \in I_i^a$, 这样 $x \in I_{i+1}^a = (\downarrow I_i^a) \cup (\uparrow I_i^a) \subseteq I_\infty^a$, 从而得知 I_∞^a 是下集. 对偶地可得 I_∞^a 也是上集.

(2) 取 $c \in I_\infty^a \cap I_\infty^b$, 易得 $I_\infty^a = I_\infty^c = I_\infty^b$.

(3) 对任意 $a \in P$, 由定义 6.4.1, 在 $P^{op}=(P, \geqslant)$ 中和 $(P, \leqslant)$ 中定义的 I_∞^a 相等.

(4) 由定义 6.4.1 立得.

(5) 以交半格为例证之. 若偏序集 P 是一个交半格, 则任意 $a, b \in P$, 存在 $a \wedge b \in I_\infty^a \cap I_\infty^b \neq \varnothing$. 由 (2) 知, $I_\infty^a = I_\infty^b$, 即 P 只有一个序连通分支, 故 P 是序连通的. □

注 6.4.4 由定义 6.4.1、命题 6.4.3 得序连通概念是自对偶的. $\{I_\infty^a \mid a \in P\}$ 组成 P 的一个划分, 从而确定了 P 上的一个等价关系, 其等价类就是序连通分支 I_∞^a.

定理 6.4.5 设 P 是偏序集. 则 P 不序连通当且仅当存在 P 的两个非空子集 $A, B \subseteq P$ 使得 $A \cap B = \varnothing$, $A \cup B = P$ 且 A, B 既是上集又是下集.

证明 必要性: 设 P 不序连通. 任取 $a \in P$, 令 $A = I_\infty^a$, $B = P - I_\infty^a$. 则 A, B 均为 P 的真子集, $A \cap B = \varnothing$, $A \cup B = P$. 由命题 6.4.3(1) 知, A 既是上集又是下集, 作为 A 的补集, B 也既是上集又是下集.

充分性: 设 P 有两个非空子集 A, B 使得 $A \cap B = \varnothing$, $A \cup B = P$ 且 A, B 既是上集又是下集. 任取 $a \in P$, 则 $a \in A$ 或 $a \in B$. 不妨设 $a \in A$. 则 $I_\infty^a \subseteq A \neq P$, 从而由 $a \in P$ 的任意性得 P 不序连通. □

下面考虑偏序集赋予内蕴拓扑所得拓扑空间的连通性.

定理 6.4.6 设 P 是偏序集. 则下列各条件等价:

(1) P 序连通;

(2) $(P, \alpha(P))$ 连通;

(3) $(P, \alpha^*(P))$ 连通;

(4) $(P, \sigma(P))$ 连通.

证明 (1) $\Longrightarrow$ (2) 用反证法. 如 $(P, \alpha(P))$ 不是连通空间, 则存在两个非空开集 $A, B \subseteq P$ 使得 $A \cap B = \varnothing$, $A \cup B = P$. 则 A, B 均是上集. 此时, 易证 A, B 也均是下集. 于是由定理 6.4.5 得 P 不序连通, 矛盾于 (1).

(2) $\Longleftrightarrow$ (3) 由拓扑空间连通性的刻画定理 4.3.2 立得.

(3) $\Longrightarrow$ (4) 用反证法. 若 $(P, \sigma(P))$ 不连通, 则存在两个非空 Scott 闭集 $A, B \subseteq P$ 使 $A \cap B = \varnothing$, $A \cup B = P$. 此时作为 Scott 闭集, A, B 均是下集, 矛盾于 (3).

(4) $\Longrightarrow$ (1) 用反证法. 若 P 不序连通, 则由定理 6.4.5 得在 P 中存在两个非空子集 $A, B \subseteq P$ 使得 $A \cap B = \varnothing$, $A \cup B = P$ 且 A, B 既是上集又是下集. 此时,

对 A 中任一定向集 D, 当 $\sup D$ 存在时, 由 A 是上集得 $\sup D \in A$. 又由 A 也是下集得 A 是 Scott 闭集. 同理可知 B 是 Scott 闭集, 这样便得 $(P, \sigma(P))$ 不连通, 矛盾于 (4). □

命题 6.4.7 若 $(P, \sigma(P))$ 连通, 则空间 $(P, \nu(P))$ 和 $(P, \omega(P))$ 均连通.

证明 由定理 6.4.6, 当 $(P, \sigma(P))$ 连通时, 空间 $(P, \alpha(P))$ 和 $(P, \alpha^*(P))$ 均连通. 因拓扑 $\alpha(P)$ 和 $\alpha^*(P)$ 分别细于拓扑 $\nu(P)$ 和 $\omega(P)$, 故 $(P, \nu(P))$ 和 $(P, \omega(P))$ 也都连通. □

例 6.4.8 命题 6.4.7 的逆不成立. 取两个平行放置的开线段 $H = (\{0\} \times (0,1)) \cup (\{1\} \times (0,1))$ 作成偏序集使得不同线段上的两点不可比较, 同一线段上的两点按第二坐标决定大小. 则显然 H 不是序连通的, 从而由定理 6.4.6, $(H, \sigma(H))$ 不是连通空间. 然而, 注意到非空的 $\nu(H)$-开集均含有两平行开线段的上部的各一小段, 从而两非空开集均相交不空. 于是 $(H, \nu(H))$ 是连通空间. 同理, $(H, \omega(H))$ 也是连通空间.

由于有限集上的上拓扑与 Scott 拓扑相同, 故由命题 6.4.7立得如下推论.

推论 6.4.9 设 P 是有限偏序集. 则下列各条等价:

(1) P 序连通;

(2) $(P, \alpha(P))$ 连通;

(3) $(P, \alpha^*(P))$ 连通;

(4) $(P, \sigma(P))$ 连通;

(5) $(P, \nu(P))$ 或 $(P, \omega(P))$ 连通;

(6) $(P, \nu(P))$ 和 $(P, \omega(P))$ 连通.

定理 6.4.10 设 (X, τ) 是 T_0 空间, $\leqslant_s$ 是空间 X 上的特殊化序. 若偏序集 $(X, \leqslant_s)$ 是序连通的, 则拓扑空间 (X, τ) 是连通的.

证明 用反证法. 如 (X, τ) 不是连通空间, 则存在两个非空开集 $A, B \subseteq X$ 使得 $A \cap B = \varnothing$, $A \cup B = X$. 此时作为开集, A 和 B 均是偏序集 $(X, \leqslant_s)$ 的上集. 这样关于 $(X, \leqslant_s)$, Alexandrov 空间 $(X, \alpha(X))$ 便不连通. 从而由定理 6.4.6 得 $(X, \leqslant_s)$ 不序连通, 矛盾. □

需要注意的是, 如果拓扑空间 (X, τ) 是连通的, 一般得不到特殊化偏序集 $(X, \leqslant_s)$ 序连通. 例如实数空间是连通的, 而其特殊化序是离散序, 不是序连通的.

接下来考虑偏序集赋予诸如 (对偶)Alexandrov 拓扑、Scott 拓扑等内蕴拓扑后所得拓扑空间的局部连通性. 值得注意的是, 虽然细的拓扑连通能得到粗的拓扑一定连通, 但细的拓扑 (例如离散拓扑) 局部连通却推不出粗的拓扑也局部连通.

定理 6.4.11 任一偏序集 P, 空间 $(P, \alpha(P))$ 和 $(P, \alpha^*(P))$ 是局部连通的.

证明 以拓扑空间 $(P, \alpha(P))$ 为例证之. 对任一 $x \in P$ 及任一含 x 的上集 U, 有 $\uparrow x \subseteq U$ 且 $\uparrow x$ 有最小元, 从而是序连通的. 又由定理 6.4.6, 赋予 Alexandrov 拓扑, $\uparrow x$ 便是连通的, 从而 $(P, \alpha(P))$ 在 x 处是局部连通的. 由 x 的任意性得空

间 $(P,\alpha(P))$ 局部连通. □

定理 6.4.12 任一偏序集 P, 空间 $(P,\sigma(P))$ 是局部连通的.

证明 对任一 $x\in P$ 及任一含 x 的 Scott 开集 U, 由定理 6.3.5, $(U,\sigma(U))$ 是 $(P,\sigma(P))$ 的开子空间. 设子空间 $(U,\sigma(U))$ 的连通分支全体为 $\{C_i\}_{i\in J}$. 由定义 4.3.17, 存在 i 使得 $x\in C_i$. 再由命题 4.3.18(2) 得 C_i 是 U 的含 x 的连通子集, 从而也是空间 $(P,\sigma(P))$ 的连通子集. 又任一 $y\in C_i$ 及 $z\in P$, 当 $y\leqslant z$ 时, 由 U 是上集得 $z\in U$. 这样存在 $(U,\sigma(U))$ 的连通分支 C_j 使 $z\in C_j$. 由命题 4.3.18(3) 得 C_j 为 U 的闭集, 从而是 U 的下集, 于是 $y\in C_j$ 成立. 再由不同连通分支不相交知 $y\in C_i\cap C_j=C_j=C_i$. 这说明 C_i 为上集. 又对 P 的任一定向集 D, 当 $\sup D$ 存在且 $\sup D\in C_i\subseteq U$ 时, 由 U 是 Scott 开集, 得 $D\cap U\neq\varnothing$. 取 $t\in D\cap U$, 则 $t\leqslant\sup D\in C_i$. 由 C_i 为 U 的闭集从而是下集得 $t\in C_i\subseteq U$. 这说明 $C_i\subseteq U$ 为 P 的含 x 的连通 Scott 开集. 于是 $(P,\sigma(P))$ 在每点 x 处局部连通, 从而是局部连通空间. □

习题 6.4

1. 举例说明: 序连通的偏序集关于 Lawson 拓扑不必是连通的.
2. 举例说明: 序连通的偏序集关于 Lawson 拓扑不必是局部连通的.
3. 设 P 是序连通的偏序集. 证明 $(P,\alpha(P))$ 是道路连通空间.
4. 问对全序集 P, 空间 $(P,\mu(P))$ 是否一定局部连通? 请证明你的结论.
5. 举例说明偏序集关于弱区间拓扑连通但偏序集本身并不是序连通的.

第 7 章　同伦与基本群

本章和第 8 章是代数拓扑的内容, 利用代数学方法研究拓扑空间. 同伦论和同调论是代数拓扑的两大基本内容, 其基本思想是以某种方式让拓扑空间对应于一个群或群的序列, 而这种对应具有拓扑不变性.

我们知道, 平面上的连通开集通常称为**区域**, 当 D 是平面上有界单连通区域时, 如果二元函数 $P(x,y),Q(x,y)$ 在 D 内有连续的一阶偏导数, 则第二型曲线积分

$$\int_L P(x,y)dx+Q(x,y)dy$$

与路径 $L\subseteq D$ 的选取无关的充分必要条件是

$$P(x,y)dx+Q(x,y)dy=du(x,y)$$

为某函数 $u(x,y)$ 的全微分. 这一结论中单连通条件是重要的, 其含义就是 D 内的任一简单闭曲线包围的平面的有界部分均含于 D 中. 直观地说就是 D 不含 “洞”, 比如圆盘没有 “洞”, 其内部就是一个单连通区域; 而平环有一个 “洞”, 其内部是区域但不是单连通的 (图 7.1). 对于复杂的区域, 基本群和同调群可用来反映各种 “洞” 的存在.

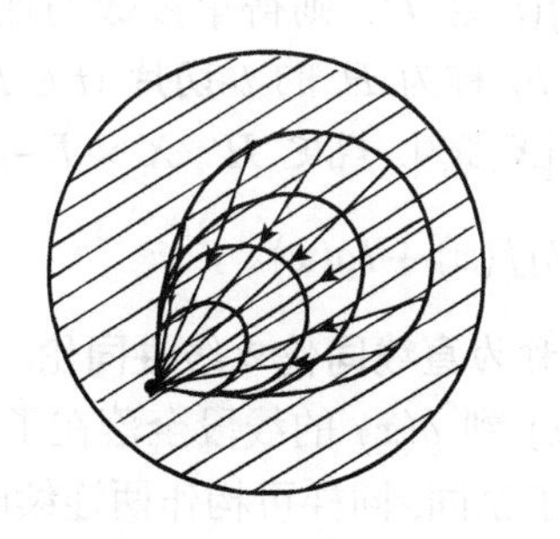

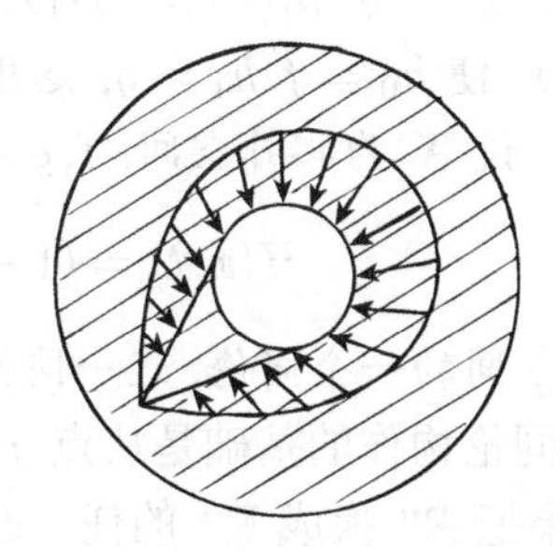

图 7.1　无洞-有洞

当两个拓扑空间所联系的群和群的序列不同构时, 这两个空间就必然不会同胚, 于是基本群和同调群常可用来区分不同胚的两个拓扑空间.

本章是同伦论的基本理论, 其几何直观和应用都非常强.

7.1 映射的同伦

直观地说, 映射的同伦就是映射间的连续形变. 设 X,Y 为两个拓扑空间, 我们用符号 $[X,Y]$表示从 X 到 Y 的所有连续映射的集合. 说 $f,g\in[X,Y]$ 同伦, 是指存在连续的映射族 $h_t\,(t\in I)$(图 7.2) 使得 $f=h_0, g=h_1$ 且映射族 h_t 对 $t\in I$ 具有连续依赖关系. 确切地有如下定义.

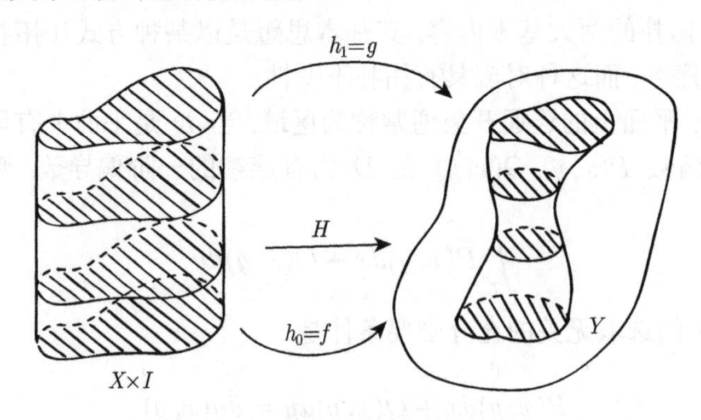

图 7.2 映射的同伦

定义 7.1.1 设 X,Y 为两个拓扑空间, $f,g\in[X,Y]$, 如果有连续映射 $H: X\times I\to Y$, 使得 $\forall x\in X, H(x,0)=f(x), H(x,1)=g(x)$, 则称 f 与 g **同伦**, 记作 $f\simeq g: X\to Y$, 或简记为 $f\simeq g$; 称 H 是 f 与 g 间的**同伦**或**伦移**, 记作 $H: f\simeq g$.

在定义 7.1.1 中令 $h_t(x)=H(x,t)(t\in I)$, 则得单参数的连续映射族 $h_t\,(t\in I): X\to Y$ 使 $h_0=f, h_1=g$. 这里 h_t 称为 H 的 t-**切片** $(t\in I)$.

例 7.1.2 设 X 为拓扑空间, $f,g\in[X,\mathbb{R}^n]$. 规定 $H: X\times I\to\mathbb{R}^n$ 为

$$H(x,t)=(1-t)f(x)+tg(x).$$

则 H 是 f 与 g 间的一个同伦, 这一同伦称为**直线同伦**或**线性同伦**.

上述直线同伦构作的基础是从点 $f(x)$ 到 $g(x)$ 的线段全落在了 $\mathbb{R}^n$ 中. 于是例 7.1.2 中如果把 $\mathbb{R}^n$ 换成 $\mathbb{R}^n$ 的任一凸子空间, 同样可构作两连续映射间的**直线同伦**.

例 7.1.3 设 X 为拓扑空间, $f,g\in[X,S^n]$ 满足 $\forall x\in X, f(x)\neq-g(x)$. 规定 $H: X\times I\to S^n$(图 7.3) 为

$$H(x,t)=\frac{(1-t)f(x)+tg(x)}{\|(1-t)f(x)+tg(x)\|}.$$

则注意到范数 $\|(1-t)f(x)+tg(x)\|\neq0$, 易验证 H 是 f 与 g 间的一个同伦.

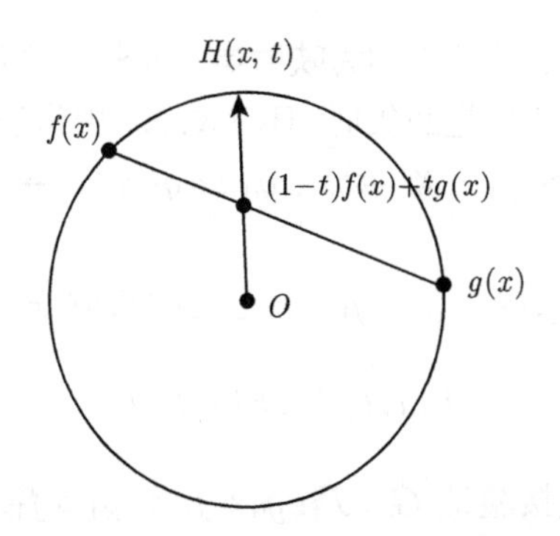

图 7.3 无对径的两映射间的同伦

命题 7.1.4 设 X,Y 为两个拓扑空间. 则同伦关系是 $[X,Y]$ 上的关于连续映射的一个等价关系.

证明 自反性: 设 $f\in[X,Y]$, 令 $H(x,t)\equiv f(x),\forall x\in X,t\in I$. 则 H 是 f 与 f 间的一个 (常) 同伦.

对称性: 设 $H:f\simeq g:X\to Y$, 规定 $H^*(x,t)=H(x,1-t),\forall x\in X,t\in I$, 则 $H^*:g\simeq f:X\to Y$ 称为 H 的逆.

传递性: 设 $H_1:f\simeq g:X\to Y,H_2:g\simeq k:X\to Y$. 规定 H_1 与 H_2 的积 H_1H_2 使得

$$H_1H_2(x)=\begin{cases}H_1(x,2t), & 0\leqslant t\leqslant 1/2,\\ H_2(x,2t-1), & 1/2\leqslant t\leqslant 1.\end{cases}$$

(图 7.4) 当 $t=1/2$ 时, $H_1(x,2t)=H_1(x,1)=g(x)=H_2(x,2t-1)$, 因此 H_1H_2 的定义是合理的. 据粘接引理 (定理 3.1.12), 它是连续的, 又易验证 $H_1H_2:f\simeq k$.

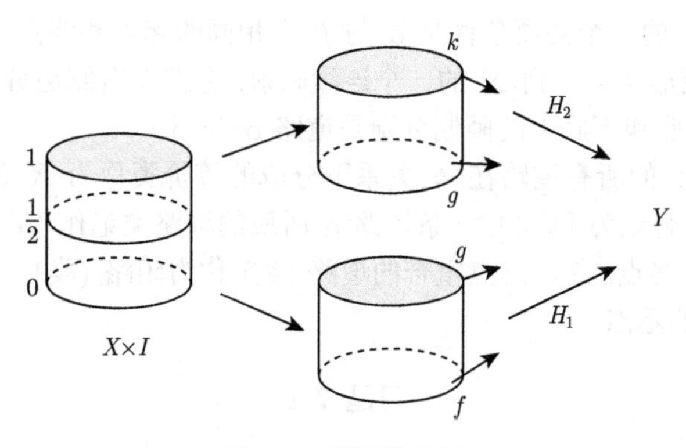

图 7.4 两同伦的积

综合上述, 同伦关系是 $[X,Y]$ 上的关于连续映射的等价关系. □

把在同伦关系下分成的等价类称为**映射类**, 所有映射类的集合记作 $\mathrm{HC}(X,Y)$. 前面的例子说明, 当 $E\subseteq\mathbb{R}^n$ 是凸集时, $\mathrm{HC}(X,E)$ 中只有一个映射类.

命题 7.1.5 设 $f_0\simeq f_1:X\to Y$, $g_0\simeq g_1:Y\to Z$, 则 $g_0\circ f_0\simeq g_1\circ f_1:X\to Z$.

证明 设 $F:f_0\simeq f_1, G:g_0\simeq g_1$. 规定连续映射 $\mathcal{F}:X\times I\to Y\times I$ 为

$$\mathcal{F}(x,t)=(F(x,t),t)$$

(称为 F 的**柱化**), 则可直接验证 $G\circ\mathcal{F}:g_0\circ f_0\simeq g_1\circ f_1$. □

如果 f 同伦于一个常值映射, 则称 f 是**零伦**的. 由例 7.1.2 可知, $\mathbb{R}^n$ 的任一凸子空间 E 上的恒等映射是零伦的, 特别对于道路连通空间 Y, $\mathrm{HC}(Y,E)$ 只有一个映射类.

单位区间 $I=[0,1]$ 是凸的, 拓扑空间 X 上任一道路 (映射) 都同伦于点道路. 道路连通空间上的任何两个道路都同伦, 这样, 道路的一般同伦并不能给出太多信息, 关于道路, 下面定义的相对同伦将有重要作用.

定义 7.1.6 设 $A\subseteq X, f,g\in[X,Y]$. 如果存在 f 到 g 的同伦 H, 使当 $a\in A$ 时, $H(a,t)=f(a)=g(a),\forall t\in I$, 则称 f 和 g 相对于 A 同伦, 记作 $f\simeq g\ \mathrm{rel}A$; 称 H 是 f 到 g 的**相对于 A 的同伦**, 记作 $H:f\simeq g\ \mathrm{rel}A$.

下面的两个命题是前述命题的平行结果, 证明从略.

命题 7.1.7 对任意 $A\subseteq X$, 相对于 A 的同伦关系是 $[X,Y]$ 上的等价关系.

命题 7.1.8 设 $f_0\simeq f_1:X\to Y\mathrm{rel}A$, $g_0\simeq g_1:Y\to Z\ \mathrm{rel}B$. 当 $f_0(A)\subseteq B$ 时, 则有 $g_0\circ f_0\simeq g_1\circ f_1:X\to Z\quad \mathrm{rel}A$.

定义 7.1.9 设 α 和 β 是拓扑空间 X 中两条道路, 如果 $\alpha\simeq\beta\ \ \mathrm{rel}\{0,1\}$, 则称 α 与 β **定端同伦**, 记作 $\alpha\doteqdot\beta$.

显然 $\alpha\doteqdot\beta$ 的一个必要条件是 α 与 β 有相同的起点和终点. α 到 β 的一个定端同伦是从矩形 $I\times I$ 到 X 的一个连续映射, 它把左右侧边分别映为 $\alpha(0)$ 与 $\alpha(1)$ 点, 而在上底和下底上的限制分别是道路 α 与 β.

拓扑空间 X 的所有道路在 $\doteqdot$ 关系下分成的等价类称为 X 的**道路类**, X 的所有道路类的集合记为 $[X\doteqdot]$, 一条道路 α 所属的道路类记作 $\langle\alpha\rangle$, 称 α 的起、终点为 $\langle\alpha\rangle$ 的起、终点. 起、终点重合的道路 (类) 称为**闭路 (类)**, 重合的起、终点称为道路 (类) 的**基点**.

习题 7.1

1. 证明: 若连续映射 $f:X\to S^n$ 不是满映射, 则 f 零伦.
2. 证明: 若连续映射 $f:S^1\to S^1$ 不与恒等映射同伦, 则 f 有不动点.
3. 设 X 是 $\mathbb{R}^n$ 的凸集, 则 X 中有相同起点和终点的两条道路一定是定端同伦的.

4. 设 $f: X \to Y$ 连续, X 中的道路 $\alpha \doteqdot \beta$. 证明: $f \circ \alpha \doteqdot f \circ \beta$.

5. 设 f 为拓扑空间 X 中的道路, $h: I \to I$ 为单位区间上的连续自映射. 证明: 若 $h(0)=0, h(1)=1$, 则 $f \doteqdot f \circ h$.

6. 证明: 若连续映射 $f: S^1 \to S^1$ 不与恒等映射同伦, 则存在 $x \in S^1$ 使得 $f(x)=-x$.

7.2 基 本 群

基本群是代数拓扑中最基本的概念. 基本群是在道路及其运算的基础上建立的, 但道路不能直接当作元素来建立群, 主要有两个问题: 一是道路的乘法没有结合律; 二是并非任意两个道路都可以相乘. 人们用道路的同伦类来代替道路而消除第一个问题, 再用取定基点的办法消除第二个问题.

7.2.1 道路类的逆和乘积

命题 7.2.1 (1) 如果 $\alpha \doteqdot \beta$ 则 $\alpha^* \doteqdot \beta^*$;

(2) 如果 $\alpha \doteqdot \beta$ 且 $\lambda \doteqdot \mu$, 并且 $\alpha\lambda$ 有意义, 则 $\alpha\lambda \doteqdot \beta\mu$.

证明 (1) 设 $H: \alpha \doteqdot \beta$, 作 $H': I \times I \to X$ 使

$$H'(s,t) = H(1-s,t),$$

易验证 $H': \alpha^* \doteqdot \beta^*$.

(2) 设 $H_1: \alpha \doteqdot \beta$, $H_2: \lambda \doteqdot \mu$. 作 $H: I \times I \to X$ 使

$$H(x,t) = \begin{cases} H_1(2s,t), & 0 \leqslant s \leqslant 1/2, \\ H_2(2s-1,t), & 1/2 \leqslant s \leqslant 1. \end{cases}$$

由于 $\alpha(1) = \lambda(0)$, 当 $s = 1/2$ 时, $H_1(1,t) = \alpha(1) = \lambda(0) = H_2(0,t)$, 故 H 的定义是合理的. 根据粘接引理 (定理 3.1.12), H 连续. 容易验证 $H: \alpha\lambda \doteqdot \beta\mu$. □

定义 7.2.2 (1) 规定道路类 $\langle\alpha\rangle$ 的**逆**为 $\langle\alpha\rangle^{-1} = \langle\sigma^*\rangle$, 其中 $\sigma \in \langle\alpha\rangle$;

(2) 如道路类 $\langle\alpha\rangle$ 的终点与 $\langle\beta\rangle$ 起点重合, 规定 $\langle\alpha\rangle$ 与 $\langle\beta\rangle$ 的**乘积** $\langle\alpha\rangle\langle\beta\rangle = \langle\sigma\varphi\rangle$, 其中 $\sigma \in \langle\alpha\rangle, \varphi \in \langle\beta\rangle$.

命题 7.2.1 说明定义 7.2.2 是合理的, 与 σ, φ 的选取无关, 道路类逆的起点与终点分别是原来道路类的终点与起点; 积 $\langle\alpha\rangle\langle\beta\rangle$ 的起点和终点分别是 $\langle\alpha\rangle$ 和 $\langle\beta\rangle$ 的起点和终点. 由道路逆和乘积的性质得 $(\langle\alpha\rangle^{-1})^{-1} = \langle\alpha\rangle$, $\langle\alpha\beta\rangle^{-1} = \langle\beta\rangle^{-1}\langle\alpha\rangle^{-1}$.

道路的乘法没有结合律, 即一般 $(ab)c \neq a(bc)$. 为证道路类的乘法具有结合律, 我们先有如下简单结论.

引理 7.2.3 设 $f: X \to Y$ 是连续映射, α, β 是 X 上的两条道路.

(1) 如果 $\alpha \doteqdot \beta$, 则 $f \circ \alpha \doteqdot f \circ \beta$;

(2) 如果 α 与 β 可乘, 则 $f\circ\alpha$ 与 $f\circ\beta$ 也可乘, 并且

$$(f\circ\alpha)(f\circ\beta)=f\circ(\alpha\beta);$$

(3) $(f\circ\alpha)^*=f\circ\alpha^*$.

证明　(1) 设 $H:\alpha\doteqdot\beta$, 作 $H'=f\circ H:I\times I\to Y$. 易验证 $H':f\circ\alpha\doteqdot f\circ\beta$.

(2) 和 (3) 的验证是直接的, 从略. □

命题 7.2.4　道路类的乘法有结合律.

证明　就是要证当 $\alpha(1)=\beta(0),\beta(1)=\gamma(0)$ 时, $(\alpha\beta)\gamma\doteqdot\alpha(\beta\gamma)$. 规定 $f:[0,3]\to X$ 使

$$f(t)=\begin{cases}\alpha(t), & 0\leqslant t\leqslant 1,\\ \beta(t-1), & 1\leqslant t\leqslant 2,\\ \gamma(t-2), & 2\leqslant t\leqslant 3.\end{cases}$$

记 $\tilde\alpha,\tilde\beta,\tilde\gamma$ 是 $[0,3]$ 上的道路, $\tilde\alpha(t)=t,\tilde\beta(t)=t+1,\tilde\gamma(t)=t+2$. 则

$$f\circ\tilde\alpha=\alpha,\quad f\circ\tilde\beta=\beta,\quad f\circ\tilde\gamma=\gamma.$$

因 $(\tilde\alpha\tilde\beta)\tilde\gamma$ 和 $\tilde\alpha(\tilde\beta\tilde\gamma)$ 是凸集 $[0,3]$ 上从 0 到 3 的两条道路, 故 $(\tilde\alpha\tilde\beta)\tilde\gamma\doteqdot\tilde\alpha(\tilde\beta\tilde\gamma)$, 再由引理 7.2.3(1) 和 (2), 得

$$(\alpha\beta)\gamma=f\circ((\tilde\alpha\tilde\beta)\tilde\gamma)\doteqdot f\circ(\tilde\alpha(\tilde\beta\tilde\gamma))=\alpha(\beta\gamma).$$ □

命题 7.2.5　设道路类 $\langle\alpha\rangle$ 的起终点分别是 x_0 和 x_1, 记 e_{x_0},e_{x_1} 分别是 x_0,x_1 处的点道路, 则

(1) $\langle\alpha\rangle(\langle\alpha\rangle)^{-1}=\langle e_{x_0}\rangle,\ \ (\langle\alpha\rangle)^{-1}\langle\alpha\rangle=\langle e_{x_1}\rangle$;

(2) $\langle e_{x_0}\rangle\langle\alpha\rangle=\langle\alpha\rangle=\langle\alpha\rangle\langle e_{x_1}\rangle$.

证明　记 id_I 是 I 的恒等映射, e_0,e_1 分别是 I 上点 0,1 处的点道路. 取 $\sigma\in\langle\alpha\rangle$, 则有 $e_{x_i}=\sigma\circ e_i,i=0,1$. 利用 I 的凸性, 有

$$\mathrm{id}_I(\mathrm{id}_I)^{-1}\doteqdot e_0,\quad (\mathrm{id}_I)^{-1}\mathrm{id}_I\doteqdot e_1;$$

$$e_0\mathrm{id}_I\doteqdot\mathrm{id}_I\doteqdot\mathrm{id}_I e_1.$$

用 $\langle\alpha\rangle$ 分别与上述各式的两边复合, 得到

$$\langle\alpha\rangle(\langle\alpha\rangle)^{-1}=\langle e_{x_0}\rangle,\quad(\langle\alpha\rangle)^{-1}\langle\alpha\rangle=\langle e_{x_1}\rangle,\quad\langle e_{x_0}\rangle\langle\alpha\rangle=\langle\alpha\rangle=\langle\alpha\rangle\langle e_{x_1}\rangle.$$ □

设 X 是一个拓扑空间, 取定 $x_0\in X$, 把 X 的以 x_0 为基点的所有闭路类的集合记作 $\pi_1(X,x_0)$. 于是, $\pi_1(X,x_0)$ 中任两个元都可乘, 且乘积仍在 $\pi_1(X,x_0)$ 中.

命题 7.2.5 说明点道路所在道路类对于 $\pi_1(X,x_0)$ 中的乘积具有单位元性质. 并且关于上述乘法运算 $\pi_1(X,x_0)$ 构成群.

定义 7.2.6 设 X 是一个拓扑空间, $x_0 \in X$. 所有闭路类的集合 $\pi_1(X, x_0)$ 在闭路类乘法运算下构成的群称为拓扑空间 X 的以 x_0 为基点的**基本群**. 仍记作 $\pi_1(X, x_0)$.

基本群是代数拓扑最基本的概念.

设 $f: X \to Y$ 是连续映射, $x_0 \in X$, $y_0 = f(x_0) \in Y$. 由引理 7.2.3, 我们实际已建立保持乘法运算的对应 $f_\pi: \pi_1(X, x_0) \to \pi_1(Y, y_0)$ 使得任一 $\langle\alpha\rangle \in \pi_1(X, x_0)$, 有 $f_\pi(\langle\alpha\rangle) \in \pi_1(Y, y_0)$. 这个对应 f_π 实际是两个基本群间的同态.

定义 7.2.7 设 $f: X \to Y$ 是连续映射, $x_0 \in X$, $y_0 = f(x_0) \in Y$. 称同态 $f_\pi: \pi_1(X, x_0) \to \pi_1(Y, y_0)$ 为 f **诱导的基本群同态**.

注意这里的基点 x_0 是可以任意取的, 所以 f 诱导的基本群同态有很多, 不唯一, 但都记作 f_π.

命题 7.2.8 设 $f: X \to Y$, $g: Y \to Z$ 都是连续映射, $x_0 \in X$, $y_0 = f(x_0) \in Y$, $z_0 = g(y_0) \in Z$. 则

$$(g \circ f)_\pi = g_\pi \circ f_\pi : \pi_1(X, x_0) \to \pi_1(Z, z_0).$$

证明 设 $\langle\alpha\rangle \in \pi_1(X, x_0)$. 则

$$(g \circ f)_\pi(\langle\alpha\rangle) = \langle g \circ f(\alpha)\rangle = g_\pi(\langle f(\alpha)\rangle) = g_\pi \circ f_\pi(\langle\alpha\rangle). \qquad \square$$

易见, 若 $\mathrm{id}: X \to X$ 是恒等映射, 则

$$\mathrm{id}_\pi : \pi_1(X, x_0) \to \pi_1(X, x_0)$$

是恒等自同构.

定理 7.2.9 若 $f: X \to Y$ 是同胚映射, $x_0 \in X$, $y_0 = f(x_0) \in Y$. 则 $f_\pi: \pi_1(X, x_0) \to \pi_1(Y, y_0)$ 是同构.

证明 设 g 是 f 的逆映射, g 导出的同态为 $g_\pi: \pi_1(Y, y_0) \to \pi_1(X, x_0)$. 由命题 7.2.8,

$$g_\pi \circ f_\pi = (g \circ f)_\pi = \mathrm{id}_\pi : \pi_1(X, x_0) \to \pi_1(X, x_0)$$

是恒等同构. 同理, $f_\pi \circ g_\pi : \pi_1(Y, y_0) \to \pi_1(Y, y_0)$ 也是恒等同构. 因此, f_π 与 g_π 是一对互逆的同构. $\square$

该定理说明基本群是拓扑不变量.

7.2.2 基本群与基点的关系

基本群是由空间和基点共同决定的. 那么同一个空间在不同基点处的基本群有什么关系呢? 先设 x_0 与 x_1 是在 X 中的同一道路连通分支中的两点. 设 ω 是从 x_0 到 x_1 的一个道路, $\forall\langle\alpha\rangle \in \pi_1(X, x_0)$, 有 $\langle\omega^*\alpha\omega\rangle \in \pi_1(X, x_1)$. 于是由 $\omega_\sharp(\langle\alpha\rangle) = \langle\omega^*\alpha\omega\rangle$ 规定了对应 $\omega_\sharp: \pi_1(X, x_0) \to \pi_1(X, x_1)$.

定理 7.2.10 设 ω 是从 x_0 到 x_1 的一个道路. 则

(1) 如果 ω' 是从 x_1 到 x_2 的一个道路, 则

$$(\omega\omega')_\sharp = (\omega')_\sharp \circ \omega_\sharp : \pi_1(X, x_0) \to \pi_1(X, x_2);$$

(2) $\omega_\sharp : \pi_1(X, x_0) \to \pi_1(X, x_1)$ 是同构.

证明 (1) 设 $\langle\alpha\rangle \in \pi_1(X, x_0)$, 则

$$(\omega\omega')_\sharp(\langle\alpha\rangle) = \langle(\omega\omega')^*\alpha(\omega\omega')\rangle = \langle\omega'^*(\omega^*\alpha\omega)\omega'\rangle = \omega'_\sharp \circ \omega_\sharp(\langle\alpha\rangle).$$

(1) 得到证明.

(2) 任取 $\langle\alpha\rangle, \langle\beta\rangle \in \pi_1(X, x_0)$, 则由命题 7.2.5 得

$$\omega_\sharp(\langle\alpha\rangle\langle\beta\rangle) = \langle\omega^*(\alpha\beta)\omega\rangle = \langle\omega^*\alpha\omega\omega^*\beta\omega\rangle = \omega_\sharp(\langle\alpha\rangle)\omega_\sharp(\langle\beta\rangle).$$

因此 $\omega_\sharp$ 是同态. 再根据 (1), 得 $\omega_\sharp^* \circ \omega_\sharp$ 是恒等同构; 同理, $\omega_\sharp \circ \omega_\sharp^*$ 也是恒等同构, 因此 $\omega_\sharp$ 是同构, $\omega_\sharp^*$ 是它的逆. □

一般地, 当 x_0 与 x_1 同处于一个道路连通分支时, $\pi_1(X, x_0)$ 与 $\pi_1(X, x_1)$ 是同构的且该同构与从 x_0 到 x_1 的道路类选取有关, 即不同的道路类可能给出不同的同构表达. 这样当拓扑空间是道路连通空间时, 其基本群与基点选取无关, 只有一个同构型, 该同构型就简单地说成是该道路连通空间的基本群, 并用 $\pi_1(X)$ 来表示, 而不提基点.

注意当两基点处于不同的道路连通分支时, 该两基点处的基本群可以毫不相干.

定义 7.2.11 基本群是平凡群的道路连通空间称为**单连通空间**.

点、圆盘、球面等都是单连通的. 一般地, $\mathbb{R}^n$ 的任一凸子空间都是单连通空间 (留读者自证).

简单总结一下, 我们把同伦的闭路看成是相同的东西. 对给定的一点, 所有过该点的闭路等价类全体形成一个集合. 这个集合具有乘法性质, 即两条闭路类可以相乘形成新的闭路类. 这样此集合形成一个群, 就是该点的基本群. 如果拓扑空间是道路连通的, 那么这个基本群和基点的选择无关, 它只依赖于拓扑空间本身的几何结构.

习题 7.2

1. 证明: $\mathbb{R}^n$ 中的凸子空间都是单连通空间.

2. 设 X 是单连通空间, x_0 与 x_1 为 X 中两点. 证明: 如果 f 与 g 是从 x_0 到 x_1 的任意两条道路, 则 f 与 g 同伦.

3. 设 x_0 是 Sorgenfrey 直线 R_l 上一点, 证明: $\pi_1(R_l, x_0)$ 是平凡群.

4. 设 A 是 X 的收缩核, $i : A \to X$ 是包含映射. 证明对任一 $x_0 \in A$, $i_\pi : \pi_1(A, x_0) \to \pi_1(X, x_0)$ 是单同态, $r_\pi : \pi_1(X, x_0) \to \pi_1(A, x_0)$ 是满同态.

7.3 简单空间的基本群计算

基本群的定义不是构造性的, 不能用来简单计算基本群. 事实上, 也不存在对任何空间都实用的一般计算基本群的方法. 基本群的计算问题需要结合空间特点, 利用基本群性质, 通过一些转化和化归等技巧来解决. 当然对一些简单有特点的拓扑空间的基本群是必须会算的. 这里先介绍一些简单空间的基本群计算.

7.3.1 S^1 的基本群

我们用初等的方法来计算 S^1 的基本群, 这个方法也是复叠空间理论的基础.

先把 S^1 看成复平面上的单位圆: $S^1=\{z\in\mathbb{C}\mid \|z\|=1\}$, 取 $z_0=1$ 作基点. 设 α 是基点为 $z_0=1$ 的闭路. 当 t 从 0 变到 1 时, $\alpha(t)$ 从出发点 z_0 在 S^1 上运动并回到起点 z_0, 这里的运动是复杂的但整个过程绕圆周的圈数可以计算, 这将是 S^1 基本群的重要结构指标. 令 $p:\mathbb{R}\to S^1$ 为 $p(t)=e^{i2\pi t}$, 它在计算 S^1 基本群中起着关键性作用. 局部上看 p 是同胚, 但有多次的往复重演. 记 $J_t=(t,t+1)$, 则 $p|_{J_t}:J_t\to S^1$ 是嵌入映射. 记 $p_t=p|_{J_t}:J_t\to S^1-\{e^{i2\pi t}\}$. 则 p_t 是同胚. 并且

$$p^{-1}(S^1-\{e^{i2\pi t}\})=\bigcup_{n\in\mathbb{N}}J_{t+n}.$$

设 X 是拓扑空间, $f:X\to S^1$ 为连续映射. 若从 X 到 $\mathbb{R}$ 的连续映射 $\widetilde{f}:X\to\mathbb{R}$ 满足 $p\circ\widetilde{f}=f$, 则称 $\widetilde{f}$ 是**映射 f 的提升**.

引理 7.3.1 *如果 $f:X\to S^1$ 不是满射且存在 $x_1\in X, t_1\in\mathbb{R}$ 使得 $p(t_1)=f(x_1)$, 则存在 f 的提升 $\widetilde{f}:X\to\mathbb{R}$ 满足 $\widetilde{f}(x_1)=t_1$.*

证明 由于 f 不是满射, 可取 $t\in\mathbb{R}$ 使 $z=e^{i2\pi t}\notin f(X)$. 则 $f(X)\subseteq S^1-\{z\}$. 由于 $p(t_1)=f(x_1)\neq z$, 存在整数 n 使得 $t_1\in J_{t+n}$. 规定

$$\widetilde{f}=i_{t+n}\circ p_{t+n}^{-1}\circ f,$$

这里 $i_{t+n}:J_{t+n}\to\mathbb{R}$ 是包含映射. 于是,

$$p\circ\widetilde{f}=p\circ i_{t+n}\circ p_{t+n}^{-1}\circ f=p_{t+n}\circ p_{t+n}^{-1}\circ f=f,$$

并且有 $\widetilde{f}(x_1)=t_1$. □

引理 7.3.2 *设 α 是 S^1 上的道路, $t_0\in\mathbb{R}$ 使得 $p(t_0)=\alpha(0)$, 则存在唯一提升 $\widetilde{\alpha}$ 使得*

$$\widetilde{\alpha}(0)=t_0.$$

证明　*存在性*: 利用 α 的连续性和 I 的紧致性可取自然数 m, 将 I 等分成 m 个小区间:

$$I_1, I_2, \cdots, I_i = \left[\frac{i-1}{m}, \frac{i}{m}\right], \cdots, I_m,$$

使得 $\alpha|_{I_i}(i=1,2,\cdots,m)$ 均不为满映射. 利用引理 7.3.1, 顺次规定 $\alpha|_{I_i}$ 的提升使得

$$\widetilde{\alpha_1}(0) = t_0, \quad \widetilde{\alpha_{i+1}}\left(\frac{i}{m}\right) = \widetilde{\alpha}_i\left(\frac{i}{m}\right), \quad \forall i = 1,2,3,\cdots,m-1.$$

据粘接引理 (定理 3.1.12), 由各个 $\widetilde{\alpha}_i$ 拼接成的映射 $\widetilde{\alpha}: I \to \mathbb{R}$ 是连续的, 且易验证它是 α 的提升, 并且 $\widetilde{\alpha}(0) = \widetilde{\alpha_1}(0) = t_0$.

唯一性: 设 $\widetilde{\alpha}, \widetilde{\alpha}'$ 都是 α 的提升. 作 $f = \widetilde{\alpha} - \widetilde{\alpha}' : I \to \mathbb{R}$. 因

$$\forall t \in I, \quad p(f(t)) = p(\widetilde{\alpha}(t) - \widetilde{\alpha}'(t)) = p(\widetilde{\alpha}(t))/p(\widetilde{\alpha}'(t)) = \alpha(t)/\alpha(t) = 1,$$

故 $f(t)$ 是整数. 但 f 连续, I 连通, 故 f 必定是常值函数. 如果 $\widetilde{\alpha}(0) = \widetilde{\alpha}'(0)$, 则 $f(0) = 0$, 从而 $\forall t \in I, f(t) = 0$. 即 $\forall t \in I, \widetilde{\alpha}(t) = \widetilde{\alpha}'(t)$. 于是 $\widetilde{\alpha} = \widetilde{\alpha}'$. □

在唯一性部分的证明中我们已说明, 同一道路 α 的两个提升 $\widetilde{\alpha}, \widetilde{\alpha}'$ 相差一个常数, 因此 $\widetilde{\alpha}(0) - \widetilde{\alpha}'(0) = \widetilde{\alpha}(1) - \widetilde{\alpha}'(1)$, 或 $\widetilde{\alpha}(1) - \widetilde{\alpha}(0) = \widetilde{\alpha}'(1) - \widetilde{\alpha}'(0)$, 即 $\widetilde{\alpha}(1) - \widetilde{\alpha}(0)$ 是与提升 $\widetilde{\alpha}$ 的选择无关的, 完全由 α 决定的常数. 如果 α 是基点 z 的闭路, 就称这个常数为 α 的**圈数**, 记作 $q(\alpha)$, 即

$$q(\alpha) = \widetilde{\alpha}(1) - \widetilde{\alpha}(0).$$

这里 $\widetilde{\alpha}$ 是 α 的任一提升. 注意到 $\widetilde{\alpha}(1)$ 和 $\widetilde{\alpha}(0)$ 都是整数得 $q(\alpha)$ 是整数.

引理 7.3.3　*设 α, β 是 S^1 上基点为 z_0 的闭路, 使得 $\forall t \in I, \alpha(t) \neq -\beta(t)$, 则 $q(\alpha) = q(\beta)$.*

证明　取 α, β 的提升 $\widetilde{\alpha}, \widetilde{\beta}$ 使得 $\widetilde{\alpha}(0) = \widetilde{\beta}(0) = 0$, 规定 $f = \widetilde{\alpha} - \widetilde{\beta}$, 则 f 是 I 上的连续函数, $f(0) = 0$. 如果 $q(\alpha) \neq q(\beta)$, 不妨设 $q(\alpha) > q(\beta)$. 则 $f(1) = q(\alpha) - q(\beta)$ 是自然数, 从而由 f 的介值性, 存在 $t \in I$ 使得 $f(t) = 1/2$, 即 $\widetilde{\alpha}(t) = 1/2 + \widetilde{\beta}(t)$, 于是

$$\alpha(t) = e^{i2\pi\widetilde{\alpha}(t)} = -e^{i2\pi\widetilde{\beta}(t)} = -\beta(t),$$

与条件矛盾. □

引理 7.3.4　*设 α, β 是 S^1 上基点为 z_0 的闭路, 则 $q(\alpha) = q(\beta) \Leftrightarrow \alpha \doteqdot \beta$.*

证明　*必要性*: 设 $H: \alpha \doteqdot \beta$. 记 h_t 是 H 的 t-切片, $\forall t \in I$, 由于 H 是一致连续的, 存在 $\delta > 0$, 使得 $|t_1 - t_2| < \delta$ 时, $\forall s \in I, h_{t_1}(s) \neq -h_{t_2}(s)$. 由引理 7.3.3, $q(h_{t_1}) = q(h_{t_2})$. 于是 $q(h_t)$ 不依赖于 t, $q(\alpha) = q(h_0) = q(h_1) = q(\beta)$.

充分性: 作 $\widetilde{\alpha},\widetilde{\beta}$ 是 α,β 的提升, 使得 $\widetilde{\alpha}(0)=\widetilde{\beta}(0)=0$, 则 $\widetilde{\alpha}(1)=q(\alpha)=q(\beta)=\widetilde{\beta}(1)$, 因此 $\widetilde{\alpha},\widetilde{\beta}$ 是 $\mathbb{R}$ 上有相同起终点的道路, 从而 $\alpha=p\circ\widetilde{\alpha}\doteq p\circ\widetilde{\beta}=\beta$. □

定理 7.3.5 $\pi_1(S^1,z_0)$ 是自由循环群.

证明 设 $\langle\alpha\rangle\in\pi_1(S^1,z_0)$. 规定 $\forall\alpha\in\langle\alpha\rangle, q(\langle\alpha\rangle)=q(\alpha)$, 得到映射 $q:\pi_1(S^1,z_0)\to\mathbb{Z}$. 对 $\langle\alpha\rangle,\langle\beta\rangle\in\pi_1(S^1,z_0)$, 作 α,β 的提升 $\widetilde{\alpha},\widetilde{\beta}$ 使得 $\widetilde{\alpha}(1)=\widetilde{\beta}(0)$, 则 $\widetilde{\alpha}\widetilde{\beta}$ 是 $\alpha\beta$ 的提升, 它的起终点为 $\widetilde{\alpha}(0)$ 和 $\widetilde{\beta}(1)$. 于是

$$q(\langle\alpha\rangle\langle\beta\rangle)=\widetilde{\beta}(1)-\widetilde{\alpha}(0)=\widetilde{\beta}(1)-\widetilde{\beta}(0)+\widetilde{\alpha}(1)-\widetilde{\alpha}(0)=q(\langle\alpha\rangle)+q(\langle\beta\rangle).$$

这说明 q 保持运算, 是同态, 又引理 7.3.4 说明 q 是单同态.

记 $\alpha_0:I\to S^1$ 为 $\alpha_0(t)=e^{i2\pi t}$. 则对任何正整数 $n, q(\langle\alpha_0\rangle^n)=n, q(\langle\alpha_0\rangle^{-n})=-n$, 因此 q 是满同态, 从而是同构. 于是 $\pi_1(S^1,z_0)$ 是由 $\langle\alpha_0\rangle$ 生成的自由循环群. □

7.3.2 $S^n(n\geqslant 2)$ 的基本群

$S^n(n\geqslant 2)$ 均是道路连通的, 下面证明它们的基本群还都是平凡群, 从而 $S^n(n\geqslant 2)$ 均是单连通的.

引理 7.3.6 设 X_1 和 X_2 是道路连通空间 X 的两个开集, 其中 X_2 单连通. 若 $X_1\cup X_2=X$, $X_1\cap X_2$ 非空且是道路连通的, 则对点 $x_0\in X_1$, 包含映射 $i:X_1\to X$ 的诱导同态 $i_\pi:\pi_1(X_1,x_0)\to\pi_1(X,x_0)$ 是满同态.

证明 只需证明 X 上以 x_0 为基点的任一闭路 α 定端同伦于 X_1 上以 x_0 为基点的闭路.

记 $X_0=X_1\cap X_2, U_i=\alpha^{-1}(X_i)\,(i=1,2)$. 则 $\{U_1,U_2\}$ 是紧空间 I 的开覆盖, 记 δ 是该覆盖的 Lebesgue 数. 取正整数 $m>1/\delta$, 等分 I 为 m 小段, 则每个小段包含在 U_1 或 U_2 中. 如果分割点不在 $U_1\cap U_2$ 中, 则它所在 U_i 必定包含与它连接的那两个小段, 把这样的分割点去掉, 得到新的分割. 它的每个分割点都在 $U_1\cap U_2$ 中, 每个小区间都包含在 U_1 或 U_2 中.

设 $I_i=[t_i,t_i'](i=1,2,\cdots,k)$ 是所有不在 U_1 中的区间. 于是就有 $\forall i,\alpha(I_i)\subseteq X_2$, 且 $\alpha(t_i),\alpha(t_i')\in X_0$. 作 $\beta_i:I_i\to X_0$, 使得 $\beta_i(t_i)=\alpha(t_i),\beta_i(t_i')=\alpha(t_i')$. 由于 X_2 单连通, 存在 $H_i:\alpha|_{I_i}\doteq\beta_i\ \mathrm{rel}\{t_i,t_i'\}$. 作道路 $\beta:I\to X$ 为

$$\beta(t)=\begin{cases}\beta_i(t), & t\in I_i,\\ \alpha(t), & \text{其他};\end{cases}$$

作 $H:I\times I\to X$ 为

$$H(t,s)=\begin{cases}H_i(t,s), & t\in I_i,\\ \alpha(t), & \text{其他}.\end{cases}$$

则 $\beta(I) \subseteq X_1$, 从而 $H: \alpha \doteqdot \beta$. □

推论 7.3.7 如果 X 是它的两个单连通开集 X_1, X_2 的并集, 并且 $X_1 \cap X_2$ 非空且道路连通, 则 X 也是单连通的.

证明 因为 X_1, X_2 是单连通的, 所以它们是道路连通的. 又因为它们相交非空, 故其并集是道路连通的. 据引理 7.3.6 可知 X 的基本群可被平凡群映满, 从而也是平凡的, 于是 X 是单连通的. □

当 $n \geqslant 2$ 时, 取 S^n 上两点 x_1, x_2, 记 $X_1 = S^n - \{x_1\}, X_2 = S^n - \{x_2\}$. 则 $X_1 \cong X_2 \cong \mathbb{R}^n$ 是单连通的, $X_1 \cap X_2 \cong \mathbb{R}^n - \{O\}$ 是道路连通的, 其中 O 为原点, 用推论 7.3.7 得出球面 $S^n (n \geqslant 2)$ 是单连通的.

7.3.3 T^2 的基本群

先证明关于乘积空间基本群的一个定理, 用它来求出环面 $T^2 = S^1 \times S^1$ 的基本群.

定理 7.3.8 设 X, Y 为两个拓扑空间, $x_0 \in X, y_0 \in Y$, 则

$$\pi_1(X \times Y, (x_0, y_0)) \cong \pi_1(X, x_0) \times \pi_1(Y, y_0),$$

其中右边的 $\times$ 表示群的直积.

证明 规定 $\varphi: \pi_1(X \times Y, (x_0, y_0)) \to \pi_1(X, x_0) \times \pi_1(Y, y_0)$ 为

$$\varphi(\langle\gamma\rangle) = ((p_X)_\pi(\langle\gamma\rangle), (p_Y)_\pi(\langle\gamma\rangle)), \quad \forall \langle\gamma\rangle \in \pi_1(X \times Y, (x_0, y_0)),$$

其中 p_X 和 p_Y 分别是 $X \times Y$ 到 X 和 Y 的投影.

显然 φ 是同态. 下面证 φ 是满同态和单同态.

φ 是满同态: $\forall \langle\alpha\rangle \in \pi_1(X, x_0), \forall \langle\beta\rangle \in \pi_1(Y, y_0)$, 作 $X \times Y$ 中的闭路 σ 为 $\sigma(t) = (\alpha(t), \beta(t))$, 则 $(p_X)_\pi(\langle\sigma\rangle) = \langle p_X \circ \sigma\rangle = \langle\alpha\rangle$. 同样地, $(p_Y)_\pi(\langle\sigma\rangle) = \langle p_Y \circ \sigma\rangle = \langle\beta\rangle$. 于是 $\varphi(\langle\sigma\rangle) = (\langle\alpha\rangle, \langle\beta\rangle)$.

φ 是单同态: 设 $\varphi(\langle\gamma\rangle) = 1$. 于是 $p_X \circ \gamma \doteqdot e_{x_0}$, $p_Y \circ \gamma \doteqdot e_{y_0}$. 记 $H: p_X \circ \gamma \doteqdot e_{x_0}, G: p_Y \circ \gamma \doteqdot e_{y_0}$. 规定 $F: I \times I \to X \times Y$ 为 $F(s,t) = (H(s,t), G(s,t))$. 容易验证 $F: \gamma \doteqdot e_{(x_0,y_0)}$, 其中 $e_{(x_0,y_0)}$ 是点 (x_0, y_0) 处的点道路. 因此 $\langle\gamma\rangle = 1$. □

应用此定理于 $T^2 = S^1 \times S^1$ 上, 得如下结论.

定理 7.3.9 $\pi_1(T^2) = \mathbb{Z} \times \mathbb{Z}$.

推论 7.3.10 $T^2 \ncong S^2$.

证明 基本群是拓扑不变量, 而 $\pi_1(T^2)$ 不同构于平凡群, 因此 $T^2 \ncong S^2$. □

习题 7.3

1. 证明平环 $I \times S^1$ 的基本群是自由循环群, 由此说明平环与圆盘 D^2 不同胚.

2. 设 U 是 $\mathbb{R}^2$ 的非空开集, $x \in U$. 证明: $U - \{x\}$ 的基本群不是平凡群, 从而 $U - \{x\}$ 不是单连通的.

3. 设 $f : S^1 \to S^1$ 定义为 $\forall z \in S^1, f(z) = z^n$. 试对 $n = -1, 0, 1, 2$, 描述同态 $f_\pi : \pi_1(S^1, 1) \to \pi_1(S^1, 1)$.

4. 设 $f : S^1 \to S^1$ 定义为 $\forall z \in S^1, f(z) = -z$. 试描述同态 $f_\pi : \pi_1(S^1, 1) \to \pi_1(S^1, -1)$.

5. 举例说明: 若引理 7.3.6 中缺少 $X_1 \cap X_2$ 道路连通这一条件, 则引理结论不必成立.

6. 证明 $\{0, 1\}$ 不是单位区间的收缩核; S^1 也不是圆盘 D^2 的收缩核.

7.4 拓扑空间的同伦等价

本节介绍空间的同伦等价, 引入拓扑空间的伦型概念.

定义 7.4.1 设 X, Y 为两个拓扑空间, 如果存在两个连续映射 $f : X \to Y$ 和 $g : Y \to X$ 使得

$$g \circ f \simeq \mathrm{id}_X : X \to X; \quad f \circ g \simeq \mathrm{id}_Y : Y \to Y,$$

则说拓扑空间 X 和 Y **同伦等价**, 或说两空间**同伦型**, 记作 $X \simeq Y$. 此时, 映射 f, g 称为同伦等价 (映射), 或同伦变换, 且称 f 是 g 的同伦逆, 实际它们互为**同伦逆**.

粗略地说, 两个拓扑空间如果可以通过一系列连续的形变从一个变到另一个, 那么就称这两个拓扑空间同伦. 伦型相同的拓扑空间所共有的性质 (量) 称为**同伦不变性质 (量)**. 由于同胚的空间必同伦, 故同伦不变量必是拓扑不变量, 反之则不然, 例如, 三角片与点空间同伦, 但不同胚. 我们将要说明拓扑空间的基本群具有同伦不变性, 于是同伦方法是代数拓扑的主要方法之一.

前面我们知道同伦关系是 $[X, Y]$ 上的关于连续映射的等价关系. 而类似地, 同伦等价则是任一拓扑空间族上的等价关系.

与单点空间同伦的空间称为**可缩空间**. $\mathbb{R}$ 和 $\mathbb{R}$ 中凸集均为可缩空间. 可缩空间是道路连通的并且是单连通的.

拓扑空间 X 可缩等价于下列几条中任意一条:

(1) $\mathrm{id}_X \simeq 0$, 即恒同映射 id_X 零伦;

(2) 对任意空间 Y 和映射 $f : X \to Y$, 有 $f \simeq 0$;

(3) 对任意空间 Z 和连续映射 $g : Z \to X$ 有 $g \simeq 0$.

例 7.4.2 $\mathbb{R} \simeq \mathbb{R}^2$.

定义 3.1.10 给出了收缩和收缩核的概念. 定义 7.4.3 加强这些概念并可获得同伦等价的一类特例.

定义 7.4.3　若有收缩 $r: X \to A$ 和同伦 $H: i \circ r \simeq \mathrm{id}_X$, 则 H 称为 X 到 A 的**形变收缩**, A 称为 X 的**形变收缩核**, 若同伦 H 还满足对任意 $x \in A$ 和 $t \in I$ 有 $H(x,t) = x$, 则 H 称为 X 到 A 的一个**强形变收缩**, A 称为 X 的**强形变收缩核**.

强形变收缩是形变收缩, 且若 A 是 X 的形变收缩核, 则包含映射 $i: A \to X$ 与收缩 $r: X \to A$ 同伦等价, 从而 $A \simeq X$.

例 7.4.4　S^{n-1} 是 $\mathbb{R}^n - \{O\}$ 的一个形变收缩核, 形变收缩可由下式规定:

$$H(x,t) = (1-t)x + tx(1/\|x\|).$$

相应的收缩映射由 $r(x) = x(1/\|x\|)$ 规定.

例 7.4.5　$(S^{n-1} \times I) \cup (D^n \times \{0\})$ 是 $D^n \times I$ 的一个形变收缩核.

如果将 $D^n \times I$ 看作 $\mathbb{R}^{n+1}$ 的子集,

$$D^n \times I = \left\{ (x_1, x_2, \cdots, x_{n+1}) \,\middle|\, \sum_{i=1}^{n} x_i^2 \leqslant 1, x_{n+1} \in I \right\},$$

则它是一个凸集, 为了说明该结论只需做一个收缩映射, 以点 $P(0,0,\cdots,2)$ 为中心作中心投影 r, 将 $D^n \times I$ 上各点映射到 $(S^{n-1} \times I) \cup (D^n \times \{0\})$ 上使得 $\forall x \in D^n \times I$, $r(x)$ 是连接点 P 和 x 的直线与 $(S^{n-1} \times I) \cup (D^n \times \{0\})$ 的交点. 则 r 是收缩映射.

例 7.4.6　用一线段连接两个圆得到的哑铃形空间、∞ 形空间和 θ 形空间是互相同伦等价的空间, 因为它们都是挖去两点的平面的形变收缩核. 但这三个空间都不能同胚, 任何一个都不能嵌入另一个, 所以不能作为形变收缩核.

实际上, 上面出现的形变收缩核的例子碰巧也都是强形变收缩核的例子. 但有这样的例子, 它是形变收缩核但不是强形变收缩核.

下面给出构造商空间的形变收缩的有用方法.

命题 7.4.7　设 $f: X \to Y$ 是商映射, $A \subseteq X, B = f(A)$. 如果 H 是 X 到 A 的 (强) 形变收缩, 并且满足条件: 当 $f(x) = f(x')$ 时, $\forall t \in I, f(H(x,t)) = f(H(x',t))$. 则存在 Y 到 B 的 (强) 形变收缩.

证明　规定 $G: Y \times I \to Y$ 为 $G(y,t) = f(H(x,t))$, 其中 $x \in f^{-1}(y)$. H 满足的条件保证了 G 是确定的, 并且 $G \circ (f \times \mathrm{id}_I) = f \circ H$. 注意到 $f \times \mathrm{id}_I$ 是商映射及 $f \circ H$ 是连续的, 可得 G 是连续的.

$\forall y \in Y$, 取 $x \in f^{-1}(y)$, 则

$$G(y,0) = f(H(x,0)) = f(x) = y,$$

$$G(y,1) = f(H(x,1)) \in f(A) = B.$$

对每点 $b \in B$ 取 A 的点 $a \in f^{-1}(b)$, 则 $G(b,1) = f(H(a,1)) = f(a) = b$. 故 G 是 Y 到 B 的形变收缩. 若 H 是 X 到 A 的强形变收缩, 则 $G(b,t) = f(H(a,t)) = f(a) = b$, 故 G 也是强形变收缩. □

例 7.4.8 设 X 是拓扑空间, 商空间 $CX = X \times I/(X \times \{1\})$ 称为 X 的**拓扑锥**, $X \times \{1\}$ 所在的等价类称为**锥顶**. 则 CX 以锥顶作为它的强形变收缩核.

记 $f : X \times I \to CX$ 是粘合映射. 作 $X \times I$ 到 $X \times \{1\}$ 的强形变收缩 $H : (X \times I) \times I \to X \times I$ 为

$$H(x,t,s) = (x,(1-s)t+s),$$

则 H 满足上一命题的条件, 从而 H 导出 CX 到锥顶 $f(X \times \{1\})$ 的强形变收缩.

例 7.4.9 Möbius 带以腰圆为强形变收缩核 (图 7.5).

图 7.5 Möbius 带

记 X 是 Möbius 带, 它是矩形 M 反向粘合两侧边所得的商空间. 记 $f : M \to X$ 是商映射, 设 A 是连接 M 的两侧边中点的线段, 则 $f(A)$ 是 X 的腰圆, 记 $r : M \to A$ 是沿竖直方向把 M 压向 A, 则从 id_M 到 $i \circ r$ 的直线同伦是 X 到 A 的一个强形变收缩, 并且满足命题条件, 从而导出 X 到腰圆的强形变收缩.

记 x_0 是腰圆上一点, α 是以 x_0 为基点并沿腰圆走一圈的闭路, 则 $\pi_1(X,x_0)$ 是由 $\langle\alpha\rangle$ 生成的自由循环群.

例 7.4.10 环面 T^2 去掉一点后, 以相交于一点的一个经圆和一个纬圆的并集为强形变收缩核.

设 M 为一矩形, O 为 M 上的一个内点, 则 $M - \{O\}$ 分别粘接两顶边和两侧边后得到 T^2 挖去一点, M 的边界 L 是 $M - \{O\}$ 的强形变收缩核, 任一强形变收缩导出 T^2 挖去一点到 L 粘接两顶边和两侧边而得的交于一点的一个经圆和纬圆并集的强形变收缩.

命题 7.4.11 如果 X 是可缩空间, 则 $\forall x \in X$, $\{x\}$ 都是 X 的形变收缩核.

证明 从 X 到 $\{x\}$ 只有一个映射, 记作 r. 因 X 可缩, 故 r 是同伦等价. 由于 X 道路连通, $\{x\}$ 到 X 的映射类只有一个, 从而哪一个都是 r 的同伦逆, $i : \{x\} \to X$ 也是 r 的同伦逆, 即 $i \circ r \simeq \mathrm{id}_X$. 这说明 $\{x\}$ 是 X 的形变收缩核. □

许多可缩空间并不是明显看出它们是可缩的, 有时要借助于更大的空间来说明这点, 即如果有一个较大的空间是可缩的, 而所给空间是这较大空间的形变收缩核, 则所给空间必定是可缩的.

易见, 若存在空间 Z, 使得 X 与 Y 分别同胚于 Z 的两个强形变收缩核, 则这两个拓扑空间 X 与 Y 同伦等价. 这一结论的逆也成立, 具体证明留读者思考.

习题 7.4

1. 证明: 可缩空间都是道路连通空间.
2. 证明: 与道路连通空间同伦等价的空间也道路连通.
3. 设 $\mathcal{A}$ 是一族拓扑空间, 证明: 同伦等价是 $\mathcal{A}$ 上的一个等价关系.
4. 设 A 是 B 的形变收缩核, B 是 X 的形变收缩核. 证明: A 也是 X 的形变收缩核.
5. 证明: Möbius 带的边界不是它的收缩核.

6*. 证明: 连续映射 $f: X \to Y$ 是零伦的当且仅当它可连续扩张成 $F: CX \to Y$.

7. 证明: $I \times X$ 与 X 同伦等价.
8. 证明: 任意两个从拓扑空间 X 到同一可缩空间的连续映射均是同伦的.

7.5 基本群的同伦不变性

本节利用连续映射诱导的基本群之间同态的性质获得基本群的同伦不变性(或说同伦型不变量, 更是拓扑不变量), 这些性质在基本群的计算中会起到非常重要的作用.

定理 7.5.1 如果 $f: X \to Y$ 是同伦等价, $x_0 \in X$, $y_0 = f(x_0) \in Y$, 则 $f_\pi: \pi_1(X, x_0) \to \pi_1(Y, y_0)$ 是同构.

证明 设 g 是 f 的一个同伦逆, $g(y_0) = x_1$. 因 $g \circ f \simeq \mathrm{id}_X$, 故 $g_\pi \circ f_\pi = (g \circ f)_\pi: \pi_1(X, x_0) \to \pi_1(X, x_1)$ 与 $\mathrm{id}_\pi: \pi_1(X, x_0) \to \pi_1(X, x_0)$ 相差一个同构, 而 id_π 是恒等同构, 故 $g_\pi \circ f_\pi$ 是同构. 于是 $f_\pi: \pi_1(X, x_0) \to \pi_1(Y, y_0)$ 是单射, $g_\pi: \pi_1(Y, y_0) \to \pi_1(X, x_1)$ 是满射. 再利用 $f \circ g \simeq \mathrm{id}_Y$, 同样方法可得 $g_\pi: \pi_1(Y, y_0) \to \pi_1(X, x_1)$ 是单射, $f_\pi: \pi_1(X, x_0) \to \pi_1(Y, y_0)$ 是满射. 从而 $f_\pi: \pi_1(X, x_0) \to \pi_1(Y, y_0)$ 是同构. □

作为直接推论, 我们得到基本群是同伦不变量, 当然是拓扑不变量. 即有如下定理.

定理 7.5.2 若 $X \simeq Y$, 且它们均为道路连通的, 则 $\pi_1(X) \cong \pi_1(Y)$.

利用这个定理可把计算一个空间的基本群转化为求伦型相同而比较简单空间的基本群. 利用同伦不变性来计算基本群是常用而有效的方法. 而这常常又可通过形变收缩等几何直观来实现.

例如, 平环以圆周, Möbius 带以腰圆为强形变收缩核, 从而与圆周同伦. 而圆周的基本群为整数加群, 故平环和 Möbius 带的基本群也为整数加群. 又由于圆盘与一点同伦型, 其基本群为平凡群.

环面 T^2 去掉一点后的空间的基本群与 ∞ 形空间的基本群同构.

根据这个定理还可以判断环面与 2 维球面不同伦.

定理 7.5.3 $T^2 \not\simeq S^2$.

证明 这是因为 $\pi_1(T^2) \cong \mathbb{Z} \times \mathbb{Z} \not\cong S^2 \cong \{0\}$. □

习题 7.5

1. 设 l 是 $\mathbb{R}^3$ 中的一条直线, 证明: $\pi_1(\mathbb{R}^3 - l)$ 是自由循环群.
2. 证明: $\mathbb{R}^2 \not\cong \mathbb{R}^n, \forall n > 2$.
3. 证明: $D^2 \not\cong D^n, \forall n > 2$.
4*. 计算从 3 维球面 S^3 中去掉相交于一点的两个圆周后的空间的基本群.

7.6 Van-Kampen 定理介绍

本节介绍计算基本群的一种分割方法——Van-Kampen 定理, 它是计算 $S^n(n \geqslant 2)$ 基本群的方法的一般化. Van-Kampen 定理能把较复杂空间基本群的计算转化为较简单空间基本群的计算, 因而也是计算基本群常用的方法. 但由于 Van-Kampen 定理的叙述和证明都比较复杂, 这里只简要介绍这一定理而略去证明.

把群 G 中含子集 A 的最小正规子群称为 A 生成的正规子群, 记作 $\mathrm{NGr}(A)$, 把由集合 X 生成的自由群记为 $\mathrm{Fr}(X)$.

定理 7.6.1 (Van-Kampen 定理) *如果拓扑空间 X 可分解为两个开集 X_1 与 X_2 之并, 并且 $X_0 = X_1 \cap X_2$ 非空道路连通, 则 $\forall x_0 \in X_0$, 有*

$$\pi_1(X, x_0) \cong \pi_1(X_1, x_0) * \pi_1(X_2, x_0) / \mathrm{NGr}(\{(i_1)_\pi(\alpha)(i_2)_\pi(\alpha^{-1}) \mid \alpha \in \pi_1(X_0, x_0)\}),$$

其中运算 $*$ 是群的自由积, $i_k : X_0 \to X_k \ (k = 1, 2)$ 是包含映射.

该定理要求 X 可分解为两个开集 X_1 与 X_2 之并, 这在许多情况下不太方便. 其实, 把 Van-Kampen 定理中的 X_1 与 X_2 都改为闭集, 并要求 $X_0 = X_1 \cap X_2$ 非空, 道路连通, 且为 X_0 的某开邻域的强形变收缩核, 则结论同样成立.

Van-Kampen 定理有下列两个特殊情形:

(1) X_0 是单连通的, 这时结论简化为

$$\pi_1(X, x_0) \cong \pi_1(X_1, x_0) * \pi_1(X_2, x_0).$$

(2) X_1 是单连通的, 用 $\mathrm{Im}(i_1)$ 表示 $i_1(X_0)$ 为 i_1 的像, 这时结论简化为

$$\pi_1(X,x_0)\cong\pi_1(X_1,x_0)/\mathrm{NGr}(\mathrm{Im}(i_1)_\pi).$$

例 7.6.2　圆束的基本群. 对两个相切的圆, 记作 $S_1^1\vee S_2^1$. 设切点为 x_0, 则可将这两个圆分别看作 X_1 与 X_2, 它们的交为单点集 $\{x_0\}$, 非空单连通, 且显然是某开邻域的强形变收缩核, 故由特殊情形 (1), 得到

$$\pi_1(S_1^1\vee S_2^1,x_0)\cong\pi_1(S_1^1,x_0)*\pi_1(S_2^1,x_0)\cong\mathbb{Z}*\mathbb{Z}.$$

一般地, 对 n 个相切于一点 x_0 的圆束, 记为 $\bigvee_{i=1}^n S_i^1$, 有

$$\pi_1\left(\bigvee_{i=1}^n S_i^1,x_0\right)\cong\mathrm{Fr}(\langle\alpha_1\rangle,\langle\alpha_2\rangle,\cdots,\langle\alpha_n\rangle),$$

是秩为 n 的有限生成自由群, 其中 α_i 是各圆的起终点为交汇点 x_0 的走一圈的闭路.

例 7.6.3　Klein 瓶的基本群. 矩形 M 分别反向粘贴上下和左右两对对边得到的商空间是 Klein 瓶 K. 设 $A\subset K$ 是 M 的边界粘合后的子集, 它是两个圆的圆束. 记交点为 x_1. 取 $K-A$ 中的一个圆盘 X_2, 令 $X_1=K-\mathrm{int}(X_2)$. 则 X_1,X_2 为闭集, 其交为 X_1 的边界圆周且道路连通. 在该圆周上取一点 x_0, 则利用 Van-Kampen 定理的特殊情况 (2) 得

$$\pi_1(K,x_0)\cong\pi_1(X_1,x_0)/\mathrm{NGr}(\mathrm{Im}(i_1)_\pi)=\pi_1(X_1,x_0)/\mathrm{NGr}(\langle d\rangle),$$

其中 d 为 x_0 处沿 X_1 的边界圆周走一圈的闭路. 易见 A 是 X_1 的强形变收缩核, 从而包含映射 $i:A\to X_1$ 导出同构 $i_\pi:\pi_1(A,x_1)\to\pi_1(X_1,x_1)$. 利用例 7.6.2 的结果, 推得

$$\pi_1(X_1,x_1)=\mathrm{Fr}(\langle\alpha_1\rangle,\langle\alpha_2\rangle),$$

其中 $\alpha_i,(i=1,2)$ 是 A 中各圆的起终点为交汇点 x_1 的走一圈的闭路.

取 ω 为 X_1 中从 x_0 到 x_1 的道路, 则同构 $\langle\omega\rangle_\sharp$ 把 $\langle d\rangle$ 映为 $\langle\omega\rangle^{-1}\langle d\rangle\langle\omega\rangle=\langle\alpha_1\rangle^2\langle\alpha_2\rangle^2$. 故

$$\pi_1(K,x_0)\cong\pi_1(X_1,x_1)/\mathrm{NGr}(\langle\omega\rangle_\sharp(\langle d\rangle))=\mathrm{Fr}(\langle\alpha_1\rangle,\langle\alpha_2\rangle)/\mathrm{NGr}(\langle\alpha_1\rangle^2\langle\alpha_2\rangle^2).$$

用类似的方法可以算得任何闭曲面的基本群, 详细情况请读者参阅文献 [18].

习题 7.6

1. 求下列空间的基本群:

(i) $\mathbb{R}^2$ 去掉 3 个点;

(ii) S^2 去掉 3 个点;

(iii) T^2 去掉 3 个点.

2. 证明: 当 $n>2$ 时, $\mathbb{R}^n$ 去掉有限个点仍然是单连通的.

3. 设 $f:D^2\to D^2$ 连续, 并且 S^1 上的点都是 f 的不动点. 证明: f 是满映射.

7.7 基本群的应用

基本群的应用大多与同伦概念有关. 下面介绍几个利用基本群证明的著名定理.

定理 7.7.1 (2 维 Brouwer 不动点定理) 设 $f: D^2 \to D^2$ 是连续映射, 则 f 至少有一个不动点, 即存在 $x \in D^2$, 使得 $f(x) = x$.

证明 用反证法. 设 f 没有不动点. 则规定 $g: D^2 \to S^1$ 为

$$g(x) = \frac{x - f(x)}{\|x - f(x)\|}.$$

由 f 连续, 没有不动点可知 g 定义合理且是连续的, 并且 $h := g|_{S^1}: S^1 \to S^1$ 满足 $\forall x \in D^2, h(x) \neq -x$. 因此由例 7.1.3 知 $h \simeq \mathrm{id}_{S^1}$. 因为 $h = g \circ i$, 其中 $i: S^1 \to D^2$ 是零伦的. 所以 h 是零伦的, 这样又推得 id_{S^1} 是零伦的, 这与 $(\mathrm{id}_{S^1})_\pi$ 不是平凡群同态矛盾! 故 f 必有不动点. □

定理 7.7.2 (代数基本定理) n 次 $(n > 0)$ 复系数多项式至少有一个根.

证明 用反证法. 设 n 次数 $(n > 0)$ 的复系数多项式 $P(z) = \sum_{i=0}^{n} a_i z^i$ 没有根. 于是 $a_0 \neq 0$, 否则 0 就是它的一个根. 不妨设 $a_n = 1$.

下面分两种情况.

情况 (1): $\sum_{i=0}^{n-1} \|a_i\| < 1$.

这时作 $f_t: S^1 \to S^1$ 使得 $f_t(z) = \dfrac{P(tz)}{\|P(tz)\|}$. 则 $f_1 = P|_{S^1}$, $f_0 = a_0/\|a_0\|$ 为常值映射. 这说明 f_1 是零伦的. 再作 $h_t: S^1 \to S^1$ 使得

$$h_t(z) = \frac{z^n + t\sum_{i=0}^{n-1} a_i z^i}{\left\| z^n + t\sum_{i=0}^{n-1} a_i z^i \right\|}.$$

则情形 (1) 的条件保证 h_t 连续 $(t \in [0,1])$ 且 $h_1 = f_1 = P|_{S^1}$, $h_0: S^1 \to S^1$ 满足 $h_0(z) = z^n$ 为 n 次幂映射. 由 $h_0 \simeq h_1 = f_1$ 知 $h_0: S^1 \to S^1, h_0(z) = z^n$ 是零伦的. 但 h_0 诱导的基本群同态 $(h_0)_\pi$ 为生成元的 n 次幂, 不是零同态, 矛盾! 故在情况 (1) 下, 原多项式必然有根.

情况 (2): $\sum_{i=0}^{n-1} \|a_i\| = M \geqslant 1$. 这时取 $r > M$, 作多项式 $P_r = z^n + \sum_{i=0}^{n-1} a_i r^{i-n} z^i$. 则可验证多项式 P_r 满足情况 (1) 的条件, 从而有根, 设 z_0 是 P_r 的一个根. 这样有

$$z_0^n + \sum_{i=0}^{n-1} a_i r^{i-n} z_0^i = 0.$$

该等式两端同乘 r^n 得

$$(rz_0)^n + \sum_{i=0}^{n-1} a_i (rz_0)^i = 0,$$

这说明 rz_0 是原多项式 $P(z)$ 的一个根.

综合得不论何种情况, 多项式 $P(z)$ 至少有一个根. □

平面或球面上同胚于圆周 S^1 的子空间称为 **Jordan 曲线**, 或称为**简单闭曲线**. 定理 7.7.3 是应用很广的著名定理.

定理 7.7.3 (Jordan 曲线定理)　*设 J 是平面上一个 Jordan 曲线, 则 $\mathbb{R}^2 - J$ 有两个连通分支且 J 为该两个分支的共同边界.*

利用平面的单点紧化同胚于球面 (习题 4.6 的题 9), 可见将定理 7.7.3 中的平面换成球面, 得到的定理与定理 7.7.3 等价. Jordan 曲线定理看起来很简单明显, 但证明却很难. 已经有很多种证明方法, 以基本群作为工具也可以证明该定理. 限于篇幅未给出证明, 有兴趣的可参看文献 [12,18].

习题 7.7

1. 设 $f: D^2 \to \mathbb{R}^2$ 连续. 证明下列条件之一成立时, f 有不动点:

(i) $f(S^1) \subset D^2$;

(ii) $\forall x \in S^1, f(x), x$ 与原点不共线;

(iii) $\forall x \in S^1$, 连接 x 与 $f(x)$ 的线段 $\overline{xf(x)}$ 过原点.

2. 设拓扑空间 X 上的任一连续映射均有不动点, $A \subseteq X$ 是 X 的收缩核. 证明: 子空间 A 上的任一连续映射也有不动点.

3. 给出 S^n 上一个没有不动点的连续自映射.

4. 称空间 X 具有**不动点性质**, 若 X 上的任一连续自映射均有不动点. 问下列空间:

(1) 闭区间; (2) 相切于一点的两个圆周; (3) 环面; (4) 平面的闭凸子空间

哪些具有不动点性质?

5*. 证明 2 维球面 S^2 不与它的任一真子空间同胚.

第 8 章 可剖分空间及其单纯同调群

同调理论是代数拓扑学的最基本的组成部分. 在同调论中, 拓扑空间对应着交换群的序列, 称为它的同调群; 连续映射对应于空间同调群之间的同态, 它们有拓扑不变性和同伦不变性, 从而深刻地反映了拓扑空间的特性. 又因建立的是各维同调群, 所以它们不仅能像基本群那样解决低维几何问题, 也能解决高维几何问题.

有多种同调论系统, 单纯同调是其中最早、最直观和最简单的一种. 这一理论适用于一类特殊的空间, 这种空间是欧氏空间中具有组合结构的紧子空间, 能用一些简单几何体, 称作单纯形, 有规则地拼接而成, 称作多面体. 多面体的单纯同调论正是利用这种组合结构, 采用组合方法构造同调群的, 因此也称作组合拓扑学. 单纯同调群几何直观性强, 易于计算, 尽管它对于空间的要求过于苛刻, 但许多常用空间都符合其要求, 再加上同伦不变性, 它不失广泛应用, 也是学习其他同调论的基础.

单纯同调论的建立比基本群困难得多. 这里只从应用方面来介绍基础的部分.

8.1 单纯复合形与三角剖分

本节介绍单纯同调论所适用的空间. 对于欧氏空间, 我们约定当 $n < m$ 时, $\mathbb{R}^n$ 自然看作 $\mathbb{R}^m$ 的子空间, 它由 $\mathbb{R}^m$ 中后 $m-n$ 个坐标均为 0 的那些点所构成, 因此低维空间的图形也自然看作高维空间的图形. 一切讨论都可看作在足够高维的空间中进行.

8.1.1 单纯形

单纯同调论所适用的空间由各种维数的单纯形所构成. 0 维单纯形是点, 1 维单纯形是直线段, 2 维单纯形是三角形, 3 维单纯形是四面体, 更高维的单纯形则是它们的类似物. 为了给出其明确定义, 先分析低维单纯形的几何特征.

首先, 低维单纯形都是其顶点集的凸包, 即它是包含所有顶点的最小凸集, 从而由顶点完全决定; 其次这些顶点是要满足一定的几何条件的, 如三角形的三顶点不共线, 四面体的顶点不共面等. 这些条件推广就是顶点处于最广位置, 或称几何独立.

定义 8.1.1 欧氏空间中的有限点集 $A=\{a_0,a_1,\cdots,a_n\}$ 称为处于**最广位置**, 或称为**几何独立**, 如果对于它们, 满足下列两个条件:

(1) $\sum_{i=0}^n \lambda_i=0$;

(2) $\sum_{i=0}^n \lambda_i a_i=0$ 的实数组 $\lambda_0,\lambda_1,\cdots,\lambda_n$ 一定全为 0.

显然当 A 只有一点时, 它是处于最广位置的, 含两个不同点时也一定处于最广位置. 从解析几何知道, 当 $n=2$ 或 3 时, A 处于最广位置当且仅当它不共线或不共面. 命题 8.1.2 给出一般情形的刻画, 它给出点组几何独立与向量组线性无关的关系.

命题 8.1.2 设 $n>0$. 则 $A=\{a_0,a_1,\cdots,a_n\}$ 处于最广位置当且仅当向量组 $\{a_1-a_0,a_2-a_0,\cdots,a_n-a_0\}$ 线性无关.

证明 必要性: 设实数组 $\lambda_1,\lambda_2,\cdots,\lambda_n$ 使得 $\sum_{i=1}^n \lambda_i(a_i-a_0)=0$. 记 $\lambda_0=-\sum_{i=1}^n \lambda_i$, 则 $\sum_{i=0}^n \lambda_i=0$, 并且

$$\sum_{i=0}^n \lambda_i a_i=\sum_{i=1}^n \lambda_i(a_i-a_0)=0,$$

由 A 处于最广位置得到 $\lambda_1=\lambda_2=\cdots=\lambda_n=0$. 因此 $\{a_1-a_0,a_2-a_0,\cdots,a_n-a_0\}$ 线性无关.

充分性: 设实数组 $\lambda_0,\lambda_1,\cdots,\lambda_n$ 满足条件 (1) 和 (2), 从 (1) 得出 $\lambda_0=-\sum_{i=1}^n \lambda_i$, 代入 (2) 得到 $\sum_{i=1}^n \lambda_i(a_i-a_0)=0$, 由于 $\{a_1-a_0,a_2-a_0,\cdots,a_n-a_0\}$ 线性无关, 得到 $\lambda_1=\lambda_2=\cdots=\lambda_n=0$, 再从 (1) 得出 $\lambda_0=0$. 这说明 A 处于最广位置. □

定义 8.1.3 欧氏空间中处于最广位置的 $n+1$ 个点 $\{a_0,a_1,\cdots,a_n\}(n\geqslant 0)$ 的凸包称为一个 n **维单纯形**, 简称 n **维单形**, 记作 $(a_0,a_1,\cdots,a_n)$, 称 a_i 为它的**顶点**, $i=0,1,2,\cdots,n$.

本书常用小写英文字母或希腊字母来命名一个单形, 并在其下方加一个下划线, 如单形 $\underline{s}$、单形 $\underline{\sigma}$ 等. 0 维单形就只有一个点, 也是其顶点, 比如 a, 通常也记该 0 维单形为 a.

容易验证, 对于欧氏空间中的任一子集 A, A 的凸包为

$$\left\{\sum_{a\in A}\lambda_a a\,\middle|\,\lambda_a\geqslant 0, \text{只有有限个不为 } 0, \text{并且} \sum_{a\in A}\lambda_a=1\right\},$$

因此, 作为点集, 有

$$(a_0,a_1,\cdots,a_n)=\left\{\sum_{i=0}^n \lambda_i a_i\,\middle|\,\lambda_i\geqslant 0,\sum_{i=0}^n \lambda_i=1\right\},$$

即, $\forall x \in (a_0, a_1, \cdots, a_n)$, 存在非负实数组 $\lambda_0, \lambda_1, \cdots, \lambda_n$ 使 $x = \sum_{i=0}^n \lambda_i a_i$ 且 $\sum_{i=0}^n \lambda_i = 1$. 这样的实数组是被 x 唯一决定的, 因为如果 $\{k_0, k_1, \cdots, k_n\}$ 也适合要求, 则

(1) $\sum_{i=0}^n (\lambda_i - k_i) = \sum_{i=0}^n \lambda_i - \sum_{i=0}^n k_i = 0$;

(2) $\sum_{i=0}^n (\lambda_i - k_i) a_i = \sum_{i=0}^n \lambda_i a_i - \sum_{i=0}^n k_i a_i = x - x = 0$.

由 $\{a_0, a_1, \cdots, a_n\} (n \geqslant 0)$ 几何独立推得 $\lambda_i = k_i (i = 0, 1, \cdots, n)$. 称 $\{\lambda_0, \lambda_1, \cdots, \lambda_n\}$ 为 x 关于顶点集 $\{a_0, a_1, \cdots, a_n\}$ 的**重心坐标**.

若记欧氏空间中的点 $e_i = (0, 0, \cdots, 0, 1_i, 0, \cdots, 0)$, 则 $\{e_1, e_2, \cdots, e_{n+1}\}$ 处于最广位置, 其中 1_i 表示第 i 个坐标是 1. 称 $(e_1, e_2, \cdots, e_{n+1})$ 为 n **维自然单形**, 简记作 $\underline{\Delta^n}$. 自然单形上点的重心坐标就是它的原来的直角坐标.

单形的顶点在几何上区别于单形上其他的点: 以顶点为中点的任一线段都不会含于单形中. 因此, 单形的顶点也被单形唯一决定.

单形上重心坐标全为正的点称为单形的**内点**, 有一个坐标为 0 的点称为**边缘点**, 有一个坐标为 1 的点则为顶点. 单形 $\underline{s}$ 的全部内点的集合记作 $\mathring{\underline{s}}$, 称为 $\underline{s}$ 的**内部**, 全部边缘点的集合记作 $\partial \underline{s}$, 称为 $\underline{s}$ 的**边缘**.

维数相同的单形互相同胚, n 维单形同胚于 D^n, 其边缘同胚于 S^{n-1}.

如果单形 $\underline{t}$ 的顶点都是单形 $\underline{s}$ 的顶点, 则说 $\underline{t}$ 是 $\underline{s}$ 的**面**, 记作 $\underline{t} \prec \underline{s}$, 否则 $\underline{t}$ 不是 $\underline{s}$ 的面, 记作 $\underline{t} \not\prec \underline{s}$. 例如, 总有 $\underline{s} \prec \underline{s}$. $\underline{s}$ 的每个顶点都是 $\underline{s}$ 的面. 当 $\underline{t} \prec \underline{s}$, 并且 $\underline{t}$ 的维数小于 $\underline{s}$ 的维数时, 就说 $\underline{t}$ 是 $\underline{s}$ 的**真面**.

例如 $\underline{s} = (a_0, a_1, a_2)$, 则它有真面: 0 维面 a_0, a_1 和 a_2, 1 维面 $(a_0, a_1), (a_0, a_2)$ 和 (a_1, a_2).

当 $\underline{t} \prec \underline{s}$ 时, 作为点集, 有包含关系 $\underline{t} \subseteq \underline{s}$, 如果 $\underline{t}$ 是 $\underline{s}$ 的真面, 则 $\underline{t} \subseteq \partial \underline{s}$. 反之, $\underline{s}$ 的每个边缘点必在某个真面上, 例如, 若 $x \in (a_0, a_1, \cdots, a_n)$, 它的重心坐标 $\lambda_n = 0$, 则它在真面 $(a_0, a_1, \cdots, a_{n-1})$ 上, 于是, 单形的边缘就是它的所有真面的并集.

8.1.2 单纯复合形

单形就像建筑中的组件, 可用来拼接成新的物体. 但拼接是要有规则的, 这里的规则就是组件之间要规则相处.

两个单形称为是**规则相处**的, 如果它们不相交, 或者相交部分是它们的公共面. 如果 $\underline{t_1}$, $\underline{t_2}$ 都是 $\underline{s}$ 的面, 则 $\underline{t_1} \cap \underline{t_2}$ 就是它们的公共顶点张成的单形, 是 $\underline{t_1}$, $\underline{t_2}$ 的公共面或空集. 因此同一单形的两个面总是规则相处的.

定义 8.1.4 设 K 是以单形为元素的有限集合. 如果 K 满足

(1) K 中任意两个单形规则相处;

(2) 如果 $\underline{s} \in K, \underline{t} \prec \underline{s}$, 则 $\underline{t} \in K$,

就称 K 是一个**单纯复合形**, 简称**复形**, 称 K 中单形维数的最大者为 K 的**维数**, 记作 $\dim K$. 复形 K 中 0 维单形称为 K 的顶点.

例如, 设 $\underline{s}$ 是 n 维单形, 记 $\mathrm{Cl}\underline{s}$ 为 $\underline{s}$ 的所有面的集合, 则 $\mathrm{Cl}\underline{s}$ 显然是一个单纯复合形, 维数是 n, 称为 $\underline{s}$ 的**闭包复形**; 当 $n>0$ 时, 记 $\mathrm{Bd}\underline{s}$ 是 $\underline{s}$ 的所有真面的集合, 则它是一个 $n-1$ 维复形, 称为 $\underline{s}$ 的**边缘复形**, 它只比 $\mathrm{Cl}\underline{s}$ 少 $\underline{s}$ 这一个单形.

复形 K 的一个子集 L 如果也是一个复形, 就称 L 为 K 的**子复形**. 例如, $\mathrm{Bd}\underline{s}$ 就是 $\mathrm{Cl}\underline{s}$ 的子复形. K 的任一子集 L 显然满足关于复形的条件 (1), 于是它是否是 K 的子复形, 就只需检验条件 (2).

复形 K 中所有维数不超过某自然数 r 的单形全体构成 K 的一个子复形, 称为 K 的 r **维骨架**, 记作 K^r. 例如, $\mathrm{Bd}\underline{s}$ 就是 $\mathrm{Cl}\underline{s}$ 的 $n-1$ 维骨架, 这里 n 是 $\underline{s}$ 的维数. K 的 0 维骨架就是它的顶点集.

复形 K 如果不能分解为两个不相交的子复形的并, 就说 K 是**连通复形**, 否则称 K 不连通. K 的一个连通子复形 L 称为 K 的一个连通分支, 如果 $K-L$ 也是子复形. 易证, K 的一个连通分支就是它的极大的连通子复形. 显然每个复形总可以分解为有限个连通分支的并集.

应当注意的是, 复形不是拓扑空间, 而是一个有组合结构的集合. 因此, 这里的连通与连通分支不能与拓扑空间的连通和连通分支混为一谈. 当然后面我们会看到它们还是有关联的.

8.1.3 多面体与可剖分空间

复形虽不是拓扑空间, 但作为其构成要件的单形是欧氏空间中的子集, 可作为欧氏空间中的子空间, 从而由一个复形可导出一个拓扑空间.

定义 8.1.5 设 X 是欧氏空间中的一个子集, 如果存在单纯复形 K 使得 $X=|K|:=\bigcup_{\underline{s}\in K}\underline{s}$, 就称 X 是一个**多面体**, 称 K 是 X 的一个**单纯剖分**, 也称**三角剖分**, 称 X 是 K 的多面体.

例如, $\mathrm{Bd}\underline{s}=\partial\underline{s}$, $\mathrm{Cl}\underline{s}=\underline{s}$, 因此, 每个单形和它的边缘都是多面体. 不难看出, 平面上的多边形和立体几何意义下的多面体都是现在意义下的多面体, 因此, 这一定义拓广了立体几何中多面体概念的含义. 易见一个多面体可以有许多不同的剖分.

命题 8.1.6 设 K 是一个复形, $|K|=X$, 则对 X 的任意点 x, 存在 K 中唯一单形 $\underline{s}$ 使 $x\in\mathring{\underline{s}}$.

证明 由于 $X=|K|=\bigcup_{\underline{s}\in K}\underline{s}$, 故 x 必定在 K 的某个单形中, 记 $\underline{s}$ 是含 x 的这些单形中维数最低的, 则 $x\in\mathring{\underline{s}}$, 否则 $x\in\partial\underline{s}$, 而得 x 在比 $\underline{s}$ 的维数更小的真面中. 为说明唯一性, 设另有 $\underline{t}\in K$ 使 $x\in\mathring{\underline{t}}$ 且 $\underline{s}\neq\underline{t}$. 则由 K 中元规则相处知 $x\in\underline{s}\cap\underline{t}$ 且 $\underline{s}\cap\underline{t}$ 是 $\underline{s}$ 的真面, 矛盾! 这样 K 中有且仅有一个单形 $\underline{s}$ 使得

$x \in \mathring{\underline{s}}$. □

定义 8.1.7 设 K 是一个复形, $|K| = X$, 则对 X 的任意点 x, 命题 8.1.6 中唯一的使 $x \in \mathring{\underline{s}}$ 的那个单形 $\underline{s}$ 称为 x 的一个**承载单形**, 记作 $\mathrm{Car}_K x$.

因 $x \in \mathring{\underline{s}}$, 故 $\mathrm{Car}_K x = \underline{s}$ 是 K 中含 x 的最小单形. 于是 $\underline{s}$ 为 x 的承载单形当且仅当 $x \in \underline{s}$ 且在 $\underline{s}$ 的每个顶点处的系数均不为 0.

命题 8.1.8 设 K 是一个复形, $|K| = X$, $x, y \in X$. 若 $y \in \mathrm{Car}_K x$, 则 $\mathrm{Car}_K y \prec \mathrm{Car}_K x$.

证明 因为 $\mathrm{Car}_K y$ 是 K 中含 y 的最小单形, 而 $y \in \mathrm{Car}_K x$, 故 $\mathrm{Car}_K y \prec \mathrm{Car}_K x$ 成立. □

多面体不是一个拓扑概念. 它是分片"平直"的, 尽管 n 维单形 $\underline{s}$ 的边缘 $\partial \underline{s}$ 是多面体, 与它同胚的 $n-1$ 维球面并不是多面体. 鉴于此, 我们引入如下定义.

定义 8.1.9 与某个多面体同胚的拓扑空间 X 称为**可剖分空间**. 如果 K 是一个复形, $\varphi : |K| \to X$ 是同胚映射, 则把 K 和 φ 一起称作可剖分空间 X 的一个**单纯剖分**, 也称**三角剖分**, 常简单说 K 是 X 的**剖分**, 记作 (K, φ).

对任意 n, $S^n \cong |\mathrm{Bd}\underline{\Delta^n}|$ 是可剖分空间. 容易得知平环、环面、Möbius 带等常见曲面均是可剖分空间.

习题 8.1

1. 证明: 单形中每一个点的重心坐标是唯一的.
2. 证明: 若单形 $\underline{s}$ 是 n 维单形, 则 $\partial \underline{s} \cong S^{n-1}$, $\underline{s} \cong D^n \cong \underline{\Delta^n}$.
3. 设 a, b 是 $\mathbb{R}^n$ 的两个点. 证明: 连接 a, b 的线段 $\overline{ab} = \{x \mid x = ta + (1-t)b, 0 \leqslant t \leqslant 1\}$.
4. 证明: 单形 $\underline{s}$ 是包含其所有顶点的最小凸集.
5. 计算 n 维单形 $\underline{s}$ 的面数.
6. 设 K 是复形, 证明下列条件等价:
(1) K 连通; (2) $|K|$ 连通; (3) K^1 连通.
7. 设 K 是连通复形. 证明 $\pi_1(|K|) \cong \pi_1(|K^2|)$.
8. 设 K 是复形. 证明 $|K| = \bigcup_{\underline{s} \in K} \mathring{\underline{s}}$.
9. 设 K 是复形, $\underline{s} \in K$. 问: 何时 $\underline{s}$ 是 $|K|$ 的开集? 何时 $\mathring{\underline{s}}$ 在 $|K|$ 中是开集?

8.2 复形的链群与同调群

本节从复形所具有的组合结构出发来构造它的同调群. 复形的组合结构包括两个要素: 它所包含的各维单形的个数和这些单形的连接关系. 链群和边缘同态分别反映了这两个要素, 它们是建立同调群的关键概念, 单形的定向概念有助于更好地刻画单形间的连接关系, 它是建立边缘同态的基础.

8.2.1 单形的定向与复形的链群

定向单形 定向单形从 n 维向量空间定向概念引申而来. n 维向量空间定向概念由坐标系定向推广得到.

设 $\underline{s}$ 是一个 n 维单形, $n>0$. 记 L 是与 $\underline{s}$ 平行的 n 维向量空间. 如果取定 $\underline{s}$ 的顶点的一个排列 $a_0,a_1,\cdots,a_n$, 则由

$$a_1-a_0, a_2-a_0, \cdots, a_n-a_0$$

形成 L 的一个基底, 从而得到 L 的一个定向 (相当于坐标系的定向), 这是由 $\underline{s}$ 的顶点的一个排列 $a_0,a_1,\cdots,a_n$ 决定的定向. 当该排列进行一个奇置换时, 新排列的定向与原排列相反. 于是把 $\underline{s}$ 的顶点的排列分成两大类, 相差偶置换的在同一类. 每类均称为 $\underline{s}$ 的一个定向, 另一类则称为该定向的反向. 取定了定向的单形称为**定向单形**或有向单形. 因 $\underline{s}$ 的顶点的一个排列 $a_0,a_1,\cdots,a_n$ 决定了 $\underline{s}$ 的定向, 故常把定向单形记作 $a_0a_1\cdots a_n$. 零维单形只有一个定向, 1 维单形就是从左到右, 或从右到左, 2 维单形的定向则是顺时针或逆时针 (图 8.1).

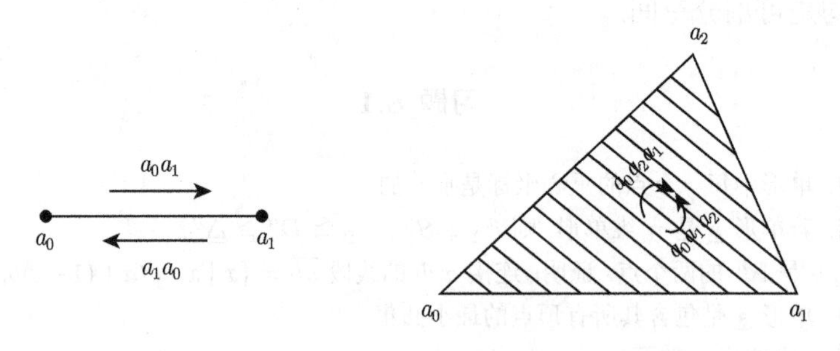

图 8.1 单形的定向

本书常用简单小写字母或希腊字母命名定向单形. 如单形 s 或单形 σ. 对定向单形也讨论面的关系, 并分为顺向面和逆向面.

复形的链群 设 K 是一个复形, $0\leqslant q\leqslant \dim K$. 设 K 有 α_q 个 q 维单形, 并记 $T_q(K)$ 是 K 的所有 q 维定向单形的集合. 于是当 $q>0$ 时,

$$\sharp T_q(K)=2\alpha_q, \quad \sharp T_0(K)=\alpha_0,$$

其中 $\sharp$ 表示集合的元素个数或基数.

定义 8.2.1 定义在 $T_q(K)$ 上的整数值函数, 如果在相反的定向单形上取值为相反数, 则称该函数是 K 上的一个q **维链**. K 的所有 q 维链的集合在函数加法运算下形成一个交换群, 称为 K 的q **维链群**, 记作 $C_q(K)$.

设 s 是 K 的 q 维定向单形, 则 s 决定了一个 q 维链, 它在 s 取值 1, 在 s 的相反单形上取值 -1, 其他单形上均取值 0. 这个链仍然记作 s. 以后, 自然地将 s 的相反单形记作 $-s$.

按定义 $C_0(K)$ 是由 K 的 0 维单形 (顶点) 的集合生成的自由交换群, 秩为 α_0; 对 $q>0$, 考虑 $C_q(K)$. 先对 K 的各 q 单形取定一个定向, 得 α_q 个 q 维定向单形, 记作 $s_1, s_2, \cdots, s_{\alpha_q}$. 易知, 两个 q 维链 σ 和 δ 相等当且仅当 $\sigma(s_i)=\delta(s_i), \forall i=1,2,\cdots,\alpha_q$, 并且如果 $\sigma(s_i)=n_i$, 则 $\sigma=\sum_{i=1}^{\alpha_q} n_i s_i$. 这样 $C_q(K)$ 中每个元唯一地写成 q 维链 $s_1, s_2, \cdots, s_{\alpha_q}$ 的线性组合, 也就是说, q 维链 $s_1, s_2, \cdots, s_{\alpha_q}$ 自由地生成交换群 $C_q(K)$, 其秩为 α_q. 习惯上, 把链看成是定向单形的线性组合. 如果 $\sigma=\sum_{i=1}^{\alpha_q} n_i s_i$, 则把诸 n_i 称为 σ 的系数.

为叙述方便, 我们规定当 $q<0$ 或 $q>\dim(K)$ 时, $C_q(K)=0$.

8.2.2 边缘同态

复形中单形间的连接关系为谁是谁的面的关系, 而相邻维数的单形间的面的关系尤其显得重要. 有了定向单形的概念, 就能更好地说明这种关系.

设 s 是 q 维定向单形, $t=a_0a_1\cdots a_{q-1}$ 是 $q-1$ 维定向单形, 并且是 s 的面. 设 a 是 s 比 t 多的那个顶点, 则当定向单形 $at=aa_0a_1\cdots a_{q-1}=s$ 时, 就说 t 是 s 的**顺向面**; 如果 $-at=s$, 则称 t 是 s 的**逆向面**.

例如, a_1 是 a_0a_1 的顺向面, 而 a_0 是 a_0a_1 的逆向面. 对于 2 维单形 $a_0a_1a_2$ 来说, a_1a_2, a_0a_1 和 a_2a_0 是顺向面, a_2a_1, a_1a_0 和 a_0a_2 是逆向面.

设 $s=a_0a_1\cdots a_q$, $t=a_0a_1\cdots\widehat{a_i}\cdots a_q$($\widehat{a_i}$ 表示去掉 a_i), 则 $s=(-1)^i a_i t$. 可见 $(-1)^i t$ 是 s 的顺向面.

引理 8.2.2 是建立边缘同态及许多链群间同态的基础和工具, 证明是直接的, 留作练习.

引理 8.2.2 *设 G 是交换群, $\varphi_0: T_q(K)\to G$ 是一个映射使得 $\forall s\in T_q(K)$, $\varphi_0(-s)=-\varphi_0(s)$. 则 φ_0 能唯一地扩张为一个同态 $\varphi: C_q(K)\to G$.*

设 $0<q\leqslant\dim(K)$, 规定 $\partial_q: T_q(K)\to C_{q-1}(K)$ 使得 $\forall s=a_0a_1\cdots a_q\in T_q(K)$,

$$\partial_q(s)=\sum_{i=0}^{q}(-1)^i a_0a_1\cdots\widehat{a_i}\cdots a_q.$$

这里 $\partial_q(s)\in C_{q-1}(K)$, 称为 s 的**边缘链**. 显然, $\partial_q(s)$ 就是 s 的所有 $q+1$ 个顺向面的和.

1 维定向单形的边缘链就是终点减起点, 2 维定向单形 $a_0a_1a_2$ 的边缘链为 $\partial_2(a_0a_1a_2)=a_0a_1+a_1a_2+a_2a_0$, 这实际上是 3 个与 2 维单形转向相同的一维定向单形的和, 这 3 个单形形成一个闭路.

映射 $\partial_q: T_q(K) \to C_{q-1}(K)$ 满足引理 8.2.2 的条件, 从而可唯一扩张为一个同态 $\partial_q: C_q(K) \to C_{q-1}(K)$, 该同态称为链群 $C_q(K)$ 到 $C_{q-1}(K)$ 的**边缘同态**.

取定 K 的 α_q 个定向单形 $s_1, s_2, \cdots, s_{\alpha_q}$, 它们构成 $C_q(K)$ 的基. 设 $\sigma = \sum_{i=1}^{\alpha_q} n_i s_i$, 则因 ∂_q 是一个同态, 故

$$\partial_q(\sigma) = \sum_{i=1}^{\alpha_q} n_i \partial s_i.$$

当 $q \leqslant 0$ 或 $q > \dim(K)$ 时, 规定 ∂_q 是零同态.

定理 8.2.3　$\forall q \in \mathbb{Z}, \partial_{q-1} \circ \partial_q$ 是零同态.

证明　只需对 $1 < q \leqslant \dim K$ 的情形证明, 并且只需要验证 $\forall s \in T_q(K), \partial_{q-1} \circ \partial_q(s) = 0$.

记 $s = a_0 a_1 \cdots a_q$, 则

$$\begin{aligned}
\partial_{q-1} \circ \partial_q(s) &= \partial_{q-1}\left(\sum_{i=0}^{q}(-1)^i a_0 a_1 \cdots \widehat{a_i} \cdots a_q\right) \\
&= \sum_{i=0}^{q}(-1)^i \partial_{q-1}(a_0 a_1 \cdots \widehat{a_i} \cdots a_q) \\
&= \sum_{i=0}^{q}(-1)^i \left(\sum_{j=0}^{i-1}(-1)^j a_0 \cdots \widehat{a_j} \cdots \widehat{a_i} \cdots a_q\right. \\
&\quad \left. + \sum_{j=i+1}^{q}(-1)^{j-1} a_0 \cdots \widehat{a_i} \cdots \widehat{a_j} \cdots a_q\right) \\
&= \sum_{0 \leqslant j < i \leqslant q}(-1)^{i+j} a_0 \cdots \widehat{a_j} \cdots \widehat{a_i} \cdots a_q \\
&\quad - \sum_{0 \leqslant i < j \leqslant q}(-1)^{i+j} a_0 \cdots \widehat{a_i} \cdots \widehat{a_j} \cdots a_q \\
&= 0.
\end{aligned}$$

□

8.2.3　复形的同调群

设 K 为复形, 我们已对每个整数 q 建立了 q 维链群 $C_q(K)$, 并定义了边缘同态 $\partial_q: C_q(K) \to C_{q-1}(K)$. 所有这些链群和边缘同态合在一起称为 K 的**链复形**, 记作 $C(K)$. $C(K)$ 可看作交换群与同态的一个序列:

$$\begin{aligned}
\cdots 0 \xrightarrow{\partial_{n+1}} C_n(K) \longrightarrow \cdots \longrightarrow C_q(K) \xrightarrow{\partial_q} C_{q-1}(K) \longrightarrow \cdots \\
\longrightarrow C_1(K) \xrightarrow{\partial_1} C_0(K) \xrightarrow{\partial_0} 0 \cdots,
\end{aligned}$$

其中, $n = \dim K$.

我们从链复形出发定义同调群.

定义 8.2.4 称边缘同态 $\partial_q : C_q(K) \to C_{q-1}(K)$ 的核为 K 的 q 维**闭链群**, 记作 $Z_q(K)$, 它的元素称为 K 的 q 维**闭链**; 称边缘同态 $\partial_{q+1} : C_{q+1}(K) \to C_q(K)$ 的像为 K 的 q 维**边缘链群**, 记作 $B_q(K)$, 它的元素称为 K 的 q 维**边缘链**.

$Z_q(K)$ 和 $B_q(K)$ 都是 $C_q(K)$ 的子群, 因此都是自由交换群. 又 $\forall b_q \in B_q(K)$, 存在 $c_{q+1} \in C_{q+1}(K)$, 使得 $b_q = \partial_{q+1}(c_{q+1})$. 于是,

$$\partial_q(b_q) = \partial_q(\partial_{q+1}(c_{q+1})) = (\partial_q \circ \partial_{q+1})(c_{q+1}) = 0.$$

这说明 $B_q(K)$ 是 $Z_q(K)$ 的子群.

定义 8.2.5 设 K 为单纯复形. 称商群 $Z_q(K)/B_q(K)$ 为 K 的 q 维**同调群**, 记作 $H_q(K)$.

根据定义 8.2.5, 如果 K 中两个 q 维链 σ 与 φ 之差是一个边缘链, 即 $\sigma - \varphi \in B_q(K)$, 则称 σ 与 φ 是**同调**的, 记作 $\sigma \sim \varphi$. 同调关系是 $C_q(K)$ 中的等价关系, $C_q(K)$ 在此关系下分成的等价类 (也就是商群 $C_q(K)/B_q(K)$ 的元素) 称为**同调类**. 链 σ 所在的同调类记作 $\langle\sigma\rangle$.

与闭链同调的链也一定是闭链 (留作练习), 故 $H_q(K)$ 的元素就是闭链的同调类.

习题 8.2

1. 证明: 复形的每一条 1 维闭链都是若干简单闭链的和.
2. 证明: 与闭链同调的链也是闭链.
3. 设 K 为 n 维复形且它的 n 维单形数不超过 $n+1$, 证明 $Z_n(K) = 0$.
4. 设 K 为 $\mathbb{R}^2$ 中的 2 维复形, 证明 $Z_2(K) = 0$.
5. 假设复形 K_1 和 K_2 有相同的单形但有不同的定向. 问链群 $C_q(K_1)$ 与 $C_q(K_2)$ 有何关系?
6. 证明引理 8.2.2.

8.3 同调群的性质及几何意义

8.3.1 同调群的性质

单纯复形 K 的 q 维闭链群 $Z_q(K)$ 由同态 $\partial_q : C_q(K) \to C_{q-1}(K)$ 决定, q 维边缘链群 $B_q(K)$ 由同态 $\partial_{q+1} : C_{q+1}(K) \to C_q(K)$ 决定, 因此, 同调群 $H_q(K)$ 只与链复形中段

$$C_{q+1}(K) \xrightarrow{\partial_{q+1}} C_q(K) \xrightarrow{\partial_q} C_{q-1}(K)$$

有关. 当 $q<0$ 或 $q>\dim K$ 时, $C_q(K)=0$, 从而 $H_q(K)=Z_q(K)=0$.

当 $q=\dim K$ 时, $C_{q+1}(K)=B_q(K)=0$. 于是 $H_q(K)=Z_q(K)$ 是自由交换群.

当 $q=0$ 时, $Z_0(K)=C_0(K)$.

命题 8.3.1 对于 K 的 r 维骨架 K^r 来说, 当 $r>q$ 时, $H_q(K^r)\cong H_q(K)$.

证明 不难看出 $C_{q+1}(K^r)\xrightarrow{\partial_{q+1}}C_q(K^r)\xrightarrow{\partial_q}C_{q-1}(K^r)$ 就是 $C_{q+1}(K)\xrightarrow{\partial_{q+1}}C_q(K)\xrightarrow{\partial_q}C_{q-1}(K)$. 由此得到 $H_q(K^r)\cong H_q(K)$. □

设 K 是不连通复形, 则 $K=K_1\cup K_2$, 其中 K_1 与 K_2 是不相交的子复形. 这时 $\forall q\in\mathbb{Z}, C_q(K)=C_q(K_1)\bigoplus C_q(K_2)$. 并且 ∂_q 把 $C_q(K_i)$ 映到 $C_{q-1}(K_i)$ 中, $i=1,2$. 于是 $Z_q(K)=Z_q(K_1)\bigoplus Z_q(K_2)$. 类似地, 有 $B_q(K)=B_q(K_1)\bigoplus B_q(K_2)$. 从而可得

$$H_q(K)=H_q(K_1)\bigoplus H_q(K_2).$$

这一结果可推广到 K 有多个不相交子复形的情形, 于是有如下定理.

定理 8.3.2 (直和分解定理) 设复形 K 有 m 个连通分支 $K_1,K_2,\cdots,K_m$, 则 $\forall q\in\mathbb{Z}$,

$$H_q(K)=H_q(K_1)\bigoplus H_q(K_2)\bigoplus\cdots\bigoplus H_q(K_m).$$

8.3.2 同调群的几何意义

同调群有着深刻的几何内涵, 抽象的曲折的过程和代数化的形式掩盖了它的几何背景. 下面我们来说明 0 维和 1 维同调群的几何意义. 其实, 如同基本群所反映的那样, 1 维同调群的秩的个数反映的是复形的多面体的 1 维洞的个数, 而复形的多面体的高维洞的存在与否则要用高维同调群来反映.

0 维同调群的几何意义

命题 8.3.3 复形 K 的 0 维同调群是自由交换群, 它的秩等于 K 的连通分支数.

证明 根据直和分解定理, 只需证明连通复形的 0 维同调群是自由循环群.

设 $a_1,a_2,\cdots,a_{\alpha_0}$ 是连通复形 K 的全部顶点. 则 $Z_0(K)=C_0(K)$ 是由 $a_1,a_2,\cdots,a_{\alpha_0}$ 生成的. 由于 K 连通, $\forall a_i,a_j\in K^0$, 存在 1 维简单链 σ 以 a_i 为起点, 以 a_j 为终点. 于是 $a_j-a_i=\partial\sigma$, 从而 $a_j\sim a_i$. 设 $c\in Z_0(K)=C_0(K), c=\sum_{i=1}^{\alpha_0}k_ia_i$, 则 $c\sim(\sum_{i=1}^{\alpha_0}k_i)a_1$. 令 $d(c)=\sum_{i=1}^{\alpha_0}k_i$, 并称之为 c 的指数. 于是 $\langle c\rangle=d(c)\langle a_1\rangle$. 因此, $H_0(K)$ 是由 $\langle a_1\rangle$ 生成的循环群. 注意到对每个 1 维定向单形 $s=a_ia_j$, $d(\partial_1 s)=0$. 这样任一 0 维边缘链的指数均为 0. 于是, 当 $n\langle a_1\rangle=0$ 时, 便有 $d(na_1)=n=0$. 这说明 $\langle a_1\rangle$ 的阶为 0, 故 $H_0(K)$ 是自由循环群. □

1 维同调群与基本群的关系

当 K 是连通复形时, 它的 1 维同调群 $H_1(K)$ 与基本群 $\pi_1(|K|)$ 均反映多面体 $|K|$ 的洞的情况. 而一般它们是不同的, $H_1(K)$ 是交换群, $\pi_1(|K|)$ 不必可换. 定理 8.3.4 说明这两个群还是有紧密的联系的. 我们不打算详细证明该定理, 有兴趣的读者可参见文献 [18].

定理 8.3.4 连通复形 K 的 1 维同调群 $H_1(K)$ 与基本群 $\pi_1(|K|)$ 的交换化同构.

8.3.3 Euler-Poincaré 公式

定义 8.3.5 设复形 K 有 α_q 个 q 维单形, $q=0,1,\cdots,\dim K$. 称整数

$$\chi(K) := \sum_{q=0}^{\dim K}(-1)^q\alpha_q$$

为复形 K 的 **Euler 示性数**.

Euler 示性数与立体几何中凸多面体的 Euler 数有密切关系, 设凸多面体有 e_0 个顶点、e_1 条棱、e_2 个面, 对它的表面可用互不相交的对角线分割成若干三角形而得到一个三角剖分 K.

设 K 的 q 维单形数是 α_q $(q=0,1,2)$. 则 $\alpha_0=e_0$, $\alpha_1-e_1=\alpha_2-e_2$(因为每增加一条棱就增加一个面). 从而

$$\chi(K)=\alpha_0-\alpha_1+\alpha_2=e_0-e_1+e_2$$

就是凸多面体的 Euler 数. 因此, Euler 示性数可看成凸多面体的 Euler 数的推广.

$H_q(K)$ 是有限生成交换群, 称它的秩 $\beta_q := \mathrm{rank}(H_q(K))$ 为复形 K 的 q 维 **Betti 数**.

定理 8.3.6 (Euler-Poincaré 定理) 设 K 是 n 维复形, β_q $(q=0,1,\cdots,n)$ 为复形 K 的 q 维 Betti 数. 则有 **Euler-Poincaré 公式**

$$\chi(K)=\sum_{q=0}^{n}(-1)^q\beta_q.$$

证明 分别记 λ_q 和 μ_q 为 $Z_q(K)$ 和 $B_q(K)$ 的秩, 则由 $H_q(K)=Z_q(K)/B_q(K)$, 利用商群的秩之间的关系可得

$$\beta_q=\lambda_q-\mu_q, \quad 0\leqslant q\leqslant n.$$

又因为 $B_{q-1}(K)$ 和 $Z_q(K)$ 分别是 $\partial_q: C_q(K)\to C_{q-1}(K)$ 的像与核, 所以由同态基本定理得 $B_{q-1}(K)\cong C_q(K)/Z_q(K)$, 于是

$$\mu_{q-1}=\alpha_q-\lambda_q, \quad 0\leqslant q\leqslant n.$$

把上面两式相加得到

$$\alpha_q - \beta_q = \mu_{q-1} + \mu_q, \quad 0 \leqslant q \leqslant n.$$

因此,

$$\chi(K) - \sum_{q=0}^{n}(-1)^q\beta_q = \sum_{q=0}^{n}(-1)^q(\alpha_q - \beta_q) = (-1)^n\mu_n + \mu_{-1}$$

注意 $\mu_{-1} = 0 = \mu_n$, 我们得 $\chi(K) - \sum_{q=0}^{n}(-1)^q\beta_q = 0$. □

后面要说明 $H_q(K)$ 是由 K 的多面体 $|K|$ 的拓扑决定的, 因此 $\sum_{q=0}^{n}(-1)^q\beta_q$ 是 $|K|$ 的拓扑不变量. 表面上看, α_q 由 K 决定, 似乎 $\chi(K)$ 由 K 的组合结构决定. 但 Euler-Poincaré 定理说明了 $\chi(K)$ 与剖分 K 的选择无关, $\chi(K)$ 反映的是多面体 $|K|$ 的拓扑性质.

习题 8.3

1. 设 $K = K_1 \cup K_2$, $K_0 = K_1 \cap K_2$ 是 r 维的. 证明

$$H_q(K) = H_q(K_1) \bigoplus H_q(K_2), \qquad \forall q > r+1.$$

2. 设 $K = K_1 \cup K_2$, $K_0 = K_1 \cap K_2$ 是一个顶点. 证明

$$H_q(K) = H_q(K_1) \bigoplus H_q(K_2), \qquad \forall q > 0.$$

3. 设 $K = K_1 \cup K_2$, $K_0 = K_1 \cap K_2$ 是**零调的**, 即

$$H_q(K) \cong \begin{cases} \mathbb{Z}, & q = 0, \\ 0, & q \neq 0. \end{cases}$$

证明: $\forall q \neq 0$, $H_q(K) = H_q(K_1) \bigoplus H_q(K_2)$.

4. 设 K 是两个交于一顶点的两正方形形成的复形. 利用几何意义求 K 的各维同调群.

5. 任意去掉一个 1 维单形就不再连通的 1 维连通复形称为**单纯树**. 证明: 单纯树的顶点数比 1 维单形数多 1.

8.4 同调群计算举例

和基本群不同, 同调群的定义本身给出了具体的计算途径. 但一般说来, 按定义计算并不是那么容易的, 往往工作量较大. 特殊的例子会有些计算技巧.

复形 K 如果有一个顶点 a 使得 K 中的单形或者本身以 a 为一个顶点, 或者是 K 中某个以 a 为顶点的单形的面, 则称 K 是一个**单纯锥**, 称顶点 a 为它的**锥顶**. 对单纯锥, 有下一结果.

例 8.4.1 设 K 是单纯锥, 则 K 是零调的, 即

$$H_q(K) \cong \begin{cases} \mathbb{Z}, & q=0, \\ 0, & q \neq 0. \end{cases}$$

首先 K 是连通的, 因此 $H_0(K) \cong \mathbb{Z}$. 下证当 $q>0$ 时, $H_q(K)=0$.

如果 K 只有一个顶点 a, 结论显然成立. 下面讨论 K 除了锥顶 a 外, 还有其他顶点的情况. 记 L 是不以锥顶 a 为顶点的单形全体形成的 K 的子复形, 称为单纯锥的**锥底** (相对于锥顶 a). 当 $q>0$ 时, 对于 L 中的 $q-1$ 维链 $c=\sum n_i t_i$, 规定 K 中的 q 维链

$$ac := \sum n_i a t_i.$$

不难得到 $\partial_q(ac) = c - a\partial_{q-1}(c)$.

当 $q>0$ 时, K 中的 q 维定向单形或在 L 中, 或可写成 at 或 $-at$ 的形式, 其中 $t \in T_{q-1}(L)$. 因此, $\forall c \in C_q(K)$ 有唯一分解式

$$c = c' + ac'',$$

其中 $c' \in C_q(L), c'' \in C_{q-1}(L)$. 如果 $c \in Z_q(K)$, 则

$$0 = \partial_q(c) = \partial_q(c') + c'' - a\partial_{q-1}(c''),$$

其中 $\partial_q(c') + c'' \in C_{q-1}(L)$. 于是有

$$\partial_q(c') + c'' = 0 \quad 和 \quad \partial_{q-1}(c'') = 0.$$

取 $\tilde{c} = ac'$, 则

$$\partial_{q+1}(\tilde{c}) = c' - a\partial_q(c') = c + ac'' = c.$$

因此, $c \in B_q(K)$. 我们证明了当 $q>0$ 时, $Z_q(K) \subseteq B_q(K)$. 从而 $H_q(K)=0$. 因此, 单纯锥是零调的. □

例 8.4.2 设 $\underline{s}$ 是 n 维单形, $n>1$, $K=\mathrm{Cl}\underline{s}$, 则 K 是单纯锥, 从而

$$H_q(K) \cong \begin{cases} \mathbb{Z}, & q=0, \\ 0, & q \neq 0. \end{cases}$$

设 $L=\mathrm{Bd}\underline{s}$, 则 L 是 K 的 $n-1$ 维骨架 (它只比 K 少一个 n 维单形). 于是, 当 $q<n-1$ 时, $H_q(L)=H_q(K)$ (命题 8.3.1). 显然, $q \geqslant n$ 时, $H_q(L)=0$. 就只要计算 $H_{n-1}(L)$ 了.

因为 $B_{n-1}(L)=0$, 所以

$$H_{n-1}(L)=Z_{n-1}(L)=Z_{n-1}(K).$$

又因为 $H_{n-1}(K)=0$, 所以 $Z_{n-1}(K)=B_{n-1}(K)$. 因 K 只有一个 n 维单形, 故

$$B_{n-1}(K)=\mathrm{Im}\partial_n\cong C_n(K)\cong\mathbb{Z}.$$

于是, $H_{n-1}(L)\cong\mathbb{Z}$. 这样, 对于 n 维单形 $\underline{s}$, $n>1$, 有

$$H_q(\mathrm{Bd}\underline{s})\cong\begin{cases}\mathbb{Z}, & q=0,n-1,\\ 0, & q\neq 0,n-1.\end{cases}$$

如果 $n=1$, $\mathrm{Bd}\underline{s}$ 是两个顶点的 0 维单形, 因此

$$H_q(\mathrm{Bd}\underline{s})\cong\begin{cases}\mathbb{Z}\bigoplus\mathbb{Z}, & q=0,\\ 0, & q\neq 0.\end{cases}$$

例 8.4.2 中 $n>1$ 时, 用 Euler-Poincaré 公式也可计算 $H_{n-1}(\mathrm{Bd}\underline{s})$. 这留给读者试试.

例 8.4.3　设 K 是平环的一个剖分, 如图 8.2.

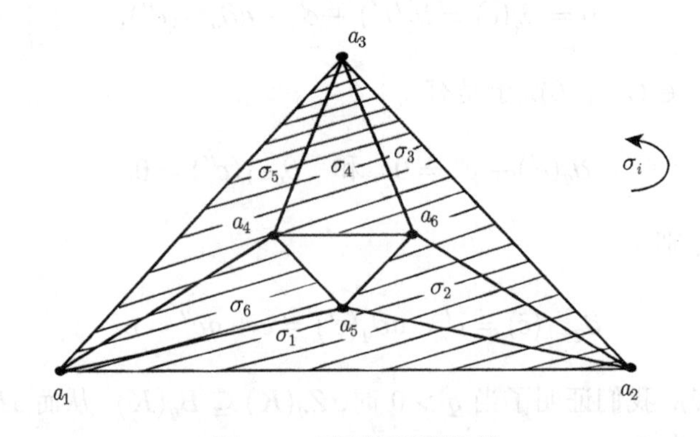

图 8.2　平环同调群计算

它的六个二维单形都取逆时针定向, 并分别记作 $\sigma_1,\sigma_2,\cdots,\sigma_6$, 如图 8.2 中所标示.

K 自然是连通的, 因此 $H_0(K)\cong\mathbb{Z}$. 而当 $q<0$ 或 $q>2$ 时, $H_q(K)=0$. K 是 2 维复形, 故 $H_2(K)=Z_2(K)$. 设 $c=\sum_{i=1}^{6}n_i\sigma_i\in C_2(K)$, 则通过 "挤到边上去" 的办法, 可知

$$\partial_2(c)=n_1a_1a_2+n_2a_6a_5+n_3a_2a_3$$

$$+ n_4a_4a_6 + n_5a_3a_1 + n_6a_5a_4.$$

于是, $\partial_2(c) = 0$ 蕴涵 $n_1 = n_2 = \cdots = n_6 = 0$, 即 $Z_2(K) = 0$, $H_2(K) = 0$.

为计算 $H_1(K)$, 设 $c \in C_1(K)$. 若 c 在 a_1a_2 上取值为 k, 则 $c - \partial(k\sigma_1)$ 在 a_1a_2 上取值为 0, 它同调于 c, 我们称这个步骤为用 σ_1 消去 c 中的 a_1a_2, 还可用 σ_2 消去 a_5a_6, 用 $\sigma_3, \sigma_4, \sigma_5$ 和 σ_6 分别消去 a_2a_3, a_4a_6, a_3a_1 和 a_4a_5, 这样就消去边框. 于是 c 同调于链

$$c' = n_1a_1a_5 + n_2a_5a_2 + n_3a_2a_6 + n_4a_6a_3 + n_5a_3a_4 + n_6a_4a_1.$$

如果 $c \in Z_1(K)$, 则 $c' \in Z_1(K)$, 因此

$$\begin{aligned} 0 = \partial(c') = & (n_6 - n_1)a_1 + (n_2 - n_3)a_2 + (n_4 - n_5)a_3 \\ & + (n_5 - n_6)a_4 + (n_1 - n_2)a_5 + (n_3 - n_4)a_6. \end{aligned}$$

从而 $n_1 = n_2 = \cdots = n_6$. 记

$$z = a_1a_5 + a_5a_2 + a_2a_6 + a_6a_3 + a_3a_4 + a_4a_1.$$

则 $c' = n_1z$, $\langle c\rangle = n_1\langle z\rangle$. 这说明 $H_1(K)$ 是由 $\langle z\rangle$ 生成的循环群. 剩下只要计算 $\langle z\rangle$ 的阶. 设 $m\langle z\rangle = 0$, 则有 $c = \sum_{i=1}^{6} n_i\sigma_i \in C_2(K)$ 使得 $\partial_2 c = mz$. $\partial_2 c$ 和 mz 在 a_1a_2 的值分别为 n_1 和 0. 因此 $n_1 = 0$. 同理可得 $n_2 = n_3 = \cdots = n_6 = 0$, 即 $c = 0$. 从而 $m = 0$. 于是 $\langle z\rangle$ 的阶是 0, $H_1(K) \cong \mathbb{Z}$.

例 8.4.4 设 K 是环面的一个剖分 (图 8.3), 确定 2 维单形的定向如图 8.3中所示, 并记作 $\sigma_i(i = 1, 2, \cdots, 18)$.

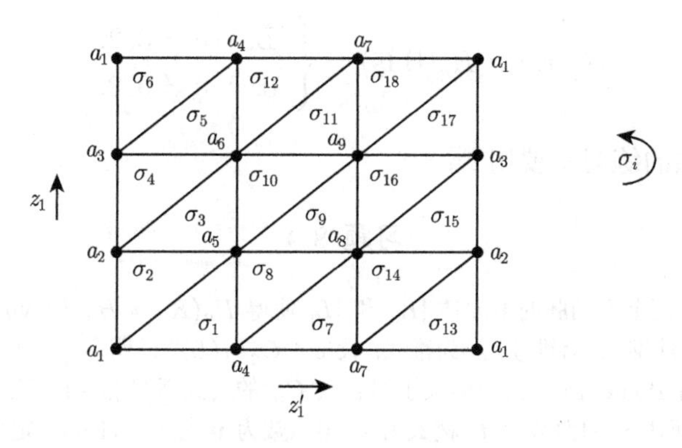

图 8.3 环面同调群计算

$H_0(K) \cong \mathbb{Z}$.

$H_q(K) = 0$, 对 $q < 0$ 或 $q > 2$.

利用挤到边上去的办法, 来计算 $H_2(K)$.

记 $z_1 = a_1a_2 + a_2a_3 + a_3a_1$, $z_1' = a_1a_4 + a_4a_7 + a_7a_1$, 它们都是 1 维闭链; 记 $z_2 = \sum_{i=1}^{18} \sigma_i$, 不难验证 $z_2 \in Z_2(K)$.

注意到任何两个相邻的 2 维定向单形在它们的公共面上诱导相反的定向, 例如 a_5a_1 是 σ_1 的顺向面, 但却是 σ_2 的逆向面. 于是, 若 $c \in C_2(K)$, 则 $\partial_2(c)$ 在 a_1a_5 上取值为 0 当且仅当 c 在 σ_1 和 σ_2 上的取值相同. 于是, $c \in Z_2(K)$ 当且仅当 c 在每个 σ_i 上取同样的值 n, 也就是说, $c = nz_2$. 因此, $Z_2(K)$ 是由 z_2 生成的自由循环群, 即

$$H_2(K) = Z_2(K) \cong \mathbb{Z}.$$

利用挤到边上去的办法, 或利用 Euler-Poincaré 公式也可计算得

$$H_1(K) \cong \mathbb{Z} \bigoplus \mathbb{Z}.$$

定义 8.4.5 三维欧氏空间 $\mathbb{R}^3$ 中的一个**直线多面体**是由凸多边形适当连接起来所围成的空间图形. 边界上的多边形叫做面, 面的交叫做棱, 棱的交叫做顶点. 一个**简单多面体**是边界同胚于二维球面 S^2 的直线多面体. 一个**正多面体**是面为正多边形和多面角相同的简单多面体.

易知, 如果 S 是一个简单多面体, 那它的边界上的多边形可以适当连线进行三角剖分而不产生新的顶点, 从而整个边界可以经过剖分后产生至少一个复形 K. 因 S 的边界同胚于二维球面 S^2, 也同胚于任一 3 维单形的边界. 在假定同调群的拓扑不变性的情况下 (后文会证明这点), 可以认为 K 的各维同调群与 3 维单形 $\underline{s}$ 的边缘复形的各维同调群分别相同, 即

$$H_q(K) = H_q(\mathrm{Bd}\underline{s}) = \begin{cases} \mathbb{Z}, & q = 0, 2, \\ 0, & q \neq 0, 2. \end{cases}$$

这一结论在后面的练习中要用到.

习题 8.4

1. 举例: 存在两个不同胚的多面体 $|K|$ 和 $|L|$ 使得 $H_q(K) = H_q(L), \forall q \in \mathbb{Z}$.

2. 设 K 是单纯锥, a 为锥顶, L 为锥底. 设 $c \in C_{q-1}(L)$. 证明: $\partial_q(ac) = c - a\partial_{q-1}(c)$.

3. 利用 Euler-Poincaré 公式证明关于组合数 C_n^i 的公式 $\sum_{i=0}^{n}(-1)^i\mathrm{C}_n^i = 0$.

4. 设简单多面体 S 的面数为 f, 棱数为 e, 顶点数为 v. 证明: (Euler 定理) $v - e + f = 2$.

5*. 利用 Euler-Poincaré 公式证明只有 5 个正多面体.

6. 射影平面, 记作 P^2, 是单位闭圆盘粘合边界上每对对径点得到的商空间. 给出 P^2 的一个剖分 K, 并计算复形 K 的各维同调群.

8.5 单纯映射与单纯逼近

复形上的同调群只是与复形直接相关的代数结构. 对于一个可剖分拓扑空间, 它的剖分复形不唯一, 但这些剖分复形的各维同调群有何关系呢? 这是我们关心的问题. 为了解决这一问题, 我们先要考察复形到复形的一类特殊映射, 即单纯映射, 并研究两个单纯映射的逼近关系, 为连续映射诱导同调群同态作准备.

8.5.1 单纯映射

单纯同调群建立的基础是复形的组合结构, 我们先考虑一种与复形的组合结构相适应的映射, 即复形间的单纯映射.

定义 8.5.1 设 K 和 L 是复形, K 到 L 的一个对应 $\varphi: K \to L$ (把 K 的每个单形对应到 L 的一个单形) 称为**单纯映射**, 如果它满足

(1) 若 a 是 K 的顶点, 则 $\varphi(a)$ 是 L 的顶点;

(2) 若 K 中单形 $\underline{s} = (a_0, a_1, \cdots, a_n)$, 则 $\varphi(\underline{s})$ 的顶点集是 $\{\varphi(a_0), \varphi(a_1), \cdots, \varphi(a_n)\}$ (这里不要求 $\varphi(a_0), \varphi(a_1), \cdots, \varphi(a_n)$ 互不相同).

由定义可知, 当 φ 为单纯映射时, 它还满足

(3) $\forall \underline{t} \prec \underline{s} \in K$, 有 $\varphi(\underline{t}) \prec \varphi(\underline{s})$, 即 φ 保持面的关系;

(4) $\forall \underline{s} \in K$, $\dim(\varphi(\underline{s})) \leqslant \dim(\underline{s})$, 单形的 φ 像的维数不增加.

如果 (4) 中等式成立, 则说单纯映射 φ 在 $\underline{s}$ 上为**非退化**的, 否则说它是**退化**的. 显然, 当 φ 在 $\underline{s}$ 上非退化时, 则 φ 在 $\underline{s}$ 的任一面上也为非退化的.

条件 (1) 说明 φ 决定 K 的顶点集 K^0 到 L 的顶点集 L^0 的对应 φ^0, 称 φ^0 为 φ 决定的**顶点映射**; 条件 (2) 说明 φ 由它的顶点映射 φ^0 完全决定.

例如, 若记 $i: K^r \to K$ 是包含映射, 则 i 是单纯映射, 它在 K^r 的每个单形上非退化, 它决定的顶点映射是恒同映射 $\mathrm{id}: K^0 \to K^0$.

设 $\varphi: K \to L$ 是单纯映射, 则可规定映射 $\overline{\varphi}: |K| \to |L|$ 如下: $\forall x \in |K|$, 若 $\mathrm{Car}_K x = (a_0, a_1, \cdots, a_q)$, 且 $x = \sum_{i=0}^{q} \lambda_i a_i$, 则令 $\overline{\varphi}(x) = \sum_{i=0}^{q} \lambda_i \varphi(a_i)$, 它是 $\varphi(\mathrm{Car}_K x)$ 的一个点.

命题 8.5.2 设 $\varphi: K \to L$ 是单纯映射. 则

(1) 映射 $\overline{\varphi}: |K| \to |L|$ 是连续映射.

(2) $\forall x \in |K|$, 有 $\varphi(\mathrm{Car}_K x) = \mathrm{Car}_L(\overline{\varphi}(x))$.

证明 (1) 对任一 $\underline{s} \in K$, 设 $\underline{s} = (a_0, a_1, \cdots, a_q)$, $\forall x \in \underline{s}$, 设 $x = \sum_{i=0}^{q} \lambda_i a_i$, 则从定义可知 $\overline{\varphi}(x) = \sum_{i=0}^{q} \lambda_i \varphi(a_i)$ 是线性函数. 于是 $\overline{\varphi}|_{\underline{s}}: \underline{s} \to |L|$ 是连续映射. 因 K 中单形只有有限多个, 且均为 $|K|$ 的闭集, 由粘接引理 (定理 3.1.12) 推得 $\overline{\varphi}$ 也是连续映射.

(2) 显然 $\overline{\varphi}(x) \in \varphi(\mathrm{Car}_K x)$. 又对任一顶点 $\varphi(a_i) \prec \varphi(\mathrm{Car}_K x)$, 由 $\overline{\varphi}$ 在 $\mathrm{Car}_K x$ 上是线性的可知, $\overline{\varphi}(x)$ 在 $\varphi(a_i)$ 上的系数均大于等于 $\lambda_i > 0$, 故由承载单形定义得 $\varphi(\mathrm{Car}_K x) = \mathrm{Car}_L(\overline{\varphi}(x))$. □

单纯映射的性质使得它自然地诱导同调群同态.

设 $\varphi : K \to L$ 是单纯映射. 规定 $\varphi_q : T_q(K) \to C_q(L)$ 如下: $\forall \sigma = a_0 a_1 \cdots a_q \in T_q(K)$, 令

$$\varphi_q(\sigma) = \begin{cases} \varphi(a_0)\varphi(a_1)\cdots\varphi(a_q), & \text{若 } \varphi \text{ 在 } \sigma \text{ 上非退化}, \\ 0, & \text{若 } \varphi \text{ 在 } \sigma \text{ 上退化}. \end{cases}$$

显然 $\varphi_q(-\sigma) = -\varphi_q(\sigma)$, 因此 φ_q 可线性扩张为 $C_q(K)$ 到 $C_q(L)$ 的同态, 仍用 φ_q 记此同态.

命题 8.5.3 $\partial_q \circ \varphi_q = \varphi_{q-1} \circ \partial_q (\forall q \in \mathbb{Z})$, *即下面的图表可交换:*

$$\begin{array}{ccc} C_q(K) & \xrightarrow{\partial_q} & C_{q-1}(K) \\ \downarrow{\scriptstyle \varphi_q} & & \downarrow{\scriptstyle \varphi_{q-1}} \\ C_q(L) & \xrightarrow{\partial_q} & C_{q-1}(L) \end{array}$$

(这里两个边缘同态分别是 K 和 L 上的, 记号上没加区别.)

证明 只需对 K 的 q 维定向单形 σ 验证

$$\partial_q \circ \varphi_q(\sigma) = \varphi_{q-1} \circ \partial_q(\sigma).$$

设 $\sigma = a_0 a_1 \cdots a_q$. 如果 φ 在 σ 上非退化, 则

$$\begin{aligned} \partial_q \circ \varphi_q(\sigma) &= \partial_q(\varphi(a_0)\varphi(a_1)\cdots\varphi(a_q)) \\ &= \sum_{i=0}^{q}(-1)^i \varphi(a_0)\varphi(a_1)\cdots\widehat{\varphi(a_i)}\cdots\varphi(a_q) \\ &= \varphi_{q-1}\left(\sum_{i=0}^{q}(-1)^i a_0 a_1 \cdots \widehat{a_i} \cdots a_q\right) \\ &= \varphi_{q-1} \circ \partial_q(\sigma). \end{aligned}$$

如果 φ 在 σ 上退化, 则 $\partial_q \circ \varphi_q(\sigma) = 0$. 对 $\varphi_{q-1} \circ \partial_q(\sigma)$, 下面分两种情况进行讨论.

(1) 若 $\{\varphi(a_0), \varphi(a_1), \cdots, \varphi(a_q)\}$ 中不相同顶点不多于 $q-1$ 个, 则 φ 在 σ 的每一个 $q-1$ 维面上都退化, 因此有 $\varphi_{q-1} \circ \partial_q(\sigma) = 0$.

(2) 若 $\{\varphi(a_0),\varphi(a_1),\cdots,\varphi(a_q)\}$ 中不相同顶点有 q 个, 即只有一对不同顶点被 φ 映为相同的点, 不妨设 $\varphi(a_0)=\varphi(a_1)$, 此时

$$\begin{aligned}\varphi_{q-1}\circ\partial_q(\sigma)&=\varphi_{q-1}\left(\sum_{i=0}^{q}(-1)^i a_0a_1\cdots\widehat{a_i}\cdots a_q\right)\\&=\partial_{q-1}(\varphi(a_1)\varphi(a_2)\cdots\varphi(a_q))-\partial_{q-1}(\varphi(a_0)\varphi(a_2)\cdots\varphi(a_q))\\&=0.\end{aligned}$$

总之, 在任何情况下等式 $\partial_q\circ\varphi_q(\sigma)=\varphi_{q-1}\circ\partial_q(\sigma)$ 都成立. □

对于单纯映射 $\varphi:K\to L$, 我们实际上得到了与边缘同态可交换的一系列同态 $\{\varphi_q:C_q(K)\to C_q(L)\mid q\in\mathbb{Z}\}$, 称之为从链复形 $C(K)$ 到链复形 $C(L)$ 的**链映射**.

命题 8.5.4 若 $\{\varphi_q\}$ 是单纯映射 $\varphi:K\to L$ 诱导的链映射, 则

$$\varphi_q(Z_q(K))\subseteq Z_q(L),\qquad \varphi_q(B_q(K))\subseteq B_q(L).$$

证明 若 $z\in Z_q(K)$, 则 $\partial_q(\varphi_q(z))=\varphi_{q-1}(\partial_q(z))=0$, 因此 $\varphi_q(z)\in Z_q(L)$, 从而 $\varphi_q(Z_q(K))\subseteq Z_q(L)$; 若 $b\in B_q(K)$, 设 $b=\partial_{q+1}(c)$, 则

$$\varphi_q(b)=\varphi_q(\partial_{q+1}(c))=\partial_{q+1}(\varphi_{q+1}(z))\in B_q(L).$$

因此, $\varphi_q(B_q(K))\subseteq B_q(L)$. □

定义 8.5.5 设 $\varphi:K\to L$ 是单纯映射, 对每一个 $q\in\mathbb{Z}$, 规定同态 $\varphi_{*q}:H_q(K)\to H_q(L)$ 使得 $\forall\langle z\rangle\in H_q(K)$, 有

$$\varphi_{*q}(\langle z\rangle)=\langle\varphi_q(z)\rangle,$$

则称 φ_{*q} 为φ **诱导的同调群同态**.

命题 8.5.4 的证明只用到链映射与边缘同态可交换的性质, 因此两个链复形间的任何链映射都诱导同调群间的同态. 故自然有如下结论.

命题 8.5.6 设 $\varphi:K\to L$ 和 $\psi:L\to M$ 都是单纯映射, 则复合 $\psi\circ\varphi:K\to M$ 诱导的链映射也是单纯映射, 且 $(\psi\circ\varphi)_{*q}=\psi_{*q}\circ\varphi_{*q}$.

8.5.2 单纯逼近

单纯逼近是连接连续映射与单纯映射的桥梁, 借助它可将单纯映射诱导的同调群同态规定成被逼近的连续映射所诱导的同调群同态.

下面假定 X 和 Y 均为多面体, K 和 L 分别是它们的剖分.

定义 8.5.7 设 $f: X \to Y$ 是连续映射, $\varphi: K \to L$ 是单纯映射. 称 φ 是 f 的一个**单纯逼近**, 如果 φ 满足条件

$$\overline{\varphi}(x) \in \mathrm{Car}_L f(x), \quad \forall x \in X = |K|,$$

其中 $\overline{\varphi}$ 是命题 8.5.2 所示的 φ 决定的连续映射.

单纯逼近的上述条件实际是要求 $\overline{\varphi}(x)$ 和 $f(x)$ 要在同一单形中, $f(x)$ 是该单形的内点, $\overline{\varphi}(x)$ 不必是其内点. 这就是 "逼近" 的含义. 又利用直线同伦可知这时必有 $f \simeq \overline{\varphi}$.

下面用另一更具有几何直观性的方式来描述单纯映射, 这需要一个新概念.

定义 8.5.8 设 K 是复形, $a \in K^0$, a 的**星形**是 $|K|$ 的如下规定的子集 $\mathrm{St}_K a$:

$$\mathrm{St}_K a := \{x \in |K| \mid a \prec \mathrm{Car}_K x\}.$$

易见, $x \in \mathrm{St}_K a$ 当且仅当 $a \prec \mathrm{Car}_K x$. 当 $x \in \mathrm{St}_K a$ 时, 线段 $\overline{ax} \subseteq \mathrm{St}_K a$.

命题 8.5.9 $\mathrm{St}_K a$ 是 $|K|$ 的开子集, $\{\mathrm{St}_K a \mid a \in K^0\}$ 是 $|K|$ 的一个开覆盖.

证明 只需证 $|K| - \mathrm{St}_K a$ 是闭集. 记 $L = \{\underline{s} \in K \mid a \not\prec \underline{s}\}$, 则 L 是 K 的子复形, 并且

$$\begin{aligned} |K| - \mathrm{St}_K a &= \{x \in |K| \mid a \not\prec \mathrm{Car}_K x\} \\ &= \{x \in |K| \mid \mathrm{Car}_K x \in L\} \\ &= |L|. \end{aligned}$$

因此 $|K| - \mathrm{St}_K a = |L|$ 是紧致的, 从而是 $|K|$ 的闭集. 于是 $\mathrm{St}_K a$ 是 $|K|$ 的开子集. 容易得知, $\{\mathrm{St}_K a \mid a \in K^0\}$ 是 $|K|$ 的一个开覆盖. □

命题 8.5.10 设 $\varphi: K \to L$ 是单纯映射, $f: |K| \to |L|$ 是连续映射. 则 φ 是 f 的单纯逼近的充分必要条件是

$$\forall a \in K^0, \quad f(\mathrm{St}_K a) \subseteq \mathrm{St}_L(\varphi(a)).$$

证明 必要性: 设 φ 是 f 的单纯逼近, 则 $\forall a \in K^0, \forall x \in \mathrm{St}_K a$, 由命题 8.5.2(2) 有

$$a \prec \mathrm{Car}_K x, \quad \varphi(a) \prec \varphi(\mathrm{Car}_K x) = \mathrm{Car}_L(\overline{\varphi}(x)).$$

由于 φ 是 f 的单纯逼近, 又有

$$\overline{\varphi}(x) \in \mathrm{Car}_L(f(x)).$$

由承载单形的最小性, 即命题 8.1.8, 可知

$$\varphi(a) \prec \mathrm{Car}_L(\overline{\varphi}(x)) \prec \mathrm{Car}_L(f(x)).$$

于是

$$\varphi(a) \prec \mathrm{Car}_L(f(x)), \quad f(x) \in \mathrm{St}_L(\varphi(a)).$$

这说明 $\forall a \in K^0, f(\mathrm{St}_K a) \subseteq \mathrm{St}_L(\varphi(a))$.

充分性: 设条件 $\forall a \in K^0, f(\mathrm{St}_K a) \subseteq \mathrm{St}_L(\varphi(a))$ 对单纯映射 φ 和连续映射 $f : |K| \to |L|$ 成立. 则 $\forall a \in K^0, \forall x \in |K|$, 当 $a \prec \mathrm{Car}_K x$ 时, 由命题 8.5.2(2) 有

$$x \in \mathrm{St}_K a, \quad \varphi(a) \prec \varphi(\mathrm{Car}_K x) = \mathrm{Car}_L(\overline{\varphi}(x)),$$

从而由条件得

$$f(x) \in \mathrm{St}_L(\varphi(a)), \quad \varphi(a) \prec \mathrm{Car}_L(f(x)).$$

设 $\mathrm{Car}_K x$ 的顶点集为 $\{a_0, a_1, \cdots, a_q\}$, 则 $\varphi(\mathrm{Car}_K x) = \mathrm{Car}_L(\overline{\varphi}(x))$ 的顶点集 (可能有相同的) 为 $\{\varphi(a_0), \varphi(a_1), \cdots, \varphi(a_q)\}$. 且由上面论证均有 $\varphi(a_i) \prec \mathrm{Car}_L(f(x))$. 于是 $\mathrm{Car}_L(\overline{\varphi}(x)) \prec \mathrm{Car}_L(f(x))$. 特别地, $\overline{\varphi}(x) \in \mathrm{Car}_L(f(x))$. □

推论 8.5.11 *如果 $\varphi : K \to L$ 是 $f : |K| \to |L|$ 的单纯逼近, $\psi : L \to M$ 是 $g : |L| \to |M|$ 的单纯逼近. 则 $\psi \circ \varphi : K \to M$ 是 $g \circ f$ 的单纯逼近.*

定理 8.5.12 *设 K, L 分别是多面体 X, Y 的剖分, $f : X \to Y$ 是连续映射. 则 f 存在单纯逼近的充要条件是 f 具有下列***星形性质***:*

$$\forall a \in K^0, \exists b_a \in L^0, \text{使得} f(\mathrm{St}_K a) \subseteq \mathrm{St}_L b_a.$$

证明 *必要性*: 设 $\varphi : K \to L$ 是 f 的单纯逼近, 由命题 8.5.10, 有 $\forall a \in K^0, f(\mathrm{St}_K a) \subseteq \mathrm{St}_L(\varphi(a))$. 取 $b_a = \varphi(a)$ 即可.

充分性: 设星形性质 $\forall a \in K^0, \exists b_a \in L^0$, 使得 $f(\mathrm{St}_K a) \subseteq \mathrm{St}_L b_a$ 对连续映射 $f : |K| \to |L|$ 成立. 规定顶点映射 $\varphi : K^0 \to L^0$ 使得 $\forall a \in K^0, \varphi(a) = b_a$. 则由星形性质, 得 $\forall a \in K^0, f(\mathrm{St}_K a) \subseteq \mathrm{St}_L(\varphi(a))$. 这时对 K 中每一单形 $\underline{s} = (a_0, a_1, \cdots, a_q)$, 每一 $x \in \mathring{\underline{s}} = \mathrm{Car}_K x$, 由星形性质知 $\forall i = 0, 1, \cdots, q, \varphi(a_i) \prec \mathrm{Car}_L(f(x))$. 这说明顶点映射 $\varphi : K^0 \to L^0$ 将 K 中同一个单形的顶点映射为 L 的同一个单形的顶点. 于是, 可将顶点映射 $\varphi : K^0 \to L^0$ 扩充为一个单纯映射 $\varphi : K \to L$ 使得对 K 中每一单形 $\underline{s} = (a_0, a_1, \cdots, a_q)$, $\varphi(\underline{s})$ 就是由顶点集 $\{\varphi(a_0), \varphi(a_1), \cdots, \varphi(a_q)\}$ 生成的 L 的单形. 此时单纯映射 $\varphi : K \to L$ 满足 $\forall a \in K^0, f(\mathrm{St}_K a) \subseteq \mathrm{St}_L(\varphi(a))$, 从而是 f 的单纯逼近. □

习题 8.5

1. 证明复形 K 的顶点 $a_0, a_1, \cdots, a_q$ 是 K 的同一单形的顶点当且仅当 $\bigcap_{i=0}^q \mathrm{St}_K a_i \neq \varnothing$.
2. 设 $\varphi : K \to L$ 是单纯映射. 证明 $\varphi(K)$ 是 L 的子复形.

3. 设 $\varphi: K \to L$ 是既满又单的单纯映射. 证明 $\varphi^{-1}: L \to K$ 也是单纯映射 (此时称 φ 为**单纯同构**).

4. 设 $\varphi: K \to L$ 是单纯映射. 证明 $\varphi(\mathrm{Car}_K x) = \mathrm{Car}_L \varphi(x)$.

5. 设 $\varphi: K \to L$ 和 $\psi: L \to M$ 都是单纯映射. 证明

(1) $\psi \circ \varphi: K \to M$ 是单纯映射;

(2) $\overline{\psi \circ \varphi} = \overline{\psi} \circ \overline{\varphi}: |K| \to |M|$;

(3) $(\psi \circ \varphi)_{*q} = \psi_{*q} \circ \varphi_{*q}: H_q(K) \to H_q(M),\ \ \forall q \in \mathbb{Z}$.

6. 设 K, L, M 是复形, $f: |K| \to |L|$ 和 $g: |L| \to |M|$ 都是具有星形性质的连续映射. 证明: $g \circ f: |K| \to |M|$ 也具有星形性质.

7. 设 K 是复形, $v \in K^\circ$. 证明: $\mathrm{St}_v(K)$ 和 $\overline{\mathrm{St}_v(K)}$ 都是道路连通的.

8. 设 $\varphi: K \to L$ 是单纯映射, 把 $\underline{s} \in K$ 的顶点映射到 $\underline{t} \in L$ 的顶点. 证明: 存在 $\underline{s}$ 的某个面 $\underline{\tau}$ 使 $\overline{\varphi}: |K| \to |L|$ 限制于 $\underline{\tau}$ 和 $\underline{t}$ 是同胚.

8.6　重心重分与单纯逼近存在定理

为了保证连续映射的单纯逼近存在, 就必须保证相应的星形性质成立. 容易看出, 多面体 X 的剖分 K 越细, 或者多面体 Y 的剖分 L 越粗, 相应的星形性质越可能成立. 为此, 我们考虑加细 K 而提出对复形进行的重心重分概念.

设 K', K 是两个复形, 若 K' 的每一单形都包含于 K 的某个单形中, 则说 K' 是 K 的一个**重分**. 此时可以获知 K' 的每一星形都包含于 K 的某个星形中. 我们考虑特殊的重分 —— 重心重分.

设 $\underline{s} = (a_0, a_1, \cdots, a_q)$ 是一个 q 维单形, $\underline{s}$ 中重心坐标为 $\left(\dfrac{1}{q+1}, \dfrac{1}{q+1}, \cdots, \dfrac{1}{q+1}\right)$ 的点称为 $\underline{s}$ 的**重心**, 记为 $\overset{*}{\underline{s}}$, 即

$$\overset{*}{\underline{s}} = \sum_{i=0}^{q} \frac{1}{q+1} a_i.$$

0 维单形 a 的重心就是 a, 1 维单形 (a_0, a_1) 的重心就是它的中点, 2 维单形 (a_0, a_1, a_2) 的重心就是通常意义下三角形的重心 (图 8.4).

所谓重心重分, 就是将同一单形的高维重心与它的每个更低维面的重心连线, 得到更多的单形, 所有这些单形就形成该单形的重分 (复形). 直观上, 0 维单形 a 的重心就是 a; 1 维单形 (a_0, a_1) 的重心重分 (复形) 含 3 个顶点 (原两个顶点及新的重心)、两个 1 维小的单形; 2 维单形 (a_0, a_1, a_2) 的重心重分含 7 个顶点、12 个 1 维单形和 6 个 2 维单形.

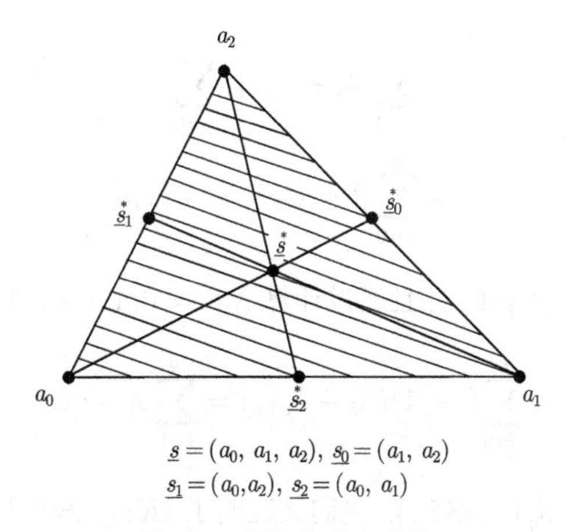

图 8.4　重心和重心重分

一般的复形 K 的**重心重分** (复形) 记作 SdK, 可归纳地定义如下: 若 K 是 0 维复形, 则 $\mathrm{Sd}K = K$, 假设对维数不大于 $n-1$ 维的复形的重心重分已定义, 而 K 是 n 维复形, 则对 K 的每个 n 维单形 $\underline{s}$, Bd$\underline{s}$ 是 K 的 $n-1$ 维的子复形, 其重心重分 Sd(Bd$\underline{s}$) 有意义, 作 $\overset{*}{\underline{s}}\mathrm{Bd}\underline{s}$ 是以 $\overset{*}{\underline{s}}$ 为顶、Sd(Bd$\underline{s}$) 为底的单纯锥, 则 K 的重心重分 SdK 规定为

$$\mathrm{Sd}K = \mathrm{Sd}K^{n-1} \bigcup_{\overset{*}{\underline{s}} \in K - K^{n-1}} \overset{*}{\underline{s}}\mathrm{Bd}\underline{s}.$$

这种描述比较直观, 但需要很多验证, 也不太好用. 所以下面用更为统一的表达式来定义重心重分, 它在许多场合用起来还是比较方便的.

定义 8.6.1　复形 K 的**重心重分** (复形) 记作 SdK, 规定为

$$\mathrm{Sd}K = \{(\overset{*}{\underline{s_0}}, \overset{*}{\underline{s_1}}, \cdots, \overset{*}{\underline{s_q}}) \mid \underline{s_i} \in K, \underline{s_i} \prec \underline{s_j}, 0 \leqslant i \leqslant j \leqslant q, 0 \leqslant q \leqslant \dim(K)\}.$$

上述定义中需要验证当 $\underline{s_0} \prec \underline{s_1} \prec \cdots \prec \underline{s_q}$ 时 $\{\overset{*}{\underline{s_0}}, \overset{*}{\underline{s_1}}, \cdots, \overset{*}{\underline{s_q}}\}$ 处于最广位置, 且 SdK 中单形规则相处, 这留作课后练习.

易见, SdK 的顶点集为 $(\mathrm{Sd}K)^0 = \{\overset{*}{\underline{s}} \mid \underline{s} \in K\}$.

设 $\underline{\sigma} = (\overset{*}{\underline{s_0}}, \overset{*}{\underline{s_1}}, \cdots, \overset{*}{\underline{s_q}}) \in \mathrm{Sd}K$ 且 $\underline{s_0} \prec \underline{s_1} \prec \cdots \prec \underline{s_q}$, 则称 $\overset{*}{\underline{s_q}}$ 为 $\underline{\sigma}$ 的首顶点. 显然 $\overset{*}{\underline{s_i}} \in \underline{s_q} (0 \leqslant i \leqslant q)$. 从而 $\underline{\sigma} \subseteq \underline{s_q}$. 由此得到 $|\mathrm{Sd}K| \subseteq |K|$. 反过来, 如果 $x \in |K|$, 它的承载单形为 $\mathrm{Car}_K x = (a_0, a_1, \cdots, a_q)$, 不妨设 $x = \sum_{i=0}^{q} \lambda_i a_i$ 且 $\lambda_0 \geqslant \lambda_1 \geqslant \cdots \geqslant \lambda_q$. 记 $\underline{s_i} = (a_0, a_1, \cdots, a_i)(i = 0, 1, \cdots, q)$, 则令 $\lambda_{q+1} = 0$, 并通过验证 $a_i (i = 0, 1, \cdots, q)$ 前的系数可知

$$x = \sum_{i=0}^{q} \lambda_i a_i$$

$$= \sum_{i=0}^{q} (\lambda_i - \lambda_{i+1}) \sum_{j=0}^{i} a_j$$

$$= \sum_{i=0}^{q} (i+1)(\lambda_i - \lambda_{i+1}) \underline{\overset{*}{s_i}},$$

其中 $(i+1)(\lambda_i - \lambda_{i+1}) \geqslant 0$, 并且通过计算 $\lambda_i (i = 0, 1, \cdots, q)$ 前的系数可知

$$\sum_{i=0}^{q} (i+1)(\lambda_i - \lambda_{i+1}) = \sum_{i=0}^{q} \lambda_i = 1.$$

于是 $x \in (\underline{\overset{*}{s_0}}, \underline{\overset{*}{s_1}}, \cdots, \underline{\overset{*}{s_q}}) \subseteq |\mathrm{Sd}_K|$. 我们又证明了 $|K| \subseteq |\mathrm{Sd}_K|$, 从而 $|\mathrm{Sd}_K| = |K|$.

显然, $\dim \mathrm{Sd}K = \dim K$. 为了书写方便, 我们记 $K^{(1)} := \mathrm{Sd}K$, 记 $\mathrm{Sd}K$ 的重心重分为 $K^{(2)}$, 以此类推规定 K 的 n 次重心重分为 $K^{(n)} = (K^{(n-1)})^{(1)}$.

设 X 和 Y 都是多面体, $f: X \to Y$ 是连续映射. 设 K, L 分别是多面体 X, Y 的剖分. 则 L 的所有星形 $\{\mathrm{St}_L b \mid b \in L^0\}$ 是 Y 的开覆盖, 从而 $\{f^{-1}(\mathrm{St}_L b) \mid b \in L^0\}$ 是 X 的开覆盖. 因 X 和 Y 都是紧致的, 这些开覆盖有各自的 Lebesgue 数, 故引入如下概念.

定义 8.6.2 复形 K 的**网距**记作 $\mathrm{Mesh}(K)$, 定义为

$$\mathrm{Mesh}(K) := \max\{d(a, b) \mid (a, b) \in K^1\}.$$

命题 8.6.3 说明复形 K 的网距实际是复形 K 中单形的最大直径.

命题 8.6.3 设 x, y 是 K 中某单形 $\underline{s}$ 的两点, 则 $d(x, y) \leqslant \mathrm{Mesh}(K)$.

证明 先证明存在 $\underline{s}$ 的顶点 a, 使得 $d(x, y) \leqslant d(x, a)$. 为此, 选 $\underline{s}$ 中顶点 a, 它到点 x 的距离最大. 然后作以 x 为中心, 以 $r = d(x, a)$ 为半径的闭的球形邻域 $\overline{B(x, r)}$, 则 $\overline{B(x, r)}$ 是凸集, 且包含 $\underline{s}$ 的全部顶点, 故 $\underline{s} \subseteq \overline{B(x, r)}$. 因此, $d(x, y) \leqslant r = d(x, a)$. 类似地, 对 $x, a \in \underline{s}$, 可找到 $\underline{s}$ 中另一顶点 b, 使得

$$d(x, y) \leqslant d(x, a) \leqslant d(a, b) \leqslant \mathrm{Mesh}(K). \qquad \square$$

由命题 8.6.3 可得如下推论.

推论 8.6.4 设 a 是复形 K 的任一顶点, $x \in \mathrm{St}_K a$. 则 $d(x, a) \leqslant \mathrm{Mesh}(K)$.

命题 8.6.5 设 K 是 n 维复形, $K^{(1)}$ 是 K 的重心重分, 则 $\mathrm{Mesh}(K^{(1)}) \leqslant \dfrac{n}{n+1}\mathrm{Mesh}(K)$.

证明 只需证 $K^{(1)}$ 的任一 1 维单形 $(\underline{\overset{*}{t}}, \overset{*}{\underline{s}})$ 的长度不大于 $\dfrac{n}{n+1}\mathrm{Mesh}(K)$. 为此, 不妨设 $\underline{t} \prec \underline{s}$, $\underline{t} = (a_0, a_1, \cdots, a_q)$, $\underline{s} = (a_0, a_1, \cdots, a_q, a_{q+1}, \cdots, a_p)$. 记

$\underline{t'} = (a_{q+1}, \cdots, a_p)$, 则

$$\begin{aligned}\overset{*}{\underline{s}} &= \frac{1}{p+1}\sum_{i=0}^{p} a_i \\ &= \frac{1}{p+1}\sum_{i=0}^{q} a_i + \frac{1}{p+1}\sum_{i=q+1}^{p} a_i \\ &= \frac{q+1}{p+1}\overset{*}{\underline{t}} + \frac{p-q}{p+1}\overset{*}{\underline{t'}}.\end{aligned}$$

于是,

$$d(\overset{*}{\underline{t}}, \overset{*}{\underline{s}}) = \frac{p-q}{p+1} d(\overset{*}{\underline{t}}, \overset{*}{\underline{t'}}) \leqslant \frac{n}{n+1}\mathrm{Mesh}(K). \qquad \square$$

因为重心重分不改变维数, 故立刻推得

$$\mathrm{Mesh}(K^{(r)}) \leqslant \left(\frac{n}{n+1}\right)^r \mathrm{Mesh}(K).$$

定理 8.6.6 (单纯逼近存在定理) 设 K, L 分别是多面体 X, Y 的剖分, $f: X \to Y$ 是连续映射. 则对足够大的 r, 存在 f 的单纯逼近 $\varphi: K^{(r)} \to L$.

证明 因为 $\{\mathrm{St}_L b \mid b \in L^0\}$ 是 Y 的开覆盖, 从而 $\{f^{-1}(\mathrm{St}_L b) \mid b \in L^0\}$ 是 X 的开覆盖. 注意到 X 和 Y 都是序列紧的, 由定理 5.3.27, 可设 δ 是这后一开覆盖的 Lebesgue 数. 取 r 使得 $2\left(\frac{n}{n+1}\right)^r \mathrm{Mesh}(K) < \delta$, 这里 n 是 K 的维数. 于是, $\forall a \in K^{(r)}$, $\mathrm{St}_{K^{(r)}} a \subseteq B(a, \delta)$. 根据开覆盖的 Lebesgue 数的含义及定理 5.3.27, 知 $\mathrm{St}_{K^{(r)}} a \subseteq f^{-1}(\mathrm{St}_L b)$ 对某 $b \in L^0$ 成立, 从而星形性质 $f(\mathrm{St}_{K^{(r)}} a) \subseteq \mathrm{St}_L b$ 成立. 由命题 8.5.10得 f 存在单纯逼近 $\varphi: K^{(r)} \to L$. □

习题 8.6

1. 证明定义 8.6.1中定义的 $\mathrm{Sd}K$ 中的单形是规则相处的.
2. 利用单纯逼近存在定理证明 S^n 到 S^{n+1}, 或到 $S^{n+1} \times S^{n+1}$ 的任何连续映射都零伦.
3. 设 $\underline{s} = (a_0, a_1, \cdots, a_q) \in K$. 证明

$$\mathrm{St}_{K^{(1)}} \overset{*}{\underline{s}} \subseteq \bigcap_{i=0}^{q} \mathrm{St}_K a_i.$$

4. 设 X, Y 都是可剖分空间, 证明 $\mathrm{HC}(X, Y)$ 是可数集.
5. 设 K 是一个复形, $x_0 \in |K|$. 证明

(1) 存在 K 的一个重分使得 x_0 是该重分的一个顶点.

(2)* 存在 K 的一个重分使得该重分的顶点集恰为 K 的顶点和 x_0 组成.

8.7 连续映射诱导的同调群同态

设 $|K|$ 和 $|L|$ 是多面体, $f:|K|\to|L|$ 是连续映射. 本节要规定 f 诱导的同态. 尽管有了 8.6 节的准备, 我们还有不少工作要做, 其中有些艰难的会省去理论证明而只介绍大体思路, 需要这方面深入探讨的, 请参阅代数拓扑专门书籍, 如 [12,18].

通过 8.6 节的准备, 规定同态 f_{*q} 的思路已很明显了: 重心重分保证 f 存在单纯逼近, 再用单纯逼近导出的同态来规定 f_{*q}. 不过, 这样会产生两个问题: 其一是 f 的单纯逼近如果是从 $K^{(r)}$ 到 L 的, 那它导出的同态是从 $H_q(K^{(r)})$ 到 $H_q(L)$ 的, 那么 $H_q(K^{(r)})$ 与 $H_q(K)$ 有何关系呢? 其二是单纯逼近并不是唯一的, 那么不同的单纯逼近导出的同态是否一样? 这第二个问题在文献 [18] 的附录 C 有如下回答.

引理 8.7.1 ([18, 定理 C.2]) 如果 $\varphi,\psi:K\to L$ 都是连续映射 $f:|K|\to|L|$ 的单纯逼近, 则 $\varphi_{*q}=\psi_{*q}:H_q(K)\to H_q(L),\forall q\in\mathbb{Z}$.

引理 8.7.2 ([18, 定理 C.3]) 设 $\pi:C(K^{(1)})\to C(K)$ 都是标准链映射, $\eta:C(K)\to C(K^{(1)})$ 是重分链映射, 则 $\eta_{*q}\circ\pi_{*q}=\mathrm{id}:H_q(K^{(1)})\to H_q(K^{(1)})$, $\forall q\in\mathbb{Z}$.

下面来回答第一个问题.

8.7.1 同调群的重分不变性

我们要证 $H_q(K^{(1)})\cong H_q(K),\forall q\in\mathbb{Z}$, 由此得 $H_q(K^{(r)})\cong H_q(K),\forall q\in\mathbb{Z},\forall r\in\mathbb{Z}_+$. 先规定 $C(K^{(1)})$ 到 $C(K)$ 的链映射.

设 $\underline{s}\in K,a$ 是 $\underline{s}$ 的任一顶点, 则 $\mathrm{St}_{K^{(1)}}\overset{*}{\underline{s}}\subseteq\mathrm{St}_K a$. 于是恒同映射 $\mathrm{id}:|K^{(1)}|\to|K|$ 对 $K^{(1)}$ 和 K 有星形性质, 从而有从 $K^{(1)}$ 到 K 的单纯逼近. 规定顶点映射 $\pi:(K^{(1)})^0\to K^0$, 使 $\pi(\overset{*}{\underline{s}})$ 是 $\underline{s}$ 的顶点. 则 π 可扩充为恒同映射 id 的单纯逼近, 把它所决定的链映射称为**标准链映射**. 标准链映射不唯一, 但引理 8.7.1 说明标准链映射诱导的同调群同态是唯一的, 以后把 id 的上述单纯逼近和标准链映射都记作 π(不论对哪个复形 K).

还需要构造**重分链映射**$\eta=\{\eta_q\}:C(K)\to C(K^{(1)})$, 它并不由单纯映射决定.

直观上看, 每个 n 维单形被重分成 $(n+1)!$ 个 $K^{(1)}$ 中的 n 维单形. 当 $\underline{s}$ 取定了定向后而得定向单形 s, 这些小单形有相同的定向, 令 $\eta(s)$ 是这些定向小单形之和. 例如, $\eta(a_0a_1a_2)=a_0b_2c+b_2a_1c+a_1b_0c+b_0a_2c+a_2b_1c+b_1a_0c$.

下面归纳地给出 η_q 的严格定义.

对 $q=0$, 令 $\eta_0(a)=a,\forall a\in K^0$, 扩张得同态 $\eta_0:C_0(K)\to C_0(K^{(1)})$.

对 $q=1$, $\forall s\in T_1(K)$, 设 $s=a_0a_1$, 规定 $\eta_1(s)=a_0\overset{*}{\underline{s}}+\overset{*}{\underline{s}}a_1$. 则 $\eta_1(-s)=\eta_1(a_1a_0)=a_1\overset{*}{\underline{s}}+\overset{*}{\underline{s}}a_0=-\eta_1(s)$, 因此可扩张得同态 $\eta_1:C_1(K)\to C_1(K^{(1)})$, 并且显然 $\partial_1\circ\eta_1=\eta_0\circ\partial_1$.

设当 $p<q$ 时, $\eta_p:C_p(K)\to C_p(K^{(1)})$ 已构造, 并满足

$$\partial_p\circ\eta_p=\eta_{p-1}\circ\partial_p,\quad \forall p<q.$$

进一步, $\forall s\in T_q(K)$, 规定 $\eta_q(s):=\overset{*}{\underline{s}}(\eta_{q-1}(\partial_q(s)))$, 则

$$\eta_q(-s)=\overset{*}{\underline{s}}\eta_{q-1}(\partial_q(-s))=-\eta_q(s).$$

于是, 可扩张得同态 $\eta_q:C_q(K)\to C_q(K^{(1)})$. 由于 $\forall s\in T_q(K)$, 有

$$\begin{aligned}\partial_q\circ\eta_q(s)&=\partial_q(\overset{*}{\underline{s}}(\eta_{q-1}(\partial_q(s))))\\&=\eta_{q-1}\circ\partial_q(s)-\overset{*}{\underline{s}}(\partial_{q-1}\circ\eta_{q-1}(\partial_q(s)))\\&=\eta_{q-1}\circ\partial_q(s)-\overset{*}{\underline{s}}(\eta_{q-2}\circ\partial_{q-1}(\partial_q(s)))\\&=\eta_{q-1}\circ\partial_q(s),\end{aligned}$$

因此有 $\partial_q\circ\eta_q=\eta_{q-1}\circ\partial_q$, 归纳定义完成.

定理 8.7.3 η 诱导的同调群同态 $\eta_{*q}:H_q(K)\to H_q(K^{(1)})$ 是同构, 并且以 π_{*q} 为逆 (π 是标准映射), $\forall q\in\mathbb{Z}$.

证明 由引理 8.7.2 得 $\eta_{*q}\circ\pi_{*q}=\mathrm{id}:H_q(K^{(1)})\to H_q(K^{(1)}),\forall q\in\mathbb{Z}$. 只需证明 $\psi_{*q}\circ\eta_{*q}=\mathrm{id}:H_q(K)\to H_q(K),\forall q\in\mathbb{Z}$. 事实上, 有 $\psi_q\circ\eta_q=\mathrm{id}:C_q(K)\to C_q(K),\forall q\in\mathbb{Z}$. 这一断言用如下归纳法来证明.

$q=0$ 时结论显然成立.

设 $p<q$ 时, $\psi_p\circ\eta_p=\mathrm{id}:C_p(K)\to C_p(K),\forall p<q$.

进一步, $\forall s\in T_q(K)$, 记 $s=a_0a_1\cdots a_q$, 不妨设 $\pi(\overset{*}{s})=a_0$. 则据 π 和 η 的定义, 有

$$\begin{aligned}\pi_q\circ\eta_q(s)&=\pi_q(\overset{*}{\underline{s}}(\eta_{q-1}(\partial_q(s))))\\&=a_0\left(\pi_{q-1}\circ\eta_{q-1}\left(\sum_{i=0}^{q}(-1)^ia_0a_1\cdots\widehat{a_i}\cdots a_q\right)\right)\\&=a_0\left(\sum_{i=0}^{q}(-1)^ia_0a_1\cdots\widehat{a_i}\cdots a_q\right)\\&=a_0a_1\cdots a_q=s.\end{aligned}$$

从而 $\psi_q\circ\eta_q=\mathrm{id}:C_q(K)\to C_q(K),\forall q\in\mathbb{Z}$. □

特别地, 恒等连续映射的任一单纯逼近诱导的是相同的同构.

对所有复形 K, 都用 η 表示重分链映射.

对于任意正整数 r, 记 η^r 是 r 个重分链映射

$$C(K) \xrightarrow{\eta} C(K^{(1)}) \xrightarrow{\eta} \cdots \xrightarrow{\eta} C(K^{(r)})$$

的复合 (每个 η 的含义不尽相同). 按这种约定, 有

$$\eta^{r+s} = \eta^r \circ \eta^s.$$

同样, 记 $\pi^r : C(K^{(r)}) \to C(K)$ 是 r 个标准链映射 (每个 π^r 的含义不尽相同) 的复合, 它由 $\mathrm{id} : |K^{(r)}| \to |K|$ 的单纯逼近所导出, 并且也有

$$\pi^{r+s} = \pi^r \circ \pi^s.$$

我们有互逆的同构

$$H_q(K) \xrightarrow{\eta^r_{*q}} H_q(K^{(r)}) \xrightarrow{\pi^r_{*q}} H_q(K), \quad \forall q \in \mathbb{Z}.$$

8.7.2 连续映射 f 诱导同态 f_{*q}

命题 8.7.4 如果 $\varphi : K^{(r)} \to L$ 和 $\psi : K^{(r+s)} \to L$ 都是连续映射 $f : |K| \to |L|$ 的单纯逼近, 则 $\varphi_{*q} \circ \eta^r_{*q} = \psi_{*q} \circ \eta^{r+s}_{*q}, \forall q \in \mathbb{Z}$.

证明 见下图.

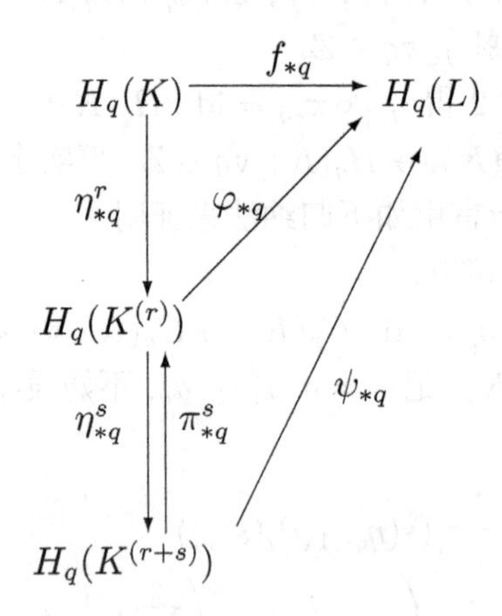

因为 $\varphi \circ \pi^s : K^{(r+s)} \to L$ 也是 $f \circ \mathrm{id} = f$ 的单纯逼近, 所以由引理 8.7.1 得

$$\psi_{*q} = \varphi_{*q} \circ \pi^s_{*q}, \quad \forall q \in \mathbb{Z}.$$

于是

$$\psi_{*q} \circ \eta^{r+s}_{*q} = \varphi_{*q} \circ \pi^s_{*q} \circ \eta^r_{*q} \circ \eta^s_{*q} = \varphi_{*q} \circ \eta^r_{*q}, \quad \forall q \in \mathbb{Z}. \qquad \square$$

现在可以定义连续映射诱导的同调群同态了.

定义 8.7.5 设 K 和 L 是复形, $f:|K|\to|L|$ 是连续映射, 取 $\varphi:K^{(r)}\to L$ 是 f 的单纯逼近, 规定 f **诱导的同调群同态**为

$$f_{*q}=\varphi_{*q}\circ\eta^r_{*q}:H_q(K)\to H_q(L),\quad \forall q\in\mathbb{Z}.$$

命题 8.7.6 (1) 设 K 是多面体, 则恒同映射 $\mathrm{id}:|K|\to|K|$ 诱导的同调群同态 $\mathrm{id}_{*q}:H_q(K)\to H_q(K)$ 是恒同同构.

(2) 设 K, L 和 M 是复形, $f:|K|\to|L|$ 和 $g:|L|\to|M|$ 都是连续映射, 则

$$(g\circ f)_{*q}=g_{*q}\circ f_{*q}:H_q(K)\to H_q(M),\quad \forall q\in\mathbb{Z}.$$

证明 (1) 取 K 到自身的恒同单纯映射作为 $\mathrm{id}:|K|\to|K|$ 的单纯逼近就可得到所要的结论.

(2) 在下图中,

$$\begin{array}{ccccc}
H_q(K) & \xrightarrow{f_{*q}} & H_q(L) & \xrightarrow{g_{*q}} & H_q(M) \\
\downarrow{\scriptstyle \eta^r_{*q}} & & {\scriptstyle \pi^s_{*q}}\uparrow\downarrow{\scriptstyle \eta^s_{*q}} & \nearrow{\scriptstyle \psi_{*q}} & \\
H_q(K^{(r)}) & \xrightarrow{\varphi_{*q}} & H_q(L^{(s)}) & &
\end{array}$$

$\psi:L^{(s)}\to M$ 是 g 的单纯逼近, $\varphi:K^{(r)}\to L^{(s)}$ 是 f 的单纯逼近. 于是 $\pi^s\circ\varphi:K^{(r)}\to L$ 也是 f 的单纯逼近, $\psi\circ\varphi:K^{(r)}\to M$ 是 $g\circ f$ 的单纯逼近. 由定义,

$$\begin{aligned}
(g\circ f)_{*q}&=(\psi\circ\varphi)_{*q}\circ\eta^r_{*q},\\
g_{*q}\circ f_{*q}&=\psi_{*q}\circ\eta^s_{*q}\circ\pi^s_{*q}\circ\varphi_{*q}\circ\eta^r_{*q}\\
&=\psi_{*q}\circ\varphi_{*q}\circ\eta^r_{*q}\\
&=(\psi\circ\varphi)_{*q}\circ\eta^r_{*q}.
\end{aligned}$$

因此 $(g\circ f)_{*q}=g_{*q}\circ f_{*q}$. □

从这个命题可以推得同调群的拓扑不变性.

定理 8.7.7 设 K 和 L 是复形, $f:|K|\to|L|$ 是同胚映射, 则 $f_{*q}:H_q(K)\to H_q(L)$ $(\forall q\in\mathbb{Z})$ 均是同构的.

证明 记 $g=f^{-1}:|L|\to|K|$, 根据命题 8.7.6, $g_{*q}\circ f_{*q}=(g\circ f)_{*q}=\mathrm{id}_{*q}$ 是恒同同构. 同理 $f_{*q}\circ g_{*q}$ 也是恒同同构. 于是 f_{*q} 是同构, g_{*q} 是它的逆. □

定理 8.7.7 说明, 复形 K 的各维同调群 $H_q(K)$ 的同构型是由多面体 $|K|$ 的拓扑所决定的, 也就是说是 $|K|$ 的拓扑不变量 (拓扑性质). 这样 K 的各维 Betti 数 β_q 和 Euler 示性数 $\chi(K) := \sum_{q=0}^{\dim K}(-1)^q\beta_q$ 也都是 $|K|$ 的拓扑不变量.

8.7.3 多面体与可剖分空间的同调群

定理 8.7.7 说明, 同一个多面体的不同剖分有同构的同调群. 设 $|K| = |L|$, 则恒同映射 $\mathrm{id} : |K| \to |L|$ 决定了 $H_q(K)$ 与 $H_q(L)$ 间的一个同构. 以后我们规定多面体的同调群就是它的任一剖分的同调群, 它在同构型的意义下是确定的. 设 X, Y 都是多面体, $K_i, L_i (i = 1, 2)$ 是它们的剖分. 如果 $f : X \to Y$ 是连续映射, 则 f 诱导出两组同态 $\{f_{*q} : H_q(K_1) \to H_q(L_1)\}$ 和 $\{f_{*q} : H_q(K_2) \to H_q(L_2)\}$, 它们使下图可换: $\forall q \in \mathbb{Z}$,

$$\begin{array}{ccc} H_q(K_1) & \xrightarrow{f_{*q}} & H_q(L_1) \\ \downarrow{\scriptstyle \mathrm{id}_{*q}} & & \downarrow{\scriptstyle \mathrm{id}_{*q}} \\ H_q(K_2) & \xrightarrow{f_{*q}} & H_q(L_2). \end{array}$$

正如可用 X 和 Y 的任意剖分的同调群看作 $H_q(X)$ 和 $H_q(Y)$ 那样, 可以用上面任一组同态看作同态组

$$\{f_{*q} : H_q(X) \to H_q(Y)\}.$$

类似地, 可规定可剖分空间的同调群以及可剖分空间之间的连续映射诱导的同调群同态.

设 X 是可剖分空间, (K_1, φ_1) 和 (K_2, φ_2) 都是 X 的剖分, 则 $\varphi_2^{-1} \circ \varphi_1 : |K_1| \to |K_2|$ 是同胚, 它诱导 $H_q(K_1)$ 到 $H_q(K_2)$ 的同构. 我们规定 X 的同调群就是它的任一剖分中多面体的同调群.

设 X, Y 都是可剖分空间, (K, φ) 和 (L, ψ) 分别是它们的剖分. 如果 $f : X \to Y$ 是连续映射, 则 $\psi^{-1} \circ f \circ \varphi : |K| \to |L|$ 连续. 我们把 $(\psi^{-1} \circ f \circ \varphi)_{*q}$ 看作 $f_{*q} : H_q(X) \to H_q(Y), \forall q \in \mathbb{Z}$ (相应地认为 $H_q(X) = H_q(K), H_q(Y) = H_q(L)$).

在上述意义下, 类似于命题 8.7.6, 有如下结果.

命题 8.7.8 (1) 设 $\mathrm{id} : X \to X$ 是可剖分空间 X 上的恒同映射, 则它诱导的同调群同态 $\mathrm{id}_{*q} : H_q(X) \to H_q(X)$ 是恒同同构.

(2) 设 X, Y 和 Z 是可剖分空间, $f : X \to Y$ 和 $g : Y \to Z$ 都是连续映射, 则

$$(g \circ f)_{*q} = g_{*q} \circ f_{*q} : H_q(X) \to H_q(Z), \quad \forall q \in \mathbb{Z}.$$

目前我们已经算得了几个空间的同调群.

$n(n>0)$ 维球面 S^n 同胚于 $n+1$ 维单形的边缘复形的多面体, 因此,

$$H_q(S^n) \cong \begin{cases} \mathbb{Z}, & q=0,n, \\ 0, & q \neq 0,n. \end{cases}$$

对于平环以及圆柱 X, 有

$$H_q(X) \cong \begin{cases} \mathbb{Z}, & q=0,1, \\ 0, & q \neq 0,1. \end{cases}$$

对于环面 T^2, 有

$$H_q(T^2) \cong \begin{cases} \mathbb{Z}, & q=0,2, \\ \mathbb{Z}\oplus\mathbb{Z}, & q=1, \\ 0, & q \neq 0,1,2. \end{cases}$$

习题 8.7

1. 证明: 当 $m \neq n$ 时, 球面 S^m 与 S^n 不同胚.
2. 当 $m \neq n$ 时, 欧氏空间 $\mathbb{R}^m$ 与 $\mathbb{R}^n$ 不同胚.
3. 设球面 S^m 与 S^n 交于一点, 其并集 $S^m \vee S^n$ 作为欧氏空间的子空间. 求 $S^m \vee S^n$ $(0 \neq m \neq n \neq 0)$ 的各维同调群.
4. 作可剖分空间 X, 使它与环面 T^2 有相同的各维同调群, 但 X 与 T^2 不同胚.

8.8 同调群的同伦不变性

和基本群一样, 同调群也有同伦不变性. 这包含两方面: 一是同伦的映射诱导相同的同态; 二是同伦等价的空间有同构的同调群. 只需对复形证明这两结论即可.

定理 8.8.1 设 K 和 L 是复形, $f \simeq g : |K| \to |L|$, 则

$$f_{*q} = g_{*q} : H_q(K) \to H_q(L), \quad \forall q \in \mathbb{Z}.$$

证明 设 $H : |K| \times I \to |L|$ 是 f 到 g 的同伦, 记 h_t 是 H 的 t-切片, 则 $h_0 = f, h_1 = g$. $\{H^{-1}(\mathrm{St}_L b) \mid b \in L^0\}$ 是 $|K| \times I$ 的一个开覆盖. 设 δ 是该开覆盖的 Lebesgue 数. 取充分大的 r, 使得 $\mathrm{Mesh}(K^{(r)}) < \delta/4$. 于是, 当 $t, t' \in I$, 使得 $0 \leqslant t - t' < \delta/2$ 时, 对 $K^{(r)}$ 的任一顶点 a, $\mathrm{St}_{K^{(r)}} a \times [t', t]$ 包含在某个 $H^{-1}(\mathrm{St}_L b)$ 中, 特别地, $h_t(\mathrm{St}_{K^{(r)}} a)$ 和 $h_{t'}(\mathrm{St}_{K^{(r)}} a)$ 包含在 L 的同一个星形中. 于是可构造 $\varphi : K^{(r)} \to L$, 它是 h_t 和 $h_{t'}$ 的公共单纯逼近, 从而

$$(h_t)_{*q} = \varphi_{*q} \circ \eta^r_{*q} = (h_{t'})_{*q}, \quad \forall q \in \mathbb{Z}.$$

由此立刻可得

$$f_{*q} = (h_0)_{*q} = (h_1)_{*q} = g_{*q}, \quad \forall q \in \mathbb{Z}. \qquad \square$$

命题 8.8.2 设 K 和 L 是复形, $f: |K| \to |L|$ 是一个同伦等价, 则 $\forall q \in \mathbb{Z}, f_{*q}: H_q(K) \to H_q(L)$ 同构.

证明 设 $g: |L| \to |K|$ 是 f 的同伦逆, 则

$$g_{*q} \circ f_{*q} = (g \circ f)_{*q} = \mathrm{id}_{*q} : H_q(K) \to H_q(K),$$

$$f_{*q} \circ g_{*q} = (f \circ g)_{*q} = \mathrm{id}_{*q} : H_q(L) \to H_q(L),$$

因此 f_{*q} 是同构, $g_{*q} = (f_{*q})^{-1}$. $\square$

一个直接的推论是如下结论.

定理 8.8.3 设 K 和 L 是复形, 如果 $|K| \simeq |L|$, 则

$$H_q(K) \cong H_q(L), \quad \forall q \in \mathbb{Z}.$$

同调群同伦不变性是计算同调群的有效工具, 常常在很大程度上简化同调群计算.

例如, 容易得知 (见例 7.4.8) 单纯锥的多面体是可缩空间, 从而与一点空间同伦型. 这样该类多面体就是零调的, 即除 0 维同调群是自由循环群外, 其余各维同调群均是零群 (平凡群).

平环和 Möbius 带与圆周 S^1 是同伦等价的 (见例 7.4.9), 故它们的同调群与 S^1 的同调群同构.

又由例 7.4.10 知环面去掉一个小的三角片后与 "∞"-形空间同伦型, 故得

$$H_q(T^2 - \triangle) \cong \begin{cases} \mathbb{Z}, & q = 0, \\ \mathbb{Z} \oplus \mathbb{Z}, & q = 1, \\ 0, & q \neq 0, 1. \end{cases}$$

习题 8.8

1. 设 X 是可剖分空间, $f: X \to S^n$ 连续但不是满射. 证明 $f_{*n} = 0$ $(n > 0)$.
2. 把三角形的三个顶点粘在一起, 所得商空间记作 X, 求 X 的同调群.
3. 设 Y 是由 S^2 的北极长出一个平环, 求 Y 的同调群.
4. 证明: S^{n-1} 不是 D^n 的收缩核.

8.9 映射度与同调群应用

拓扑不变性和同伦不变性使得同调群有广泛的应用. 注 8.9.1 是一些简单应用.

注 8.9.1 (1) $\forall n \geqslant 0$, S^n 不可缩, 即不与单点空间同伦. 这是因为, $n=0$ 时 S^0 为两个点, 不可缩; 当 $n>1$ 时, $H_n(S^n)=\mathbb{Z}\neq 0=H_n(\{p\})$.

(2) 当 $n\neq m$ 时, $S^n \not\simeq S^m$. 这是因为当 $n>m$ 时, $H_n(S^n)=\mathbb{Z}\neq 0= H_n(S^m)$.

(3) 当 $n\neq m$ 时, $\mathbb{R}^n \not\cong \mathbb{R}^m$. 这是因为否则便有 $S^{n-1}\cong(\mathbb{R}^n-\{O\})\cong(\mathbb{R}^m-\{O\})\cong S^{m-1}$, 矛盾于结论 (2).

定义 8.9.2 设 $f:S^n\to S^n(n\geqslant 1)$ 是连续映射, f 诱导同态 $f_{*n}:H_n(S^n)\to H_n(S^n)\cong\mathbb{Z}$ 并决定一个整数 k, 使 $\forall a\in H_n(S^n)$, $f_{*n}(a)=ka$. 称这一整数 k 为 f 的**映射度**, 记作 $\deg(f)$.

由诱导同态保复合且同伦的映射诱导同调群同构, 可得映射度有下列基本性质.

命题 8.9.3 (1) 若 $f,g:S^n\to S^n$ 都连续, 则 $\deg(g\circ f)$=$\deg(g)\circ\deg(f)$.

(2) 若 $f\simeq g:S^n\to S^n$, 则 $\deg(f)$=$\deg(g)$.

(3) 若 $f:S^n\to S^n$ 零伦, 则 $\deg(f)=0$.

(4) $\deg(\mathrm{id})=1$.

下面是高维 Brouwer 不动点定理及其证明.

定理 8.9.4 设 $f:D^n\to D^n$ 是连续映射, 则存在点 $x\in D^n$ 使得 $f(x)=x$.

证明 用反证法. 设 f 没有不动点. 则规定 $g:D^n\to S^{n-1}$ 为

$$g(x)=\frac{x-f(x)}{\|x-f(x)\|}.$$

由 f 连续、没有不动点可知 g 定义合理且是连续的, 并且 $h:=g|_{S^{n-1}}:S^{n-1}\to S^{n-1}$ 满足 $\forall x\in D^n, h(x)\neq -x$. 因此由例 7.1.3 知 $h\simeq \mathrm{id}_{S^{n-1}}$. 因为 $h=g\circ i$, 其中 $i:S^{n-1}\to D^2$ 是零伦的, 所以 h 是零伦的, 这样又推得 $\mathrm{id}_{S^{n-1}}$ 是零伦的, 这与命题 8.9.3 矛盾! 故 f 必有不动点. □

引理 8.9.5 是关于一类特殊映射的映射度的, 证明留作练习或请参阅文献 [18].

引理 8.9.5 设 $h:S^n\to S^n$ 满足对每一 $x\in S^n, h(x)=-x$, 称之为**对径映射**. 则 h 是连续映射且 $\deg(h)=(-1)^{n+1}$.

球面上的**连续切向量场**是指对每一 $x\in S^n$, 有一个切向量 $v(x)$ 连续地依赖于 x. 此时内积 $v(x)\cdot x=0$. 如果某点 x 处有 $v(x)=\mathbf{0}$ 为零向量, 则称该点为**奇点**.

定理 8.9.6 当 n 为正偶数时, S^n 的连续切向量场一定有奇点.

证明 用反证法. 设 S^n 的某连续切向量场 v 没有奇点. 则规定 $f:S^n\to S^n$ 为

$$f(x)=\frac{v(x)}{\|v(x)\|},\quad \forall x\in S^n.$$

因内积 $v(x)\cdot x=0$, 故 $f(x)\cdot x=0$. 从而 $f(x)\neq\pm x,\forall x\in S^n$. 由此及例 7.1.3 得 $f\simeq h$ (对径映射) 和 $f\simeq \mathrm{id}$. 于是 $h\simeq \mathrm{id}$. 但由引理 8.9.5, $\deg(h)=-1\neq 1=\deg(\mathrm{id})$, 与命题 8.9.3(2) 矛盾! □

当 $n=2$ 时, 定理 8.9.6 有直观的理解: 一个球面上如果长满了毛发, 要想将毛发处处平顺地梳拢到球面上是办不到的, 就是说无论你如何梳理, 在有些点处的毛发总与周围毛发的方向不协调, 会出现 “打旋” 或有 “镂空” 等复杂现象. 我们人类头上的头发大多都有旋就是与此有关.

习题 8.9

1. 证明引理 8.9.5.

2. 设 $f:D^n\to\mathbb{R}^n$ 连续. 证明下列之一条件成立时, f 有不动点:

(1) $f(S^{n-1})\subseteq D^n$;

(2) $\forall x\in S^{n-1}, f(x), x$ 与原点不共线;

(3) $\forall x\in S^{n-1}$, 线段 $\overline{xf(x)}$ 过原点.

3. 设 $f:D^n\to\mathbb{R}^n$ 是嵌入映射且 $D^n\subseteq f(D^n)$. 则 f 有不动点.

参 考 文 献

[1] Adams C, Franzosa R. 拓扑学基础及应用. 沈以淡, 译. 北京: 机械工业出版社, 2010.

[2] Engelking R. General Topology. Berlin: Heldermann Verlag, 1989.

[3] 方嘉琳. 点集拓扑学. 沈阳: 辽宁人民出版社, 1983.

[4] 高国士. 拓扑空间论. 2 版. 北京: 科学出版社, 2008.

[5] Gierz G, Hofmann K H, Keimel K, Lawson J D, Mislove M, Scott D S. Continuous Lattices and Domains. Cambridge: Cambridge University Press, 2003.

[6] 江辉有. 拓扑学. 北京: 机械工业出版社, 2013.

[7] 凯莱 J L. 一般拓扑学. 吴从炘, 吴让泉, 译. 北京: 科学出版社, 2010.

[8] 李进金, 李克典, 林寿. 基础拓扑学导引. 北京: 科学出版社, 2009.

[9] 李庆国, 汤灿琴, 李纪波. 一般拓扑学. 长沙: 湖南大学出版社, 2006.

[10] 梁基华, 蒋继光. 拓扑学基础. 北京: 高等教育出版社, 2005.

[11] 林寿. 度量空间与函数空间的拓扑. 2 版. 北京: 科学出版社, 2018.

[12] Munkres J R. 拓扑学. 熊金城, 吕杰, 谭枫, 译. 北京: 机械工业出版社, 2006.

[13] 荣宇音, 徐罗山. 5 元素集合上 T_0 拓扑总数的计算. 高校应用数学学报 A 辑, 2016, 31: 461-466.

[14] Vickers S. Topology via Logic. Cambridge: Cambridge University Press, 1989.

[15] 王国俊. L-fuzzy 拓扑空间论, 西安: 陕西师范大学出版社, 1988.

[16] 熊金城. 点集拓扑讲义. 4 版. 北京: 高等教育出版社, 2011.

[17] 杨忠强, 杨寒彪. 度量空间的拓扑. 北京: 科学出版社, 2017.

[18] 尤承业. 基础拓扑学讲义. 北京: 北京大学出版社, 1997.

[19] 张德学. 一般拓扑学基础. 北京: 科学出版社, 2016.

[20] 郑崇友, 樊磊, 崔宏斌. Frame 与连续格. 2 版, 北京: 首都师范大学出版社, 2000.

[21] 朱培勇, 雷银彬. 拓扑学导论. 北京: 科学出版社, 2009.

符号说明

$C([0,1])$	$[0,1]$ 上全体连续函数之集, 20
CX	空间 X 的拓扑锥, 131
$C_q(K)$	K 的 q 维链群, 142
$\mathrm{Car}_K x$	x 的一个承载单形, 141
$\mathrm{Cl}\underline{s}$	单形 $\underline{s}$ 的闭包复形, 140
$D(A)$	A 的直径, 99
D^n	n 维单位闭圆盘, 35
G_f	映射 f 的图像, 65
$H_q(K)$	K 的 q 维同调群, 145
$H_q(X)$	可剖分空间 X 的同调群, 166
I	单位闭区间 $[0,1]$, 36
$I\times S^1$	圆柱面, 44
I_∞^a	偏序集中元 a 的序连通分支, 113
I_n^a	偏序集中元 a 的步集列, 113
K^r	复形 K 的 r 维骨架, 140
$K^{(n)}$	K 的 n 次重心重分, 160
$L\cong M$	偏序集 L 与 M 同构, 9
M_5	五元钻石格, 107
$\mathrm{Mesh}(K)$	复形 K 的网距, 160
N_5	五边形格, 107
P^2	射影平面, 152
$R(X)$	集合 X 的 R-像集, 3
R^{-1}	关系 R 的逆, 4
$R^{-1}(Y)$	集合 Y 的 R-原像集, 4
R^c	关系 R 的补关系, 4
$S\circ R$	关系 R 与 S 的复合, 4
S^n	n 维单位球面, 35
S_a	全序集在 a 处的截段, 15
S_Ω	最小不可数良序集, 16
$\mathrm{Sd}K$	K 的重心重分, 160
$\mathrm{St}_K a$	a 在 K 中的星形, 156
T^2	环面, 128
T_0	T_0 分离性, 56
T_1	T_1 分离性, 56
T_2	T_2 分离性, 57
T_3	T_3 分离性, 57
T_4	T_4 分离性, 57
$T_q(K)$	K 的 q 维定向单形之集, 142
$T_{3\frac{1}{2}}$	T_1 且完全正则性, 62
$X\cong Y$	拓扑空间 X 与 Y 同胚, 32

$\mathbb{Z}_+$	正整数集, 1
$\mathcal{T}_c$	可数余拓扑, 21
$\mathcal{T}_f$	有限余拓扑, 21
$\mathcal{T}_s$	离散拓扑, 21
$\mathcal{T}_\eta$	平庸拓扑, 21
$\mathcal{A}\|_Y$	集族 $\mathcal{A}$ 在集合 Y 上的限制, 35
$\mathcal{F} \to x$	滤子 $\mathcal{F}$ 收敛于 x, 89
$\mathcal{F}_\xi$	网 ξ 诱导的滤子, 91
$\mathcal{P}(X)$	$\mathcal{P}X$ 或 2^X, X 的幂集, 2
$\mathcal{T}$	拓扑, 20
$\mathcal{T}_X * \mathcal{T}_Y$ 或 $\mathcal{T}_{X\times Y}$	积拓扑, 39
$\mathcal{T}_e$ 或 $\mathcal{T}_\mathbb{R}$	$\mathbb{R}$ 的通常拓扑, 23
$\mathcal{U}_x$	x 的邻域系, 22
$\max(L)$	L 的全体极大元之集, 8
$\min(L)$	L 的全体极小元之集, 8
$\mu(P)$	偏序集 P 的测度拓扑, 111
$\nu(P)$	偏序集 P 的上拓扑, 108
$\omega(P)$	偏序集 P 的下拓扑, 108
$\overline{A}$	A^- 或 $\mathrm{cl}(A)$, 集合 A 的闭包, 24
∂A	A^b 或 $\mathrm{Bd}(A)$, 集合 A 的边界, 26
∂_q	q 维边缘同态, 144
$\partial_q(s)$	s 的 q 维边缘链, 143
π^r	r 个标准链映射的复合, 164
$\pi_1(X, x_0)$	基点 x_0 处的基本群, 123
$\prod_{\alpha\in\Gamma} A_\alpha$	集族的笛卡儿积, 11
$\rho\|_{Y\times Y}$	度量 ρ 在 Y 上的限制, 35
$\sharp A$	有限集 A 的元素个数, 142
$\sigma(P)$	偏序集 P 的 Scott 拓扑, 109
$\sigma^*(P)$	偏序集 P 的 Scott 闭集全体, 109
$\sigma_b(P)$	Scott 拓扑的 b-拓扑, 112
$\sim_f$	由映射 f 决定的等价关系, 43
$\mathring{D}^n$	n 维单位开圆盘, 35
$\theta(P)$	偏序集 P 的区间拓扑, 110
$\triangle(A)$	集合 A 上的恒同关系, 4
$\overset{*}{\underline{s}}$	单形 $\underline{s}$ 的重心, 158
$\underline{t} \nprec \underline{s}$	单形 $\underline{t}$ 不是 $\underline{s}$ 的面, 139
$\underline{t} \prec \underline{s}$	单形 $\underline{t}$ 是 $\underline{s}$ 的面, 139
φ_{*q}	φ 诱导的同调群同态, 155
$\bigvee_{i=1}^n S_i^1$	相切于一点 x_0 的圆束, 134
$\|A\|$ 或 card A	集合 A 的基数, 13

$\bigwedge\mathcal{W}$	集族 $\mathcal{W}$ 中非空有限子族的交的全体, 29
$\widehat{a_i}$	表示去掉 a_i, 143
$\widetilde{f}$	映射 f 的提升, 125
$\xi: J\to X$ 或 $(x_j)_{j\in J}$	X 内的网, 82
$\xi_{\mathcal{F}}$	滤子 $\mathcal{F}$ 诱导的网, 91
$\{A_\alpha\}_{\alpha\in\Gamma}$	有标集族, 10
$\{x \mid x$ 满足条件 $P\}$	集合符号, 1
$\{x_n\}_{n\in\mathbb{Z}_+}$	序列, 33
$a+1$	a 的紧接后元, 14
$a\in A$	元素 a 属于集合 A, 1
$a\notin A$	元素 a 不属于集合 A, 1
$a_0a_1\cdots a_n$	定向单形, 142
$\mathrm{cl}(A)$	$\overline{A}$, 或 A^-, 集合 A 的闭包, 24
$d(x,A)$	点 x 到集 A 的距离, 77
d^*	相应于 d 的标准有界度量, 76
$\dim K$	复形 K 的维数, 140
$f\simeq g$	连续映射 f 与 g 同伦, 118
$f\vert_X$	映射 f 在 X 上的限制, 6
f°	映射 f 的余限制, 6
f_{*q}	f 诱导的同调群同态, 164
$f_\pi:\pi_1(X,x_0)\to\pi_1(Y,y_0)$	f 诱导的基本群同态, 123
$i_A: A\to X$	从 A 到 X 的包含映射, 4
id_X 或 Id_X	X 上的恒同映射, 4
$\mathrm{int}(A)$ 或 A°	集合 A 的内部, 26
$p_i: A_1\times A_2\times\cdots\times A_n\to A_i$	第 i 个投影映射, 6
$p_\alpha:\prod_{\alpha\in\Gamma}A_\alpha\to A_\alpha$	第 α 个投影, 11
$q: A\to A/R$	粘合映射, 6
$\mathrm{rank}(G)$	群 G 的秩, 147
$\mathrm{sat}(A)$	子集 A 的饱和化, 104
$x<y$	$x\leqslant y$ 且 $x\neq y$, 7
xRy	x 与 y 是 R-相关的, 3
$x\vee y$	集合 $\{x,y\}$ 的上确界, 8
$x\wedge y$	集合 $\{x,y\}$ 的下确界, 8
$\mathcal{T}_\rho$	度量 ρ 诱导的拓扑, 21
$\downarrow X$	集合 X 的下集, 8
$\downarrow a$	独点集 $\{a\}$ 的下集, 8
$\lim\limits_{n\to+\infty}x_n=a$	序列 $\{x_n\}_{n\in\mathbb{Z}_+}$ 收敛于 a, 33
$\uparrow X$	集合 X 的上集, 8
$\uparrow b$	独点集 $\{b\}$ 的上集, 8
$(\beta X,\eta_X)$	空间 X 的 Stone-Čech 紧化, 95

名词索引

L

M

N

O

P

Q

R

S

T

W

X

Y